Richard Semon

DIE MNEME

ALS ERHALTENDES PRINZIP IM WECHSEL DES ORGANISCHEN GESCHEHENS

Elibron Classics
www.elibron.com

Elibron Classics series.

ISBN 0-543-91364-3 (paperback)
ISBN 0-543-91363-5 (hardcover)

This Elibron Classics Replica Edition is an unabridged facsimile of the edition published in 1904 by Wilhelm Engelmann, Leipzig.

DIE MNEME

ALS ERHALTENDES PRINZIP

IM WECHSEL DES ORGANISCHEN GESCHEHENS

VON

RICHARD SEMON

LEIPZIG
VERLAG VON WILHELM ENGELMANN
1904

DIE MNEME

ALS ERHALTENDES PRINZIP

IM WECHSEL DES ORGANISCHEN GESCHEHENS

VON

RICHARD SEMON

LEIPZIG

VERLAG VON WILHELM ENGELMANN

1904

Vorwort.

Der Gedanke, alle diejenigen Erscheinungen in der Welt des Organischen, bei denen es sich um Reproduktionen irgendwelcher Art handelt, unter einem einheitlichen Gesichtspunkt zusammenzufassen, ist kein neuer. Es liegt so nahe, die Fähigkeit der Organismen, auf dem Wege der Keimbildung ihr körperliches Bild und ihre dynamischen Eigentümlichkeiten wieder aufleben zu lassen, mit dem Reproduktionsvermögen zu vergleichen, das wir bei Menschen und höheren Tieren als Gedächtnis bezeichnen, daß es ein Wunder wäre, wenn diese Übereinstimmung nicht Philosophen und Naturforschern wiederholt aufgefallen wäre. Sollte mir oder einem andern der Beweis gelingen, daß mehr in diesem Gedanken steckt als ein spielender Vergleich, so werden höchstwahrscheinlich Kenner der menschlichen Geistesentwicklung nachweisen, daß vom Altertum bis in unsere Tage dieser oder jener Denker gelegentlich eine verwandte Vorstellung zum Ausdruck gebracht hat[1]. Aussprüchen, daß »die Erblichkeit eine Art spezifisches Gedächtnis der Gattung sei«[2], begegnen wir durchaus nicht selten in der Literatur des vorigen Jahrhunderts.

Die erste nähere Begründung dieses Gedankens stammt meines Wissens aus dem Jahre 1870 und hat zu ihrem Verfasser keinen Geringeren als den berühmten Physiologen Ewald Hering. In einem am 30. Mai vor der Wiener Akademie

[1] Vgl. z. B. den 39. Abschnitt in Erasmus Darwin, Zoonomia or the laws of organic life, London 1794—1798.

[2] Th. Ribot, Die Erblichkeit. Übersetzt von O. Hotzen. Leipzig 1876.

gehaltenen Vortrag »Über das Gedächtnis als eine allgemeine Funktion der organischen Materie« (Wien 1870) hat Hering auf dem Raum von 20 Druckseiten mit bewunderungswürdiger Schärfe und Klarheit alles das zusammengefaßt, was uns bei einer allgemein gehaltenen Betrachtungsweise an augenfälligen Übereinstimmungen zwischen dem Reproduktionsvermögen der Vererbung, dem der Gewohnheit und Übung und dem des bewußten Gedächtnisses entgegentritt, und hat diese Zusammenstellung in künstlerischer Weise zur Schaffung eines einheitlichen Bildes verwertet. Was aber Hering in diesem meisterhaften Aufsatz nicht unternommen hat, und was offenbar außerhalb seiner Absicht lag, weil er es für genügend hielt, im allgemeinen den Weg zu zeigen, war eine analytische Durchführung des Beweises, daß es sich hier um eine Identität der verschiedenen Reproduktionsvermögen, nicht um eine bloße Analogie handelt, und eine Verfolgung dieses Ergebnisses in alle seine Konsequenzen.

Herings Versuch scheint seinerzeit von einem großen Teil der Naturforscher freudig begrüßt worden zu sein. Vor allem schloß sich ihm Ernst Haeckel in seinem Vortrag über die Perigenesis der Plastidule (Jena 1875) fast unbedingt an.

Eine ausführlichere Behandlung erfuhr unser Problem in dem 1878 erschienenen Buche von Samuel Butler »Life and Habit«. In vielen Beziehungen ging Butler den Übereinstimmungen der verschiedenartigen organischen Reproduktionen mehr in ihre Einzelheiten nach, als es Hering getan hatte, dessen Schrift Butler erst nach Erscheinen seiner ersten Publikation kennen gelernt hat (vgl. Butler, Unconscious Memory, 1880). Neben sehr vielem Unhaltbaren enthalten die Butlerschen Schriften manche geistreiche Gedanken, bedeuten aber im ganzen gegen Hering viel mehr einen Rückschritt als einen Fortschritt. Einen merklichen Einfluß auf die zeitgenössische Literatur haben sie augenscheinlich nicht ausgeübt.

Die Lehre von der funktionellen Anpassung, wie sie von Wilhelm Roux seit 23 Jahren vertreten und ausgebaut worden ist (»Der Kampf der Teile im Organismus«, Leipzig 1881, und viele spätere Werke), ist hier insofern zu erwähnen, als sie das Zustandekommen einer funktionellen Anpassung, deren Bedeutung natürlich auch Hering vollkommen klar gewesen ist, analytisch zu ergründen sucht. Gerade auf die mnemische Seite des Problems ist Roux aber nicht näher eingegangen. Seine für die Entwicklungsphysiologie bahnbrechende und überaus fruchtbare Forschertätigkeit hat sich vielmehr auf wesentlich andern Bahnen bewegt.

Überhaupt schwindet von Beginn der achtziger Jahre, also gerade von der Zeit an, in der man den Vererbungsfragen besondere Aufmerksamkeit zuzuwenden begann, mehr und mehr der Einfluß der Heringschen Gedanken. Je tiefer man in die Feinheiten der Karykinese und der morphologischen Vorgänge bei der Reifung und Befruchtung der Keimprodukte eindrang, um so mehr strebte man danach, auch die Anschauungen über Vererbung auf eine morphologische Basis zu stellen, ein an sich berechtigtes, vorläufig aber meiner Ansicht nach noch durchaus verfrühtes Bestreben. So kam es, daß, überwuchert von einem Dickicht zahlreicher morphologischer Vererbungshypothesen, der von Hering gewiesene Weg mehr und mehr in Vergessenheit geriet. In der Fachliteratur der letzten 20 Jahre über Vererbung, Entwicklungsphysiologie und Regulationsprobleme wird in der Mehrzahl der Originalaufsätze und Zusammenfassungen der Heringschen Anschauung keinerlei Erwähnung getan, nur von wenigen wird er zitiert und dann gewöhnlich mit der Erklärung abgetan, es handle sich um nichts weiter als entfernte Analogien[1].

Freilich finden wir, daß die Heringsche Anregung auf die Anschauungen gerade der hervorragendsten naturwissenschaftlichen Denker unserer Zeit, wie Forel[2], Haeckel[3], Mach[4],

[1] Näheres darüber vgl. Kap. 15 des vorliegenden Buches, S. 344.

[2] A. Forel, Das Gedächtnis und seine Abnormitäten. Zürich 1885, S. 12—14.

[3] Ernst Haeckel, Die Perigenesis der Plastidule. Jena 1875. Die Lebenswunder. Stuttgart 1904, S. 481.

[4] E. Mach, Analyse der Empfindungen. 3. Aufl. Jena 1902. S. 58.

Ostwald[1], Pfeffer[2], einen unverkennbaren Einfluß ausgeübt hat. Aber diese Männer geben im Gegensatz zu der jetzt herrschenden Zeitströmung wohl zu erkennen, daß sie die Grundanschauung für richtig halten, sie haben es aber nicht als ihre Aufgabe betrachtet, die eigentliche Durcharbeitung des Problems vorzunehmen, und so einen genialen Gedanken zu einer naturwissenschaftlichen Theorie umzugestalten.

Was der bisherigen Behandlung des Gegenstandes fehlt, ist der Nachweis, daß die verschiedenen Erscheinungen der mnemischen Reproduktion etwas Gemeinsames haben, was über die bloße Tatsache der Wiederholung hinausgeht. Sich wiederholenden Erscheinungen begegnen wir auch in größter Mannigfaltigkeit in der anorganischen Natur, ohne sie deshalb in die Reihe der mnemischen Phänomene aufzunehmen. Sie treten überall da auf, wo die gleichen Bedingungen in annähernder Vollständigkeit wiederkehren. Wenn wir die mnemischen Erscheinungen auf eine besondere Eigentümlichkeit der organischen Substanz zurückführen wollen, haben wir vor allen Dingen zu zeigen, daß diese Wiederholungen oder Reproduktionen auch ohne vollständige Wiederkehr der gleichen Bedingungen eintreten. Diesen Nachweis aber können wir nur führen mittels einer gründlichen, auf alle Hauptzusammenhänge eingehenden Analyse der ganzen Erscheinung.

Die Vornahme dieser Analyse der mnemischen Reproduktionserscheinungen auf rein physiologischer Grundlage und den damit verbundenen Ausbau eines bisher immer nur flüchtig gestreiften Kapitels der Reizphysiologie betrachte ich als die eigentliche Aufgabe des vorliegenden Buches. An sie schließt sich eine Prüfung des erklärenden Wertes dieser analytisch gewonnenen Resultate durch ihre Anwendung auf die Haupterscheinungen der Ontogenese und der Regulation. Daß ich bei

[1] W. Ostwald, Vorlesungen über Naturphilosophie. Leipzig 1902. S. 367.

[2] G. Pfeffer, Die Entwicklung. Eine naturwissenschaftliche Betrachtung. Berlin 1895. S. 36.

dieser Arbeit jeder Auseinandersetzung mit Ansichten, die von ganz andern Gesichtspunkten aus dieselben Erscheinungen zu deuten suchten, unterlassen habe, ist bei der Fülle der zu behandelnden Einzelprobleme selbstverständlich. Einmal wäre sonst der Umfang dieses Buches um ein Vielfaches angeschwollen. Ferner, wenn es mir gelungen sein sollte, die Erscheinungen auf meine Weise einfacher und vollständiger zu beschreiben, als dies auf anderem Wege bisher möglich war, würde dieser tatsächliche Erfolg sicherer als jede kritische Auseinandersetzung den Widerstreit erledigen.

Inhalt.

Erster Teil. Einführung in den Begriff der Mneme.

Erster Teil

Einführung in den Begriff der Mneme

Erstes Kapitel.

Einleitendes über Reiz und Reizwirkung.

Die Aufgabe des vorliegenden Buches ist es, eine besondere Art der Reiz- oder, vielleicht noch besser ausgedrückt, der Erregungswirkung zu untersuchen. Es ist deshalb ein unumgängliches Erfordernis, auf der Grundlage einer möglichst präzisen Definition der Begriffe Reiz und Erregung zu fußen, und es liegt nahe, zunächst die Definition des Reizbegriffs einem der zahlreichen Werke über allgemeine oder spezielle Physiologie der Tiere oder der Pflanzen zu entlehnen.

In der Pflanzenphysiologie von W. Pfeffer (Bd. I, 1897), finden wir in dem einleitenden Kapitel § 3, S. 9—20, eine ausgezeichnete Auseinandersetzung über das Wesen der Reizvorgänge. Von der Formulierung einer kurzgefaßten Definition des Reizbegriffs hat dieser hervorragende Denker und Forscher aber abgesehen.

Von Tierphysiologen hat sich in letzter Zeit besonders Verworn bemüht, den Reizbegriff zu definieren. In seiner allgemeinen Physiologie (4. Aufl., Jena 1903) sagt er S. 372: »Die allgemeine Definition des Reizbegriffes ergibt sich aus dem Gesagten ohne weiteres: Jede Veränderung der äußeren Faktoren, welche auf einen Organismus einwirken, kann als Reiz betrachtet werden«. Und an anderer Stelle (ebenda

S. 381): »Reiz ist jede Veränderung in den äußeren Lebensbedingungen eines Organismus«. Nur nebenbei möchte ich einwenden, daß durch Ausdrücke wie »äußere Faktoren« oder »äußere Lebensbedingungen« der Reizbegriff ungebührlich eingeengt erscheint[1]. Hat doch schon Pfeffer (a. a. O) klar die Bedeutung der inneren oder autonomen neben den äußeren oder induzierten Reizursachen mit den Worten hervorgehoben: »Bei den inneren Auslösungen tritt uns die Reizursche für gewöhnlich nicht so klar entgegen als bei einer äußeren Reizung, bei welcher zudem der Anstoß nach Wunsch variiert und mit den Erfolgen verglichen werden kann. Doch ist die innere Reizursache ebensogut präzisiert, wenn z. B. ein im Organismus produziertes Enzym oder eine im Entwicklungsgang erzielte Druckwirkung als Ursache der Auslösung erkannt wird.«

Wesentlicher ist die Frage, ob es zweckmäßig ist, den Reiz als eine Veränderung von Bedingungen bzw. Faktoren zu definieren. Zunächst möchte ich vorschlagen, um mit schärfer faßbaren und physikalisch leichter definierbaren Begriffen zu operieren, statt Lebensbedingungen den Ausdruck »energetische Situation« zu gebrauchen. Der Begriff »energetische Situation«, in der sich ein Organismus im gegebenen Moment befindet, begreift die Bedingungen, unter denen er gerade lebt, oder die Faktoren, die gerade auf ihn einwirken, vollkommen in sich. Für Veränderung der Lebensbedingungen

[1] In seiner vor der 4. Auflage der allgemeinen Physiologie erschienenen Biogenhypothese (Jena 1903) gibt Verworn seiner Definition folgende Fassung: »Ein Reiz ist jede Veränderung in den Lebensbedingungen, welche eine Veränderung dieses Gleichgewichtszustandes (des Stoffwechsels) zur Folge hat«. Hier fehlt also der zu beanstandende Zusatz »äußere«. Dafür bringt aber der angehängte Relativsatz eine hypothetische Vorstellung in die Definition eines physiologischen Fundamentalbegriffs, die aus derselben lieber fortbliebe.

hieße es dann: Veränderung der energetischen Situation oder, da wir hier einen möglichst einfachen Fall zugrunde legen wollen: Veränderung einer einzelnen energetischen Einwirkung. Bei Definition des Reizbegriffes stehen wir also vor folgender Alternative: Sollen wir den Reiz als eine energetische Einwirkung besonderer Art, oder sollen wir ihn als die Veränderung einer energetischen Einwirkung definieren? Unter Veränderung hätte man das Neuauftreten, oder die Intensitätsschwankung, oder das Verschwinden einer energetischen Einwirkung zu verstehen.

Ein Beispiel wird den Unterschied der beiden Definitionen am besten klarmachen. Ich lege auf meine Hand ein Gewicht von 100 g und lasse es dort 1 Minute liegen; nach Ablauf dieser Zeit lege ich ein zweites Gewicht von 100 g auf das erste und lasse die 200 g eine weitere Minute liegen. Darauf nehme ich beide Gewichte herunter. Diesen Einwirkungen entspricht als Reaktion des Organismus die Empfindung eines leichten Druckes in der ersten, eines schwereren Druckes in der zweiten Minute, am Ende der letzteren die Abwesenheit jeder Druckempfindung. Nach Definition des Reizes als Veränderung würde man nun zu sagen haben: Ein Reiz ist am Anfang der ersten Minute aufgetreten. Derselbe bestand in einer Veränderung der auf meinen Organismus wirkenden Schwereenergie an einer bestimmten Stelle. Als Reaktion antwortet damit der Organismus mit einer bestimmten Empfindung. Nachdem die Belastung aber einmal vollzogen ist, also noch im Verlauf der ersten Sekunde des Versuchs, ist nunmehr für meinen Organismus ein stabiler Zustand eingetreten; seine Bedingungen ändern sich nicht mehr, die Faktoren, die auf ihn einwirken, bleiben dieselben; ich darf deshalb konsequenterweise den vom Gewicht in allen den folgenden Sekunden ausgeübten Druck nicht mehr als Reiz bezeichnen. Ein Reiz erfolgt im Sinne dieser Definition erst wieder bei Beginn der zweiten Minute durch die dann erfolgende Drucksteigerung. Nach erfolgter Stabilisierung darf ich den nunmehrigen verstärkten Druck aber auch nicht mehr als Reiz bezeichnen. Ein Reiz erfolgt in unserem Versuch erst wieder am Ende der zweiten Minute nach Abnahme beider Gewichte infolge der dadurch veranlaßten Veränderung der Bedingungen.

Bezeichnen wir dagegen die energetische Einwirkung selbst als Reiz, nicht aber ihre Veränderung, so haben wir uns folgendermaßen auszudrücken: Am Anfang der ersten Minute erfolgt eine energetische Einwirkung (Druck) auf den Organismus, den wir als Reiz bezeichnen, da er eine Erregung auslöst, die sich uns durch eine Reaktion, hier eine Empfindungsreaktion, manifestiert. Dieser Reiz dauert eine Minute. Am Anfang der nächsten Minute ändert sich die energetische Einwirkung und mit ihr die Erregung und die sie manifestierende Reaktion. Der Druck verdoppelt sich, die Empfindung verstärkt sich. Es erscheint zweckmäßig, den so veränderten Reiz und die so veränderte Erregung und Reaktion als neuen Reiz, neue Erregung, neue Reaktion zu bezeichnen. Diese dauern bis zum Ende der zweiten Minute. Dann erfolgt die gänzliche Ausschaltung der betreffenden energetischen Einwirkungen (besondere Einwirkung von Schwereenergie auf eine bestimmte Stelle der Körperoberfläche) durch Entfernung der Gewichte, also ein Aufhören des Reizes und ein Verschwinden der Erregung und der sie manifestierenden Reaktion.

Gegen die Definition des Reizes als einer **Veränderung** der energetischen Situation lassen sich erhebliche Einwendungen machen, die sich besonders gegen zwei Punkte richten würden. Einmal führt sie zu Konsequenzen, die dem allgemeinen und dem bisher von Physiologen geübten Sprachgebrauch erheblichen Zwang antun würden. Das ließe sich ertragen, wenn sie sonst Vorteile böte.

Zweitens könnte man sie auch vom physikalischen Standpunkt aus bekämpfen. In der Physik des Anorganischen sind wir gewohnt, die Energien selbst als das Wirksame in der Welt der Erscheinungen anzusehen und zu beschreiben. Warum sollen wir ohne zwingende Gründe bei Beschreibung der Vorgänge der organischen Welt davon abweichen und nicht die Energien, sondern die Veränderungen der Energien als das Wirksame auffassen und definieren?

Darüber ließe sich immerhin streiten. Außerhalb jeder Diskussion steht aber die Verpflichtung, eine einmal formulierte Definition konsequent durchzuführen. Wenn ich als Reiz nicht die Energie selbst, sondern die Veränderung der Energie auffasse, so folgt daraus mit zwingender Notwendigkeit, daß der Reiz selbst unter gewöhnlichen Umständen keine in Betracht kommende Dauer haben kann, da er ja eine Veränderung ist, die sich gewöhnlich in einem verhältnismäßig sehr kurzen Zeitraum, meist in einem Zeitinfinitesimal, vollzieht. Eigentliche Dauer hat nur der durch ihn im Organismus geschaffene neue Zustand, und zwar ist diese Dauer gleich der Andauer der neuen energetischen Situation, durch die er ausgelöst wurde. Nun ist es aber offenbar, und könnte von mir leicht durch zahlreiche Zitate belegt werden, daß die Autoren, die den Reiz als Veränderung definieren, dann, wenn sie von der Dauer des Reizes sprechen, darunter nicht etwa die Zeit verstehen, in der sich die Veränderung vollzieht, was sie konsequenterweise tun müßten, sondern die] Zeit, während der der neue, nach

Vollzug der Veränderung eingetretene Zustand der energetischen Situation andauert.

Es hat sich mir bei Durcharbeitung der in diesem Buche zu behandelnden Fragen die unbedingte Notwendigkeit ergeben, von einer genau präzisierten Definition des Reizbegriffs auszugehen und dieselbe unbeirrbar durchzuführen. Man kommt keineswegs zu Widersinnigkeiten, wenn man den Reiz als eine Veränderung der energetischen Situation auffaßt, nur muß man dann auch im Denken und Sprechen alle Konsequenzen dieser Auffassung ziehen. Mehr in Harmonie mit dem sonstigen von Biologen geübten Sprachgebrauch und mit der Praxis der Physiker ist es indessen, die energetische Einwirkung selbst als Reiz zu definieren und nicht ihr Auftreten, ihre Intensitätsschwankungen und ihr Verschwinden. Freilich bedingt auch diese Definition die Verpflichtung einer konsequenten Durchführung und eine Revision mancher Ausdrucksweisen, die wir bisher ohne Bedenken hingenommen haben. Wir dürfen z. B., wenn wir so definieren, nicht sagen: die Zu- oder Abnahme des Lichts wirkt als Reiz auf die Pflanze oder das Tier, wie häufig von Physiologen geschieht. Sondern wir müssen sagen: das schwächere Licht wirkt als ein anderer Reiz auf die Pflanze als das stärkere. Diesem veränderten Reiz entspricht ein veränderter Erregungszustand des Organismus, wie wir aus der veränderten Reaktion erkennen können.

Ebenso dürfen wir, wenn wir den Reiz als energetische Einwirkung definieren, nicht sagen: das Verschwinden irgendeiner energetischen Einwirkung wirke als Reiz. Es ist möglich, daß hierin ein Nachteil unserer Definition erblickt werden wird, und zwar aus folgendem Grunde. Die eigentlichen Wirkungen, die ein Reiz auf einen Organismus ausübt, die ganze komplizierte Kette von Veränderungen und daraus resultierenden neuen Zuständen, mit einem Wort die Kette der Erregungszustände, die er zur Folge hat, sind uns in jedem einzelnen Fall in ihrem Wesen unbekannt. Was wir aber kennen müssen, ist in jedem Falle mindestens eine charakteristische Zustandsänderung des Organismus bei Einwirkung des Reizes. Wir bezeichnen diese Zustandsänderungen als Reaktionen des Organismus auf den Reiz. Aus ihnen folgern wir dann erst das Vorhandensein einer Erregung und haben erst nach Konstatierung letzterer das Recht, die betreffende energetische Einwirkung als Reiz zu bezeichnen.

Die Reaktionen treten nach Auftreten der Reize ein und verschwinden mit ihnen. Sie sind also ebensowenig wie die Reize selbst die beobachteten Veränderungen der vorhergehenden Zustände, die ein Zeitinfinitesimal oder doch einen außerordentlich kurzen Zeitabschnitt beanspruchen, sondern es sind die veränderten Zustände selbst, die unter Umständen eine sehr lange Zeitdauer besitzen können. Die veränderten Zustände, um welche es sich bei den Reaktionen handelt, sind meist stationäre, das heißt solche, bei welchen ein Energiewechsel vorhanden ist, der aber mit konstanter Geschwindigkeit verläuft. Deshalb sieht die Erscheinung so aus, als sei sie unveränderlich. Es ist wichtig, sich auch hierüber klar zu sein, denn bei unseren Beobachtungen macht leicht der Eintritt einer Veränderung größeren Eindruck auf uns als der ihr folgende Dauerzustand, so wie uns die Bewegung des Zeigers am Zeigertelegraphen leicht auffallender erscheint als der Umstand, daß derselbe jetzt nicht mehr horizontal, sondern vertikal steht. Diesem psychologischen Moment dürfen wir nicht nachgeben, und werden uns dann nicht wundern, daß jedesmal auch bei Aufhören eines Reizes ein Ausschlag am Zeiger des Reaktionstelegraphen erfolgt, daß also, anders ausgedrückt, jedes Aufhören eines Reizes am Organismus von einer wahrnehmbaren Veränderung seines bisherigen Zustandes begleitet ist.

Nun gibt es allerdings Fälle, in denen bei Aufhören eines Reizes nicht bloß ein einfaches Aufhören des vorhandenen Reaktionszustandes erfolgt, sondern mehr, etwas, was man als Extraausschlag des Reaktionszeigers bezeichnen könnte. So erfolgt zum Beispiel beim Öffnen eines elektrischen Stroms am Muskel nicht nur Aufhören der Schließungsdauerkontraktion, sondern auch gleichzeitig das Auftreten einer Öffnungszuckung, an die sich unter Umständen eine Öffnungsdauerkontraktion anschließt. Die Dauer der letzteren ist natürlich nur eine zeitlich kurz begrenzte. Wahrscheinlich haben gerade diese Beobachtungen dazu geführt, den Reiz nicht als Energie, sondern als Veränderung einer Energie zu definieren. Meiner Ansicht nach zwingen uns derartige Tatsachen keineswegs, auch das Aufhören einer energetischen Einwirkung als Reiz zu bezeichnen.

Der Erregungsvorgang in der organischen Substanz ist ein so komplizierter, daß es uns durchaus nicht wundernehmen darf, daß der Ruhezustand nicht immer sofort nach Aufhören der Reize ohne weiteres eingenommen wird, sondern daß unter Umständen sich zwischen das Stadium der durch den Reiz hervorgebrachten Erregung und das Stadium der Ruhe ein kurzes Stadium der sekundären Erregung einschiebt. Sekundär, weil sie nicht durch den ursprünglichen Reiz selbst, auch nicht durch dessen Verschwinden ausgelöst wird, sondern durch während des Erregungsstadiums in der organischen Substanz entstandene sekundäre Veränderungen. Daß sich das so verhält, dafür spricht, daß derartige Erregungserscheinungen, die nach Aufhören von Reizen eintreten, wie z. B. Öffnungszuckung und Öffnungsdauerkontraktion, in erster Linie von der Dauer der Einwirkung des vorangegangenen Originalreizes, also von der Dauer der Originalerregung abhängig sind.

Auch ist folgendes zu bedenken. Ein Reiz erzeugt in einem Organismus eine komplizierte Kette von Vorgängen, die für uns zum größten Teile nicht wahrnehmbar sind; was davon unserem Wahrnehmungsvermögen als veränderter Zustand greifbar wird, bezeichnen wir als die Reaktionen des Organismus auf den Reiz. Diese Reaktionen können nun ebensowohl darin bestehen, daß neue Vorgänge in Erscheinung treten, als daß vorhandene zum Stillstand gebracht werden. Der durch den Reiz im Organismus erzeugte Erregungsvorgang kann sich vom Standpunkt des Beobachters aus ebensowohl in negativen wie in positiven Wirkungen äußern. Fällt die hemmende Wirkung eines Reizes bei seinem Aufhören fort, so kann durch die daraus resultierende positive Wirkung leicht der Schein erweckt werden, als habe das Aufhören des Reizes erregend gewirkt. Sehr einfach stellt sich uns diese Erscheinung zum Beispiel dar, wenn Amöben nach Aufhören von mechanischer Reizung anfangen sich zu bewegen. Aber auch kompliziertere Erscheinungen finden so ihre Erklärung. Auf Hemmungswirkungen des Lichtreizes beruht wohl die Tatsache, daß die Dunkelheit, also das Aufhören des Lichtreizes, beschleunigend auf viele Wachstumsvorgänge der Pflanzen wirkt. In allen solchen Fällen ist man keineswegs genötigt, das Aufhören der energetischen Einwirkung als Reiz zu bezeichnen.

Natürlich ist Aufhören einer energetischen Einwirkung nicht gleichbedeutend mit Entziehung einer Energiemenge.

Das erstere ist nimmermehr direkt als energetische Einwirkung, also auch nicht direkt als Reiz zu bezeichnen, obwohl es zuweilen indirekt auf Umwegen neue energetische Kombinationen und damit auch wirkliche Einwirkungen veranlassen kann. Die Entziehung von Energie ist selbstverständlich ebensogut eine energetische Einwirkung und deshalb sehr wohl befähigt, unter Umständen direkt als Reiz zu wirken. Also: Aufhören der Erwärmung eines Organismus ist nicht als Reiz zu bezeichnen, Abkühlung eines Organismus kann dagegen sehr wohl als Reiz wirken. Bewirkt Aufhören der Erwärmung indirekt eine Abkühlung, so trägt immer nur die letztere den eigentlichen Reizcharakter. Diese Abkühlung ist aber keineswegs allein vom Aufhören der Erwärmung, sondern stets noch von andern Faktoren, wie Ausstrahlung oder Wärmeleitung, abhängig.

Ich halte es für überflüssig, noch weitere hierher gehörige Fälle zu erörtern, betone aber, daß es meiner Ansicht nach möglich ist, in jedem einzelnen Fall, in dem nach Aufhören eines Reizes ein positiver Ausschlag am Reaktionszeiger erfolgt, diesen Vorgang auf der Basis der von mir gewählten Reizdefinition befriedigend zu erklären.

Als Reiz bezeichne ich also eine energetische Einwirkung auf den Organismus von der Beschaffenheit, daß sie Reihen komplizierter Veränderungen in der reizbaren Substanz des Organismus hervorruft. Den so veränderten Zustand des Organismus, der so lange andauert wie der Reiz andauert, bezeichnen wir als Erregungszustand. Das Wesen des Erregungszustandes ist uns im Grunde unbekannt. Nur ein kleiner Bruchteil von begleitenden Nebenmomenten sowie von Folgeerscheinungen des großen Heeres von Veränderungen, die den Erregungszustand charakterisieren, wird uns manifest. Alles das, was uns im Anschluß an die Erregung manifest wird, seien es nun mehr unmittelbare oder mehr mittelbare Manifestationen des Erregungszustandes, pflegen wir als Reaktionen des Organismus auf den Reiz zu bezeichnen.

Um auszudrücken, daß diese Reaktionen auf einem sehr komplizierten Wege zustande gekommen sind, und der Zusammenhang zwischen Reiz und Reaktion ein so verwickelter ist, daß das Gesetz von der Erhaltung der Energie, das auch natürlich für ihn gilt, nicht in einfacher Weise dabei zutage tritt, liebt man es, von dem »Auslösungscharakter« des Reizes zu sprechen. Der Fingerdruck auf den Knopf einer elektrischen Leitung, die ein Läutewerk in Gang setzt, bewirkt in ähnlicher wenn auch viel einfacherer Weise eine komplizierte Reihe von veränderten Zuständen; er löst, wie wir, um den verwickelten Charakter des Vorgangs zu betonen, sagen, die Bewegung des Glockenhammers aus. Auch in diesem Falle tritt, wenn wir auslösende und ausgelöste Energie, Fingerdruck und Bewegung des Glockenhammers vergleichen, das Gesetz von der Erhaltung der Energie, das überall gilt, nicht in einfacher Weise zutage.

Wenn wir vom Auslösungscharakter des Reizes sprechen, konstatieren wir damit eigentlich nur, daß der Kausalzusammenhang zwischen Reiz und Reaktion, indem er durch den Erregungsvorgang hindurchgeht, ein verwickelter ist, also etwas recht Unbestimmtes und Allgemeines. Dennoch können wir dieses unvollkommenen Charakteristikums nicht entbehren, denn es ist das einzige Merkmal, das uns energetische Einflüsse auf den Organismus, die als Reize, also erregend, wirken, von solchen unterscheiden lehrt, die das nicht tun. Lediglich unsere mangelnde Kenntnis des eigentlichen Wesens des Erregungsvorganges verhindert uns, ein besseres allgemeines

Unterscheidungsmerkmal für den Reiz aufzustellen als den so wenig scharf präzisierten Auslösungscharakter. Als praktisch brauchbar erweist sich dieses Merkmal indessen in den meisten Fällen. Durchströmt ein elektrischer Strom bloß den Körper, ohne daß sich hieran sekundäre Veränderungen knüpfen, vielleicht weil der Strom zu schwach ist, schließt sich an die Zuführung von photischer Energie wohl Durchleuchtung eines glashellen pelagischen Organismus, nicht aber eine erkennbare Reaktion seines Stoffwechsels oder seines motorischen Zustandes an, so nennen wir derartige energetische Einwirkungen, obwohl sie im physikalischen Sinne durchaus nicht unwirksam sind, doch keine Reize. Ihre quantitative oder qualitative Insuffizienz, kompliziertere Ketten von sekundären Vorgängen, von Erregungen, in der betreffenden organischen Substanz hervorzurufen, verbietet es, ihnen das Prädikat Reiz beizulegen.

Wie bereits erwähnt, sind wir häufig, aber nicht immer in der Lage, in verschiedenen Teilen des Organismus Zustandsänderungen bei Einwirken eines Reizes wahrzunehmen. Dann sagen wir, der Reiz löst mehrere Reaktionen aus. So kann ein Lichtstrahl, der unser Auge trifft, eine ganze Anzahl neuer Zustände schaffen, die unserm Wahrnehmungsvermögen erkennbarer sind: eine Lichtempfindung, über die uns unser Bewußtsein Auskunft gibt, die Sekretion unserer Tränendrüsen, eine Zusammenziehung unseres Sphincter pupillae, unseres Orbicularis oculi usw. Oder auch der Zustand eines Organs verändert sich bei Reizung in verschiedener energetischer Beziehung. Zum Beispiel: ein Muskel verkürzt sich nicht nur auf einen Reiz hin, sondern liefert auch gleichzeitig einen Aktionsstrom. Auch hier sehen wir durch einen Reiz verschiedene Reaktionen ausgelöst. Natürlich geben uns auch solche mehrfachen Reaktionen niemals einen erschöpfenden Überblick über die eingetretenen Zustandsänderungen.

Die veränderten Zustände, die aus der Reizwirkung resultieren, können auf allen Gebieten organischen Geschehens zutage treten, also auf dem Gebiete des Stoffwechsels (chemische Reaktionen), dem Gebiete des Formwechsels (Bewegungs- und Wachstumszustände), endlich in der Bewußtseinssphäre (Empfindungszustände). Über letztere Reaktionen erhalten wir direkte Auskunft nur am eigenen Organismus durch das eigene Bewußtsein. Bei andern Organismen können wir auf Zustandsänderungen in der Empfindungssphäre nur indirekt aus andern von jenen abgeleiteten Reaktionen schließen. Jene abgeleiteten Reaktionen brauchen sich durchaus nicht bloß als Bewegungen (Muskelbewegungen) zu äußern, wie zuweilen irrigerweise behauptet wird. Sie können sich ebensogut auch auf andern Gebieten organischen Geschehens äußern, wobei nur an die Sekretion der Tränendrüsen und der Speicheldrüsen erinnert sei, die uns als abgeleitete Reaktionen auf durch Reize veränderte Zustände in der Empfindungssphäre dienen können.

In der Regel stellt sich die Wirkung eines Reizes auf einen Organismus so dar, daß sich fast unmittelbar nach Einsetzen des Reizes der Zustand des Organismus ändert, was sich uns durch das sofortige Auftreten einer oder mehrerer Reaktionen manifestiert. Dieser neue Zustand dauert an, solange der Reiz andauert; nach Aufhören des Reizes kehrt der Organismus sofort oder nach sehr kurzer Zeit in den Zusand zurück, in welchem er sich vor Auftreten des Reizes befand.

Diese Wirkung des Reizes, die unmittelbar oder beinahe

unmittelbar nach Aufhören des Reizes verschwindet, bezeichne ich als die synchrone Reizwirkung.

Die Gleichzeitigkeit von Reizdauer und Erregung bzw. Reaktion wird dadurch etwas eingeschränkt, daß die Reaktion erst nach einer meßbaren, freilich meist sehr kurzen Zeit nach dem Beginn des Reizeinfalls eintritt, und ebenso erst etwas nach dem Aufhören des Reizes verschwindet.

Dies ist ebenso selbstverständlich, wie daß das elektrische Läutewerk erst den Bruchteil einer Sekunde nach Auftreten des Fingerdrucks zu läuten beginnt, und sein Geläute das Aufhören des Fingerdrucks um ebensolange überdauert.

Eine sehr intensive oder sehr langdauernde Einwirkung eines Reizes bewirkt zuweilen so eingreifende Veränderungen im Zustande eines Organismus, daß zu ihrer Ausgleichung, zur Rückkehr in den ursprünglichen Zustand eine nicht unbeträchtliche Zeit nach Aufhören des Reizes erforderlich ist, ähnlich wie das Meer nach einem langdauernden Sturme sich nur allmählich beruhigt. So erklären sich die »Nachbilder« nach intensiver und langdauernder photischer Reizung, die »Nachtöne« (auf die man aus dem Umstand schließen kann, daß sich die Empfindung einer Reihe sehr rasch aufeinander folgender Töne des Savartschen Rades für uns zu einem Geräusche mischt); ähnlich erklärt sich auch die Öffnungszuckung und die Öffnungsdauerkontraktion bei Aufhören einer langdauernden elektrischen Reizung der Muskeln. Wir können derartige »Nachwirkungen«, die in allen Fällen einige Zeit nach Aufhören des Reizes spurlos verschwinden, nicht prinzipiell von der synchronen Reizwirkung trennen, auch dann nicht, wenn dabei der Reaktionspendel nach der entgegengesetzten Seite überschlägt, wie z. B. beim negativen Nachbild. Will man sie nicht mit unter die synchronen Reizwirkungen rechnen, so mag man sie als akoluthe Reizwirkungen bezeichnen.

Ganz anders zu beurteilen sind die Reizwirkungen, die deshalb eine weit größere Dauer als der Reiz selbst haben, weil der veränderte Zustand der reizbaren organischen Substanz einen veränderten morphologischen Zustand des Organismus zur Folge gehabt hat, der nicht einfach dadurch redressiert wird, daß die reizbare Substanz in ihren alten Zustand zurückkehrt. Wenn ein Fisch, z. B. ein Triacanthus, auf irgendeinen Reiz hin seine Rücken- und Bauchstacheln aufrichtet, so schnappen dieselben in eine Sperrvorrichtung ein, sobald ein gewisser Winkel der Aufrichtung erreicht ist. Dort werden sie festgehalten, auch längst nach Ablauf des erregenden Reizes und der durch ihn ausgelösten Muskelkontraktion. Um sie wieder umzulegen, bedarf es einer erneuten Kontraktion antagonistisch wirkender Muskeln. Das Überdauern einen Reaktion, das durch Einrichtungen zustande kommt, die außerhalb der eigentlichen Sphäre der reizbaren Substanz liegen, darf selbstverständlich nicht so gedeutet werden, als habe der Reiz eine andere als eine synchrone Wirkung ausgeübt.

Ganz ebenso aufzufassen ist folgender Fall: Durch mechanische Reizung (einseitige Berührung) läßt sich die ausgestreckte Ranke einer wilden Weinrebe leicht zum Krümmen und Einrollen bringen. Nach Aufhören des Reizes gleicht sich die Krümmung aber nicht wieder aus, nicht etwa weil die Erregung in der reizbaren Substanz fortdauerte, sondern weil die Rückkehr der reizbaren Substanz in ihren ursprünglichen Zustand hier ebensowenig vermag, den durch andere Mittel fixierten indirekten Effekt der Reizung zu redressieren, wie beim fest eingeschnappten Fischstachel. Letzterer kann freilich durch besondere Kräfte in seine ursprüngliche Lage zurückgebracht werden; die Krümmung und Einrollung der Ranke läßt sich überhaupt nicht wieder ausgleichen. In nahezu allen Fällen, in denen die Erregung der reizbaren Substanz zu Wachstumserscheinungen führt, sind diese Produkte der Erregung nicht wieder rückgängig zu machen, auch wenn der Erregungszustand selbst längst beseitigt ist, was z. B. durch Einfluß niederer Temperatur bewirkt werden kann. Auch in diesen Fällen haben wir also keinen Grund, von andern als synchronen Reizwirkungen zu sprechen.

Die synchronen Reizwirkungen nebst ihren in manchen Fällen sich anschließenden akoluthen Wirkungen sind durch das bisher Gesagte für uns hinreichend charakterisiert. Für die Zwecke, die wir hier verfolgen, ist es nicht nötig, sie systematisch aufzuzählen und zu erörtern. Es genügt uns, den zeitlichen Parallelismus von Reiz und Erregung bei synchroner Reizwirkung zu betonen, dem durch akoluthe Reizwirkungen kein eigentlicher Eintrag geschieht, weil auch in diesen Fällen die Erregung den Reiz nie längere Zeit überdauert. Die reizbare Substanz des Organismus kehrt also nach Aufhören des Reizes stets über kurz oder lang in den Zustand zurück, in dem sie sich vor seinem Eintreten befunden hatte. Ich bezeichne den Zustand vor Eintritt des Reizes als den primären Indifferenzzustand, denjenigen, in den der Organismus nach Aufhören des Reizes zurückkehrt, als den sekundären Indifferenzzustand.

Es scheint fast allgemein die stillschweigende Annahme gemacht zu werden, daß primärer und sekundärer Indifferenzzustand identisch oder so gut wie identisch sind. Sie sind es ja auch in bezug auf die gerade manifesten Reaktionen. Es wird nun unsere Aufgabe sein, zu zeigen, daß sie es nicht sind — wenigstens in vielen Fällen nicht — in bezug auf die *Reaktionsfähigkeit*. Bei den Pflanzenphysiologen hat diese Tatsache mehr Beachtung gefunden als bei den Tierphysiologen, doch finde ich auch bei ersteren keine schärfere Formulierung und systematische Durcharbeitung dieses Problems, dessen Bedeutung für Reizphysiologie und Abstammungslehre meiner Ansicht nach grundlegend ist.

Zweites Kapitel.

Engraphische Wirkung der Reize auf das Individuum.

In sehr viel Fällen läßt sich nachweisen, daß die reizbare Substanz des Organismus, gehöre er nun dem Protisten-, Pflanzen- oder Tierreich an, nach Einwirkung und Wiederaufhören eines Reizes und nach Wiedereintritt in den sekundären Indifferenzzustand dauernd verändert ist. Ich bezeichne diese Wirkung der Reize als ihre engraphische Wirkung, weil sie sich in die organische Substanz sozusagen eingräbt oder einschreibt. Die so bewirkte Veränderung der organischen Substanz bezeichne ich als das Engramm des betreffenden Reizes, und die Summe der Engramme, die ein Organismus ererbt oder während seines individuellen Lebens erworben hat, bezeichne ich als seine Mneme[1], wobei die Unterscheidung einer ererbten und einer ndividuell erworbenen Mneme sich von selbst ergibt. Die Erscheinungen, die am Organismus aus dem Vorhandensein

[1] Ich wähle für die so von mir definierten Begriffe eigene Ausdrücke. Zahlreiche Gründe bestimmen mich, von den guten deutschen Worten Gedächtnis und Erinnerungsbild keinen Gebrauch zu machen. Zu den hauptsächlichsten dieser Gründe gehört in erster Linie der, daß ich für meine Zwecke die vorhandenen deutschen Worte in einem viel weiteren Sinne fassen müßte, als sie gewöhnlich gebraucht werden, und dadurch zahllosen Mißverständnissen und zwecklosen Polemiken Tür und Tor öffnen würde. Es wäre auch sachlich ein Fehler, den weiteren Begriff mit einer Bezeichnung zu belegen, die für gewöhnlich in einem engeren Sinne gebraucht oder gar, wie die Bezeichnung Erinnerungsbild, fast immer mit Bewußtseinsphänomenen verbunden gedacht wird.

eines bestimmten Engramms oder einer Summe von solchen resultieren, bezeichne ich als mnemische Erscheinungen.

Wenn ich mich jetzt anschicke, einige experimentelle Beispiele von engraphischen Reizwirkungen bei höheren und niederen Organismen zu geben, so muß ich von vornherein auf einen Umstand aufmerksam machen. Die Fähigkeit, die engraphischen Reizwirkungen festzuhalten: die engraphische Rezeptivität ist nicht bei allen reizbaren organischen Substanzen die gleiche, wie ja auch die Reizbarkeit in bezug auf synchrone Erregung bei den verschiedenen Organismen und innerhalb eines Organismus bei den verschiedenen Geweben und Zellarten sehr verschieden ist. Bei den Tieren hat sich im Laufe der Stammesgeschichte ein Organsystem sozusagen zu einem Spezialisten für Aufnahme und Fortleitung von Reizen ausgebildet. Es ist das Nervensystem. Aus dieser Spezialisation resultiert allerdings noch kein Monopol des Nervensystems für diese Funktion, selbst nicht bei so hoher Ausbildung desselben, wie wir sie beim Menschen finden. Ist doch, um nur ein recht deutliches Beispiel herauszugreifen, durch einwandfreie Beobachtungen und Versuche vor allem W. Kühnes nachgewiesen, daß die Muskeln auch bei vollkommener Ausschaltung jeden Nerveneinflusses erregbar sind.

In gleichem Maße, wie sich die synchrone Erregbarkeit des Nervensystems stammesgeschichtlich schrittweise vergrößert hat, hat auch seine engraphische Rezeptivität zugenommen, ohne daß freilich dabei diese engraphische Beeinflußbarkeit zu einem Monopol des Nervensystems geworden wäre. Sie ist auch bei den höheren und höchsten Organismen ein Attribut jeder reizbaren Substanz geblieben und scheint mir mit der Erregbarkeit als solcher untrennbar verbunden zu sein. Unsere Beobachtungen am Nervensystem führen uns also nur zu dem Schlusse, daß mit der Steigerung der Erregbarkeit sich auch die engraphische Rezeptivität steigert. So sehen wir denn, daß Reize, die zu schwach oder zu kurz sind, um auf nicht nervös differenzierte organische Subtanz merklich engraphisch zu wirken, in dieser Richtung auf nervöse Substanzen eine sehr starke Wirkung ausüben.

Ich habe diese Auseinandersetzung vorausgeschickt, um den Leser darauf vorzubereiten, daß der Nachweis von engraphischer Wirkung der Reize, besonders dann, wenn es sich um eine experimentelle Erzeugung solcher Wirkung handelt, bei nervösen Substanzen sehr viel leichter und deutlicher ist als bei nicht nervös differenzierten. Bei letzteren müssen die Reize in der Regel sehr viel länger wirken, bzw. sich sehr viel häufiger wiederholen, um engraphische Wirkungen hervorzubringen, während bei nervösen Substanzen höherer Tiere häufig ein einziger kurzer Reiz genügt, um ein leicht nachweisbares, lange Zeit haftendes Engramm zu erzeugen. So wenig prinzipielle Bedeutung dieser Unterschied hat, um so fühlbarer macht er sich bei der experimentellen Behandlung und bei der Anführung von Beispielen, die in dem Maße schlagender und in ihrer Darlegung auch einfacher ausfallen, je höher differenzierte nervöse Substanzen man zählt.

Aus diesem Grunde bringe ich als erstes Beispiel einer engraphischen Reizwirkung eine solche auf nervöse Substanz, und zwar nervöse Substanz eines höheren Tieres. Die Annahme, daß man die physiologischen Eigenschaften und Fähigkeiten der organischen Substanzen am besten bei den einzelligen Lebewesen studieren könne, ist ein Trugschluß, freilich ein neuerdings oft proklamierter. Wo die Arbeitsteilung unter den Zellen und Geweben weit fortgeschritten ist, wo ein Organsystem eine besondere Funktion als Spezialität ausübt, ist das Studium dieser Funktion gewöhnlich einfacher, die Antwort, die uns das Experiment auf unsere Fragen gibt, unzweideutiger als da, wo sich die betreffende Funktion weniger vorherrschend und weniger sauber herausgearbeitet findet, mehr mit andern Funktionen vergesellschaftet ist.

Obwohl wir natürlich beim Studium der engraphischen Reizwirkungen die nicht nervösen organischen Substanzen genau ebenso berücksichtigen müssen wie die nervösen, erscheint mir also als Einführung in das speziellere Studium der Weg vom Differenzierteren zum weniger Differenzierten zweckmäßiger als der umgekehrte.

Wir betrachten also zunächst folgenden Fall. Ein junger Hund, der bis dahin noch keine übeln Erfahrungen mit dem Herrn der Schöpfung gemacht hat, wird auf einem unbeaufsichtigten Spaziergang von Knaben mit Steinen geworfen. Zwei Gruppen von Reizen wirken auf ihn: die optischen Reize der sich nach den Steinen bückenden und dieselben werfenden Menschen (Reizgruppe *a*) und die sensibeln, mit Schmerz verbundenen Hautreize, die die ihn treffenden Steine verursachen (Reizgruppe *b*). Beide Reizgruppen wirken engraphisch; denn nach dem Aufhören der synchronen sowie auch der akoluthen Reizwirkungen zeigt sich der Organismus von nun an in bezug auf gewisse Reize dauernd verändert. Während zuvor der optische Reiz eines sich rasch bückenden Menschen von keiner besonderen und vor allem von keiner konstanten Reaktion begleitet war, wirkt dieser Reiz jetzt konstant — meist bis an das Lebensende des Tieres — wie ein schmerzerregender Reiz. Das Tier klemmt den Schwanz zwischen die Beine und flieht, oft unter lautem Schmerzgeheul.

Wir können dies so ausdrücken, daß die zur Reizgruppe *b* gehörigen Reaktionen von jetzt an nicht nur durch diese Reize selbst, sondern auch durch die Reizgruppe *a* ausgelöst werden.

Hier erhalten wir von einer Seite aus einen weiteren Einblick in das Wesen der engraphischen Reizwirkungen. Dieselbe beruht auf einer bleibenden Veränderung der organischen Substanz von der Beschaffenheit, daß der zu Reiz *a* gehörige synchrone Erregungszustand nicht nur, wie im primären Indifferenzzustand, durch Eintritt von Reiz *a*, sondern auch durch andere Einflüsse, in unserm Falle durch Reiz *b*, neu hervorgerufen, wiederweckt werden kann. Ich bezeichne die Einflüsse, die das vermögen, als ekphorische Einflüsse, bzw., wenn sie Reizcharakter tragen, als ekphorische Reize. Nicht alle ekphorischen Einflüsse kann man ohne weiteres als Reize bezeichnen, wie wir im weiteren Verlauf unserer Betrachtungen noch erkennen werden.

Nach Ablauf der unmittelbaren Wirkungen, d. h. der synchronen und akoluthen Wirkungen eines Reizes, und nach Eintritt des sekundären Indifferenzzustandes können wir — wenigstens auf objektivem[1] Wege — nur auf folgende Weise erkennen, ob der Reiz eine engraphische Veränderung hinterlassen hat: wir müssen herausfinden, ob der jenem Reize zugehörige Erregungszustand, der für uns durch bestimmte Reaktionen manifest wird, nunmehr auch durch andere qualitativ oder quantitativ von dem engraphisch wirksamen Reize verschiedene Einflüsse hervorgerufen werden kann.

[1] Wenn der Gegenstand der Untersuchung nicht ein fremder Organismus, sondern der eigene ist, verhält sich dies unter Umständen anders. Ich gehe auf die Fälle subjektiver Beobachtung erst später ein.

Einen Reiz, der, zum ersten Male auftretend, engraphisch wirkt, bezeichne ich als Originalreiz, die ihn begleitende synchrone Erregung nenne ich in bezug auf diesen Reiz und seine weiteren Folgen seine Originalerregung.

Daß der Reiz selbst bei jeder Einwirkung den ihm zugehörigen synchronen Erregungszustand hervorruft, ist ja selbstverständlich, und deshalb unbeweisend für den Nachweis einer vorhergegangenen engraphischen Veränderung. Ein Reiz muß deshalb quantitativ oder qualitativ vom Originalreiz verschieden sein, wenn von ihm auf Grund objektiver Untersuchung behauptet werden soll, daß er ekphorisch wirkt, d. h. daß der von ihm hervorgerufene Erregungszustand Produkt der Ekphorie eines Engramms, nicht einfach ein synchroner Erregungszustand ist. Um diesen Beweis voll zu erbringen, ist es sogar notwendig, durch den Versuch zu zeigen, daß dieser ekphorische Reiz an sich quantitativ oder qualitativ insuffizient ist, ohne vorhergegangene Einwirkung des Originalreizes die letzterem zugehörige Reaktion auszulösen. In dem vorliegenden Falle hat man es leicht, diesen Beweis zu erbringen, indem man das Verhalten des Tieres vor der schmerzhaften Erfahrung mit dem nach derselben vergleicht.

Die Quintessenz des angeführten Beispiels, dem sich noch hundert andere von Säugetieren, Vögeln, Reptilien, Insekten und Cephalopoden, wohl auch höheren Crustazeen anreihen ließen, läßt sich in folgenden Sätzen ausdrücken:

1) Reiz a löst als Originalreiz nur Erregung α aus.

2) Reiz b löst als Originalreiz nur Erregung β aus.

3) Erregung $(\alpha + \beta)$ wird als Originalerregung nur durch Reiz $(a + b)$ ausgelöst.

Dagegen kann

4) Erregung $(\alpha + \beta)$ als mnemische Erregung, d. h. nach früherer Einwirkung von Reiz $(a + b)$ und Erzeugung des Engramms $(A + B)$, schon allein durch Reiz a als ekphorischen Reiz ausgelöst werden.

Bei niederen Tieren, Pflanzen und Protisten ist es in in der Regel nicht möglich, durch Einwirkung eines einmaligen, kürzer andauernden Reizes eine engraphische Wirkung zu erzielen. Ferner ist es schwer, bei ihnen zwei Reizgruppen zu finden, die, gleichzeitig angewandt, so ausgesprochen engraphisch wirken, daß das vereinigte Engramm nachher durch die Einwirkung der einen Reizgruppe allein ekphoriert werden kann. Man hat gewöhnlich schon Mühe, eine Reizqualität zu finden, die deutlich engraphisch wirkt. Ich zweifle jedoch nicht, daß es mir durch weiteres literarisches und experimentelles Studium gelingen wird, sprechende experimentelle Beispiele auch von dieser Art von engraphischer Wirkung bei niederen Formen beizubringen. Engraphische Wirkung läßt sich indessen experimentell schon bei Anwendung von einer Reizqualität allein nachweisen, und zwar dadurch, daß man zeigt, daß nach wiederholter oder längerer Einwirkung eines Reizes und nach Rückkehr des Organismus in den sekundären Indifferenzzustand eine quantitativ kleinere energetische Einwirkung derselben Art genügt, um denselben Erregungszustand bzw. dieselben Reaktionen hervorzurufen, die vorher als Originalerregungen nur auf stärkeren Reiz hin auftraten. Solche Wirkungen treten bei Tieren mit mäßig hoch differenziertem Nervensystem schon auf wenige kurze Reize hin auf. So fanden Davenport und Cannon[1]

[1] C. B. Davenport und W. B. Cannon, On the determination of

bei ihren auf andere Fragen gerichteten Experimenten mit Daphnien ganz beiläufig, daß sich die Reaktion ihrer Objekte auf den Lichtreiz, auf den sie positiv heliotropisch reagieren, nach wenigen kurzen Reizen ganz merklich ändert. Es bedurfte, um dieselbe oder selbst eine stärkere Reaktion auszulösen, alsdann nur eines Viertels von dem Lichtreiz, der am Anfang der Versuche für dieselbe Reaktion erforderlich war. Das Resultat war ein konstantes. Ganz ähnlich zu beurteiln sind gewisse von Botanikern und Protistenforschern häufig gemachte Beobachtungen über die Änderung der sogenannten »Lichtstimmung«[1] unter dem Einfluß photischer Reize. Die Reaktionen, durch die diese den Eintritt des sekundären Indifferenzzustandes überdauernden Veränderungen manifest werden, können sowohl motorische wie Wachstumsreaktionen sein. In bezug auf letztere fand z. B. Oltmanns[2] folgendes bei Pilzen, die 10 Stunden lang einer äußerst intensiven Beleuchtung durch elektrisches Bogenlicht ausgesetzt worden waren, dann 15 Stunden verdunkelt und darauf wieder intensiv beleuchtet wurden. Unter dem Einfluß dieser erneuten Beleuchtung machten die Fruchtkörper »anfänglich starke negative Krümmungen, dann aber wurden dieselben bald ausgeglichen, und in relativ kurzer Zeit setzten positive Bewegungen ein, die nun mit viel größerer Energie dauernder anhielten als am Tage zuvor und auch schärfere Krümmungen herbeiführten. Daß

the direction and rate of movement of organisms by light. Journ. of Physiol. Vol. XXI, 1897, p. 32.

[1] Der Ausdruck »Stimmung« wird außerdem noch bei vielen andern Gruppen von Erscheinungen angewendet, bei denen es sich nicht um mnemische Phänomene handelt. Ich vermeide ihn deshalb ganz, ebenso wie den Ausdruck »Nachwirkung«, der von den Physiologen unterschiedlos für akoluthe und engraphische Reizwirkungen gebraucht wird.

[2] F. Oltmanns, Über positiven und negativen Heliotropismus. Flora oder Allg. Bot. Zeit. 1897. 83. Bd.

diese letzteren durch die vorangehende intensive Beleuchtung bedingt waren, d. h. daß infolge gesteigerter Lichtstimmung die Bewegungen energischer ausfielen, ist einigermaßen klar.«

Drücken wir das Wesentliche dieser und der vorher angeführten Beobachtung in Sätzen aus, die denen entsprechen, welche das Resultat unseres ersten Beispiels zogen (vgl. S. 25), so ergibt sich folgendes:

1) Reiz $\frac{a}{2}$ löst als Originalreiz nur Erregung $\frac{\alpha}{2}$ aus.

2) Reiz a löst als Originalreiz nur Erregung α aus, oder anders ausgedrückt:

3) Erregung α wird als Originalerregung nur durch Reiz a ausgelöst.

Dagegen kann

4) Erregung α als mneimsche Erregung, d. h. nach früherer Einwirkung von Reiz a und Erzeugung eines Engramms A, schon allein durch Reiz $\frac{a}{2}$ als ekphorischen Reiz ausgelöst werden.

Weitere Beispiele für die engraphische Wirksamkeit der Reize bzw. Erregungen sowohl im Individuum selbst als in seiner Deszendenz werden im Laufe dieser Untersuchung noch in größerer Zahl vorgeführt werden. Im gegenwärtigen Augenblick halte ich es, statt weitere Beispiele zu bringen, für angemessener, in die genauere Analyse der engraphischen Reizwirkung und ihrer Manifestationen einzutreten, eine Analyse, die in diesem einführenden Teil unserer Arbeit freilich nur einen provisorischen Charakter tragen wird, und die erst im zweiten Teil ihren Abschluß finden kann.

Bei unserer jetzigen Untersuchung gehen wir aus von dem

Zustande des Organismus, den ich schon oben als primären Indifferenzzustand bezeichnet habe.

Primärer Indifferenzzustand: unter dieser Bezeichnung haben wir einfach den Zustand des betreffenden Organismus bei Beginn unserer jeweiligen Beobachtungen und Versuche zu verstehen. Diese Definition hat den Vorzug, durchaus klar und unzweideutig zu sein. Wir sehen uns aber durch sie selbstverständlich vor die Aufgabe gestellt, jedesmal den Zustand des Objekts bei Beginn der Beobachtungen oder Versuche möglichst genau zu erforschen. Große Schwierigkeiten erwachsen dieser Erforschung nach zwei Richtungen. Einmal besitzen die Objekte, die wir zur Untersuchung heranziehen, wenn sie nicht gerade soeben von den elterlichen Organismen losgelöste Keime sind, schon eine Summe von individuell erworbenen Engrammen, und zwar von Engrammen, die sich vielleicht mit denen, deren Entstehung wir beobachten oder die wir künstlich erzeugen wollen, nahe berühren. Nehmen wir z. B. ein einjähriges Individuum von Mimosa pudica und suchen es engraphisch durch Lichtreize zu beeinflussen, so genügt es durchaus nicht, seine Lichtreaktionen in den letzten 24 Stunden vor Anfang der Versuche zu konstatieren. Diese Reaktionen können Ende September in Christiania bei einer dort gezogenen und bei einer direkt vom Äquator importierten einjährigen Pflanze fast identisch sein. Man hat aber die Möglichkeit im Auge zu behalten, daß vielleicht wenige Monate später Verschiedenheiten manifest werden können, die ohne Berücksichtigung der Engramme, die beide Pflanzen auf ihren verschiedenen Standorten erwarben, ganz unerklärlich sein würden. Der beste Ausweg dürfte es da sein, die Versuchsobjekte, wenn irgend möglich, direkt aus Samen oder Eiern zu ziehen und unter Bedingungen zu halten, bei denen wir die betreffenden Reize, deren engraphische Wirkung wir studieren wollen, einigermaßen kontrollieren können. Eine Mimosa, die das Jahr über täglich genau 12 Stunden in einem künstlich erhellten und 12 Stunden in einem künstlich verdunkelten, gleich temperierten Raum verbracht hat, ist ein besser überschaubares Objekt als eine, die der natürlichen Beleuchtung ausgesetzt war. Am besten aber, man nimmt Objekte, auf die in ihrem individuellen Leben noch keine oder doch verhältnismäßig nur sehr wenige Reize eingewirkt haben, die Keimpflanze im Moment, wo sie sich aus dem Boden erhebt, das Licht des Tages erblickt, das junge Hühnchen, wenn es die Eierschale verläßt, oder sucht doch, wenn dies nicht angeht, möglichst Individuen aus, die dem Reize, dessen engraphische Wirkung man studieren will, wenigstens in der Angriffsweise entzogen waren, die man anwenden will.

Unsere bisherige Methode, engraphische Veränderungen durch objektive Beobachtung, also ohne Anwendung von Introspektion festzustellen, war die, die Veränderung der Reaktionsfähigkeit zwischen primärem und sekundärem Indifferenzzustand nachzuweisen. Je weniger individuell erworbene Engramme im Primärzustand vorhanden sind, um so unkomplizierter die Aufgabe.

Nun ist aber das Individuum, das sich im einzelligen Stadium als Ei soeben von dem elterlichen Organismus abgelöst hat, zwar in bezug auf seine individuelle Mneme noch jungfräulicher Boden. Wie wir aber später noch ausführlich erörtern werden, besitzt auch dieses schon ererbte Engramme, und zwar einen ungeheuern Reichtum von solchen. Im Hinblick darauf ist heutzutage, wo frisch durch Urzeugung geschaffenes organisches Material auf unserem Planeten nicht mehr erhältlich ist, kein einziger Organismus, ob Ei, ob ausgewachsenes Geschöpf, den wir der Beobachtung unterwerfen, mnemisch als ein unbeschriebenes Blatt zu betrachten. Die Keimzelle, die eben noch ein Teil der Mutter war und an deren Mneme teilhatte, macht, wie a priori anzunehmen wäre und wie sich durch beliebig viele Tatsachen erweisen läßt, durch den Akt der Ablösung von der Mutter und den Eintritt in eine neue Individualitätsphase in bezug auf ihre Mneme nicht tabula rasa. Es wird später unsere Aufgabe, zu untersuchen, inwieweit die Keimzellen an den individuellen und an den ererbten Engrammen des Gesamtorganismus teilhaben, und inwieweit sie ihren Anteil nach ihrer Ablösung bewahren.

Engraphisch wirkender Reiz: energetische Einflüsse aus allen den Energiegruppen, von denen wir wissen, daß sie bei Organismen synchrone Erregungen auslösen, können eben durch Vermittlung dieser Erregungen engraphisch wirken, also: mechanische, geotropische, akustische, photische, thermische, elektrische und chemische Einflüsse. Magnetische Einflüsse scheinen überhaupt unvermögend zu sein, bei Organismen als Reize zu wirken; ist diese Annahme richtig, so können solche Einflüsse natürlich auch nicht engraphisch wirken. Außerdem ist es wohl möglich, daß Energien, die sich bisher unserer Kenntnis entzogen haben, bei den Organismen synchrone Erregungen auslösen und dadurch auch engraphisch wirken können. Erst kürzlich ist ja eine bis dahin unbekannte Art von strahlender Energie, die sogenannten X-Strahlen, entdeckt und bald darauf auch ihre Fähigkeit, organische Körper als Reiz zu beeinflussen (Hautreiz), erkannt worden. Obwohl ich deshalb die Liste der Energien, die als Originalreize und in zweiter Linie als engraphische Reize wirken, durch obenstehende Aufzählung keineswegs erschöpft zu haben glaube, gibt sie uns in der gegenwärtigen Phase unserer Untersuchung eine ausreichende Orientierung.

Die nächste Frage, die an uns herantritt, ist diese: Wann wirkt ein Reiz, der fähig ist, im Organismus eine synchrone Wirkung hervorzurufen, engraphisch, und wann tut er es nicht? Um diese Frage zu beantworten, haben wir uns zunächst über einige allgemeine Gesetze der Reizwirkungen zu orientieren. Auch um eine synchrone Wirkung auszuüben, bedarf jede energetische Einwirkung einer bestimmten Stärke und Dauer, die je nach Art und Zustand des beeinflußten Organismus verschieden ist. In diesem Sinne spricht man von einem Schwellenwerte des Reizes. Eine aufmerksame Betrachtung ergibt nun, daß dieser Schwellenwert nicht allein von den beiden schon genannten Faktoren abhängig ist, nämlich der Stärke und der Dauer der energetischen Einwirkung, sondern auch von einem dritten Faktor: ihrer Kontinuität oder Diskontinuität. Während die beiden ersten Faktoren in ihrer Bedeutung für synchrone Reizwirkungen hier keiner weiteren Erörterung bedürfen, muß auf den dritten etwas näher eingegangen werden. Es ist bekannt, daß elektrische (sowie auch mechanische) Einwirkungen auf kontraktile Substanzen, die an sich unter dem Schwellenwert liegen, d. h. »subliminal« sind, bei wiederholter Einwirkung wirksam werden. Man stellt sich vor, daß bei solcher Anwendung der Reize die Erregbarkeit der organischen Substanz durch »addition latente« (Richet) so weit gesteigert wird, daß sich der Schwellenwert der für sie wirksamen Reizintensität nach unten verschiebt, so daß eine zunächst subliminale Intensität zu einer liminalen wird.

Wie Biedermann[1] bei Erörterung der Reizsummation bei glatten Muskeln ausführt, »läßt sich sehr oft zeigen, daß selbst unter den günstigsten Bedingungen durch die stärksten einzelnen Induktionsschläge ein sichtbarer Reizerfolg (Kontraktion) kaum erzielt werden kann, während dieselben Objekte (Darm, Ureter, Muschelmuskel) bei schwingendem Neffschen Hammer durch die in rascher Folge wirkenden Reize schon bei verhältnismäßig geringem Rollenabstande in Tetanus geraten. Auch bei Anwendung von Kettenströmen hat man oft Gelegenheit, zu beobachten, wie bei mehrmals in nicht zu großen Pausen wiederholter Schließung eines an sich unwirksamen Stromes allmählich eine wirksame Erregung eintritt (Engelmann). Es scheint übrigens das Vermögen der Reizsummation, wenn auch in einer gradweise verschiedenen Ausbildung, jedem irritabeln Plasma zuzukommen (Flimmerzellen, Nervenzellen, pflanzliches Plasma wie z.B. Dionaea usw.), so daß die geschilderten Erscheinungen am Muskel nur einen speziellen Fall eines allgemeinen Gesetzes darstellen. Ob man dabei den Vorgang als eine wirkliche »Summierung« an sich unwirksamer Reize zu einem wirksamen oder als eine durch dieselben bedingte Erregbarkeitssteigerung auffassen will, scheint ziemlich unwesentlich, wenn man die schon früher betonten Beziehungen zwischen einer durch den Reiz bedingten Erhöhung der Erregbarkeit und dem Vorgang der Erregung selbst berücksichtigt.«

Die Schwellenwerte der Reize bei ihrer engraphischen Wirksamkeit sind nun von denselben drei Faktoren abhängig wie bei ihrer synchronen Wirksamkeit: der Stärke der energetischen Einwirkung, ihrer Dauer und endlich ihrer Kontinuität oder Diskontinuität.

[1] W. Biedermann, Elektrophysiologie. Jena 1895. S. 101.

Der letztgenannte dieser Faktoren, die Bedingung, ob es sich um ein einmaliges oder ein wiederholtes, und zwar in welcher Weise wiederholtes Einwirken des betreffenden Reizes handelt, erweist sich für die engraphische Wirksamkeit desselben von durchgreifender Bedeutung.

Nur bei dem Vorhandensein eines höher differenzierten Nervensystems scheint ein einmaliger Reiz imstande zu sein, engraphisch zu wirken, oder, vorsichtiger ausgedrückt, läßt sich mit den uns zu Gebote stehenden Methoden eine solche Wirkung unzweideutig nachweisen. Auch in allen diesen Fällen vertieft sich die engraphische Wirkung regelmäßig durch jede neue Wiederholung des Reizes. Da, wo kein besonderes Nervensystem ausgebildet ist, also bei Protisten und Pflanzen, oder wo es noch auf sehr tiefer Stufe der Ausbildung steht, also bei vielen niederen Tieren, sind wir überhaupt nur imstande, nach wiederholter, und zwar in den meisten Fällen nur nach periodisch wiederholter Einwirkung synchron wirksamer Reize eine engraphische Wirkung zu erzielen. Es ist indessen zu erwarten, daß bei weiterem Studium der mnemischen Erscheinungen und bei entsprechender Vervollkommnung unserer Methoden auch eine leichte engraphische Wirkung einmaliger Reize bei Organismen nachzuweisen sein wird, die ein Nervensystem ganz entbehren oder nur in geringer Ausbildung besitzen. Denn es ist nicht nur denkbar, sondern aus logischen Gründen sogar äußerst wahrscheinlich, daß jeder synchron wirkende Reiz bzw. die ihm synchrone Erregung eine engraphische Wirkung ausübt.

Wenn wir also von einem engraphischen Schwellenwert von Reizen sprechen, so soll damit nur bezeichnet werden, von welchem Punkte an sich die engraphische Wirkung synchron wirksamer Reize mit unsern bisherigen Methoden nachweisen läßt, aber nicht dadurch ausgedrückt werden, daß unterhalb dieser Manifestationsschwelle überhaupt keine engraphische Einwirkung statthat.

Bisher war immer nur von der engraphischen Wirkung eines kontinuierlichen oder diskontinuierlichen Reizes die Rede.

Jeder Organismus befindet sich dauernd unter dem Einfluß aller möglichen Energiearten, wie Distanz-, Volum-, Bewegungs-, Wärmeenergie, strahlender Energie usw. Ich habe dies als seine jeweilige energetische Situation bezeichnet. Nun wird es kaum im Laboratorium unter den bestausgedachten Bedingungen möglich sein, die energetische Situation bloß in bezug auf eine einzige Energie zu verändern, und unter natürlichen Bedingungen wird dies überhaupt so gut wie nie vorkommen. Bricht die Sonne aus den Wolken hervor, und bescheint sie eine Pflanze, so ist damit keine einfache, sondern eine höchst zusammengesetzte Veränderung der energetischen Situation geschaffen, da verschiedene Arten strahlender Energie, ultrarote Wärmestrahlen, verschiedene Arten Lichtstrahlen, chemisch wirksame ultraviolette Strahlen als ebenso viele Reize auf den Organismus wirken.

Nur im Laboratorium wird es mir einigermaßen gelingen, rein photische Einflüsse auf den Organismus wirken zu lassen, indem ich mich z. B. gewisser roter Strahlen von einer bestimmten Wellenlänge, deren chemische Wirkung annähernd gleich Null ist, bediene und thermische Einflüsse durch eingeschaltete Eisschichten ebenfalls auf annähernd Null reduziere.

Eine einzige Ursache, das durch Wegziehen eines Vorhangs veranlaßte Einlassen der Sonnenstrahlen, bewirkt also zum Beispiel bei einer im dunkeln Zimmer stehenden Mimosa die gleichzeitige Einwirkung mindestens dreier Reize, deren synchrone Wirkung wir durch den Eintritt dreier verschiedener Reaktionen nachweisen können. Auf den photischen Reiz antwortet die Pflanze durch Entfalten ihrer Blätter, auf den chemischen durch Reaktionen in ihrem Stoffwechsel (sogenannte Assimilation: Aufnahme von Kohlensäure, Ausscheidung von Sauerstoff), auf den thermischen durch Beschleunigung in ihrem Wachstum. Man kann sich also in diesem Falle leicht durch geeignete Versuchsanordnung (Ausschaltung der thermischen, oder Ausschaltung der photischen, oder Ausschaltung der chemischen Strahlen) davon überzeugen, daß die scheinbar so einfache und einheitliche Veränderung der energetischen Situation die Quelle verschiedener gleichzeitiger Reize für den Organismus gewesen ist.

Es ist aber ferner die energetische Situation der Organismen auf unserem Planeten so beschaffen, daß sie fortdauernd nicht in einer, sondern in vielen Beziehungen Veränderungen unterliegt. Diese Veränderungen können in einem erkennbaren Zusammenhange untereinander stehen: ein Gewitter bringt z. B. gleichzeitig photische, thermische, akustische, mechanische und noch viele andere Reize für die Organismen, in deren energetische Situation es eingreift. Ebenso häufig beeinflussen verschiedene Reize gleichzeitig denselben Organismus, ohne daß ihre Entstehung in einer für uns erkennbaren Weise verknüpft wäre. Ein solches Zusammentreffen bezeichnen wir als zufällig.

Als Gesamtresultat ergibt sich, daß jeder Organismus fortgesetzt Reizwirkungen unterworfen ist, und zwar gewöhnlich gleichzeitig den Einwirkungen verschiedener Reize.

Die Frage erhebt sich nun: können zwei oder mehr Reize, die einen Organismus gleichzeitig treffen und synchrone Wirkungen zur Folge haben, ihn auch nebeneinander engraphisch beeinflussen? Und wenn dies der Fall ist: treten die durch gleichzeitige Reizeinwirkungen erzeugten engraphischen Veränderungen in bestimmte Beziehungen zueinander?

Die experimentelle Entscheidung dieser Fragen ist natürlich leichter zu erzielen bei Organismen, bei denen überhaupt engraphische Wirkungen von Reizen unschwer zu erzeugen sind, als bei solchen, bei denen dies nicht der Fall ist. Ist der betreffende Organismus ein Mensch oder Affe, ein Hund, ein Pferd, ein Vogel, so ist es ganz leicht, bei ihm die engraphische Wirkung zweier gleichzeitiger Reize zu zeigen. Ich schlage einen jungen Hund, der noch nie gezüchtigt worden ist, mit einer Peitsche. Der optische Reiz (Anblick der Peitsche) und der mechanische Reiz, der eine Schmerzempfindung auslöst, wirken beide engraphisch, und, was besonders wichtig ist, die beiden durch diese gleichzeitigen Reize erzeugten Engramme sind von nun an in gewisse unlösliche Beziehungen zueinander getreten. Diese Beziehungen lassen sich kurz dahin definieren, daß von nun an die Wiederkehr bloß des einen Reizes genügt, um in einer später noch näher zu analysierenden Weise auf das gleichzeitig erzeugte Engramm des andern ekphorisch zu wirken. Der bloße Anblick der Peitsche in der Hand des Herrn genügt, um bei diesem Hunde die mnemische Erregung der bestimmten Schmerzempfindung zu ekphorieren und die betreffende Reaktion: Einklemmen des Schwanzes, Aufheulen, schleunige Flucht, hervorzurufen. Derartig zusammengekoppelte Engramme, bei denen die Wiederkehr des engraphischen Reizes der einen zum ekphorischen der andern dienen kann, bezeichnen wir als assoziierte Engramme.

Eine Regel, von der ich keine Ausnahme kenne, ist die, daß alle gleichzeitig erzeugten Engramme assoziiert sind, auch wenn die Reize, die sie erzeugt haben, den verschiedensten Reizqualitäten angehören und in bezug auf die Kausalität ihres Auftretens keinerlei Beziehungen zeigen. Auf mich haben einstmals gleichzeitig zwei Reize eingewirkt, die ganz verschiedenen Energiearten angehören und ohne erkennbare Beziehungen zueinander stehen: der Anblick Capris von Neapel aus und die Wahrnehmung eines bestimmten Ölgeruchs. Seitdem genügt die Wiederkehr dieses oder eines ähnlichen Ölgeruchs, um bei mir unweigerlich auf jenes photogene Engramm »Capri« ekphorisch zu wirken. Ich führe dies Beispiel an, um gleich zu betonen, daß Lust- und Unlustgefühle bei der Assoziation gleichzeitig erzeugter Engramme durchaus keinen ausschlaggebenden Anteil haben. Außer dieser Assoziation von Engrammen, die durch die Gleichzeitigkeit des Auftretens ihrer engraphischen Reize geschaffen wird, und die wir im Anschluß an schon eingeführte Kunstausdrücke als Assoziation der simultan erzeugten Engramme bezeichnen wollen, läßt sich noch eine zweite, ebenso wichtige Assoziation beobachten, die ebenfalls von dem Zeitverhältnis beim Einwirken der engraphischen Reize abhängig ist. Nicht nur die gleichzeitig, sondern auch die in unmittelbarer zeitlicher Aufeinanderfolge erzeugten Engramme sind derart assoziiert, daß die Wiederholung des Originalreizes der einen als ekphorischer Reiz für die andere dienen kann, und auch in diesem Fall ergibt sich die Assoziation ebenfalls dann, wenn die betreffenden Engramme den verschiedensten Reizqualitäten ihre Entstehung verdanken, und wenn ein kausaler Zusammenhang im Auftreten ihrer engraphischen Reize nicht erkennbar ist. Wir bezeichnen die soeben besprochene Erscheinung als Assoziation der sukzedent erzeugten Engramme. Auf sie wie auf die ihr nahe verwandte Assoziation simultan erzeugter Engramme werden wir im zweiten Teil dieses Buches noch ausführlich einzugehen haben.

Sekundärer Indifferenzzustand (Latenzzustand des Engramms). Nach Ablauf des durch den Originalreiz bewirkten synchronen Erregungszustandes, dem unter Umständen ein rasch vorübergehender akoluther Erregungszustand folgen kann, gelangt der Organismus in einen Zustand, den wir als sekundären Indifferenzzustand bezeichnet haben. Vom Primärzustande, von dem wir ausgingen, ist dieser Sekundärzustand durch nichts als durch das Vorhandensein des neuen Engramms (oder nach Einwirkung verschiedener engraphischer Reize der neuen Engramme) unterschieden. Aber diese sind im Sekundärzustande unserm Wahrnehmungsvermögen verborgen, sie sind latent. Zu ihrer Manifestation ist der Eintritt ekphorischer Einflüsse erforderlich.

Die Einschaltung einer Latenzphase zwischen dem synchronen und mnemischen Erregungszustand könnte auf den ersten Blick als eine merkwürdige Eigentümlichkeit der mnemischen Phänomene erscheinen. Charakteristisch ist sie in der Tat in hohem Grade, und durch sie erst erscheint uns die mnemische Erregung im Licht einer »Reproduktion«. Als Reproduktionen stellen sich aber Äußerungen der Mneme gewöhnlich unserm Geiste dar.

Die Resultate unserer bisherigen Untersuchungen können wir folgendermaßen ausdrücken: Ein Reiz versetzt einen Organismus in einen bestimmten Erregungszustand, dessen Vorhandensein wir an bestimmten Reaktionen erkennen. Mit dem Aufhören des Reizes schwindet der Erregungszustand entweder sofort (synchrone Erregung) oder unter Umständen eine kurze Zeit nachher (akoluthe Erregung). Die reizbare

Substanz des Organismus kehrt damit im Hinblick auf den betreffenden Reiz in den Zustand zurück, in dem sie sich vor Eintritt des Reizes befand (Indifferenzzustand). Dennoch sind oft die beiden Indifferenzzustände, der vor und der nach Eingreifen des Reizes, der primäre und sekundäre Indifferenzzustand, nicht identisch, sondern dadurch unterschieden, daß die reizbare Substanz im Sekundärzustand durch gewisse ekphorische Einflüsse in den dazwischenliegenden Erregungszustand versetzt werden kann, was im Primärzustand nicht der Fall war.

Es erhebt sich aber nun die Frage, ob es nicht auch Fälle gibt, in denen die reizbare Substanz nach Aufhören des Reizes gar nicht in den sekundären Indifferenzzustand zurücktritt, sondern dauernd in dem durch den Reiz einmal geschaffenen Erregungszustand verharrt. Diese Frage ist deshalb kaum endgültig mit nein zu beantworten, weil die Möglichkeit nicht auszuschließen ist, daß Fälle neu entdeckt werden könnten, die sich nur in diesem Sinne deuten lassen. Halten wir uns aber an das, was uns zurzeit bekannt ist, so ist zunächst zu erklären, daß in der überwältigenden Mehrzahl der Fälle die reizbare Substanz nach Aufhören des Reizes aus dem betreffenden Erregungszustand in den Indifferenzzustand zurücktritt. Fälle, in denen die Resultate gewisser Reaktionen sich erhalten, das Verharren der Sperrstacheln in ihrer Stellung auch nach Erschlaffung der sie aufrichtenden Muskeln, das Gekrümmtbleiben von Ranken nach Aufhören des mechanischen Reizes, der den Anstoß zur Krümmung gab, sind schon besprochen. Es bedarf keiner weiteren Ausführung, daß sie keine Ausnahmen der Regel darstellen. Dasselbe gilt für alle Reaktionsprodukte, die sich als Wachstumserscheinungen darstellen und natürlich nach

Aufhören des Reizes nicht redressiert werden, sondern dauernd fixiert sind. In allen diesen Fällen handelt es sich nicht mehr um die Reaktionen der reizbaren Substanz selbst, aus denen auf einen Erregungszustand zu schließen ist, sondern um Produkte dieser Reaktionen.

Etwas schwieriger zu beurteilen sind manche Fälle, die Pfeffer (Pflanzenphysiologie, II, S. 167) als fortwirkende (stabile, inhärente) Induktion bezeichnet. Alle diese Fälle, in denen ein vorübergehender Reiz eine fortwirkende Induktion schafft, sind aber wohl so zu erklären, daß auch bei ihnen die Reizwirkung Produkte schafft (Wachstumsprodukte), deren Vorhandensein nun ihrerseits den neuen Zuwachs als Reiz (Situationsreiz) beeinflußt, auf ihn determinierend wirkt. In allen diesen Fällen ist natürlich nicht vom Verharren der reizbaren Substanz im primären Erregungszustand zu reden. Am meisten Schwierigkeit scheint mir der Fall von Marchantia zu machen. Die Brutkörbchen dieses Lebermooses lassen sich durch eine wenige Tage währende einseitige Beleuchtung so beeinflussen, daß, ehe noch in dem kleinen Sproß die anatomische Differenzierung deutlich hervorgetreten ist, dasjenige, was an dem zukünftigen Pflänzchen Oberseite, und das, was Unterseite werden wird, unverrückbar bestimmt ist. Auch dieser vereinzelte Fall wird sich aber aller Wahrscheinlichkeit nach bei weiterer Untersuchung so erklären lassen, daß durch den Reiz während seines Einwirkens in der morphologischen Struktur des wachsenden Pflänzchens bleibende Zustände geschaffen werden, die ihrerseits als Situationsreize fortwirkend das Neuhinzukommende beeinflussen. Bis diese Struktur durch die Beobachtung nachgewiesen ist, bleibt dies freilich nur Vermutung. Jedenfalls aber brauchen wir, da noch andere Erklärungen denkbar sind, diesen Fall nicht als eine bewiesene

Ausnahme von unserer Regel und nicht als ein Beispiel dafür zu betrachten, daß unter Umständen ein durch einen Reiz geschaffener Erregungszustand der organischen Substanz nach Aufhören des Reizes als solcher bestehen bleibt, statt dem sekundären Indifferenzzustand Platz zu machen. Wir dürfen vielmehr als Regel aussprechen: nach Aufhören eines Reizes kehrt der Organismus stets über kurz oder lang in den Indifferenzzustand zurück. Eine dauernde Wirkung übt ein Reiz auf die reizbare Substanz nur insofern aus, als er ein Engramm zurückläßt. Er verändert also die reizbare Substanz nur in der Beziehung, daß nunmehr der dem Reiz eigentümliche synchrone Erregungszustand nicht nur durch diesen selbst, sondern auch durch andere Einflüsse, die wir ekphorische nennen, neu hervorgerufen werden kann.

Ekphorische Einflüsse. Aus unsern bisherigen Ausführungen geht hervor, daß das Engramm eines Reizes oder, vielleicht besser gesagt, der Wirkung eines Reizes, also eines Erregungszustandes, nichts anderes ist als eine veränderte Disposition der reizbaren Substanz in bezug auf die Wiederholung dieses Erregungszustandes. Die organische Substanz zeigt sich alsdann gegen früher in eigentümlicher und durchaus gesetzmäßiger Weise dafür prädisponiert, auch durch andersartige Einflüsse als durch den Originalreiz wieder in jenen Erregungszustand versetzt zu werden. Den auf Grund der Ekphorie eines Engramms entstandenen Erregungszustand bezeichne ich als mnemischen Erregungszustand. Bei Menschen und höheren Tieren sind gewisse Ausdrucksformen dieses Erregungszustandes bisher häufig als Erinnerungsbilder bezeichnet worden. Ich vermeide diese Bezeichnung, weil sie als eine treffende nur für solche mnemische

Erregungen zu bezeichnen ist, die sich durch Reaktionen des Oberbewußtseins manifestieren.

Überblicken wir die mnemischen Phänomene in den drei organischen Reichen, so finden wir, daß folgende Gruppen von Einflüssen ekphorisch auf ein Engramm wirken können: Erstens die Wiederkehr des Originalreizes, und zwar sowohl in qualitativ und quantitativ identischer oder nahezu identischer Gestaltung, als auch in zwar ähnlicher, aber qualitativ oder quantitativ etwas verschiedener Gestaltung. Zweitens wirken ekphorisch auf ein Engramm alle gleichzeitig mit ihm oder unmittelbar vor ihm erzeugten Engramme (alle simultan und sukzedent assoziierten Engramme). Drittens wirken ekphorisch gewisse Einflüsse, die sich für uns scheinbar zunächst bloß als Abläufe bestimmter Zeit oder Entwicklungsperioden darstellen, die sich aber, wie wir später sehen, im Grunde auch alle auf dasselbe, sämtlichen drei Gruppen zugrunde liegende Prinzip zurückführen lassen: dieses Prinzip ist die partielle (seltener die totale) Wiederkehr einer energetischen Situation.

Von den angeführten Fällen ist scheinbar der einfachste der, in welchem ein Reiz, der qualitativ und quantitativ mit dem Originalreiz identisch ist, ekphorisch wirken soll. Gerade in diesem Falle ist aber die ekphorische Wirkung dieses Reizes auf objektivem Wege kaum beweisbar. Denn, wenn ein Reiz bei seiner Wiederholung genau dieselben Wirkungen äußert wie bei seinem ersten Auftreten, hat man kein Recht, zwischen seiner Wirksamkeit bei seiner ersten und bei seiner späteren Einwirkung einen Unterschied zu machen.

Dennoch gibt es Gründe, die uns, wie ich glaube, das Recht geben, auch bei bloßer Wiederholung des Originalreizes von ekphorischer Wirkung zu sprechen. Diese Gründe stützen sich in erster Linie auf die subjektive Beobachtung oder

Introspektion, und da dieses sehr wesentliche Hilfsmittel bei vielen Naturforschern in Mißkredit steht, von uns aber noch öfters herangezogen werden muß, kann ich nicht umhin, über seinen methodischen Wert bei naturwissenschaftlichen Untersuchungen einige Worte zu sagen.

Es bedarf keines weiteren Beweises, daß alles das, was wir Außenwelt nennen, nur auf Grund von subjektiven Vorgängen, das heißt von Vorgängen, die sich in unserm eigenen Organismus abspielen, unserer Kenntnis und Erkenntnis zugänglich wird. Eine Summe von Vorgängen, die sich in unserer Netzhaut und unserm Gehirn abspielen, projizieren wir nach außen, und nennen sie »Baum«, andere Vorgänge in unserm Riechepithel und unserm Gehirn bezeichnen wir, indem wir sie ebenfalls nach außen projizieren, als »Rosenduft«.

Wir nehmen unmittelbar in unserm Bewußtsein nur die Reizwirkungen wahr. Durch Erfahrung lernen wir allmählich, von diesen Wirkungen auf die sie verursachenden Reize zu schließen, wir suchen die Quellen der Reize, die uns treffen, auf, und das sich entwickelnde Kind baut sich so schrittweise ein Bild der Außenwelt auf, das es ebenso wie der naive erwachsene Mensch dann für ein objektiv gegebenes ansieht, und dessen subjektives Fundament ihm gewöhnlich ganz und gar nicht bewußt ist. Dem gegenüber dürfen wir nicht aus den Augen verlieren, daß gerade die subjektiven Bewußtseinszustände für uns das Gegebene, Primäre sind; die Vorstellungen und Bilder aber, die wir uns aus jenen subjektiven Zuständen allmählich bilden, die wir uns in vielen Fällen erst langsam und mühsam durch Vergleichung zurechtkonstruieren, und die wir als objektiv bezeichnen, das Sekundäre, Abgeleitete. Dies muß vorangeschickt werden, auch dann, wenn die Realität derjenigen Außenwelt, die wir uns aus unsern Bewußtseinszuständen konstruiert haben, nicht weiter kritisch untersucht, sondern hingenommen werden soll, wie wir es im folgenden tun wollen.

Die große Überlegenheit der subjektiven (introspektiven) Methode im Vergleich mit der objektiven bei der Untersuchung vieler biologischer und physiologischer Grundfragen beruht nun hauptsächlich auf folgenden zwei Vorzügen. Erstens gibt sie allein uns Auskunft, ja überhaupt eine Vorstellung von den verschiedenen Empfindungen. Die Erkenntnis und Erforschung letzterer ist der objektiven Methode so gut wie verschlossen. Auf Empfindungen bei andern Organismen als dem eigenen Ich, also bei Objekten, können wir nur indirekte und meist sehr unsichere Schlüsse machen. Selbst da, wo zu den übrigen Reaktionen noch die Reaktionsgruppe, die wir als menschliche Sprache bezeichnen, hinzukommt, sind die Vorstellungen, die wir uns auf objektivem Wege von den Empfindungen unserer Mitgeschöpfe bilden, unscharf und wohl nur ganz ausnahmsweise, vielleicht niemals, absolut zutreffend. Ein zweiter Vorzug der subjektiven Methode beruht darauf, daß die Kette von Vorgängen vom Angriffspunkt des Reizes bis zu der beobachteten Reaktion nur halb so lang ist als bei der objektiven Methode. Am eigenen Ich wird die Wirkung zahlreicher Reize schon nach der kurzen Strecke: Einwirkung auf die Oberfläche des Körpers, zentripetale Nervenleitung, Erregung sensorischer Teile des Zentralnervensystems als Empfindung für uns manifest. Bei der objektiven Methode, die z. B. einen andern Menschen oder ein Wirbeltier zum Objekt hat, folgt auf die Einwirkung auf die Oberfläche, die zentripetale Nervenleitung und komplizierte Vorgänge im Zentralnervensystem noch zentrifugale Nervenleitung und schließlich die in diesem Falle zur Manifestation nötige Erregung peripherer organischer Substanz (Muskeln, Drüsen usw.).

Die Anwendung der subjektiven Methode ist deshalb an sich durchaus einwandfrei und ist auch von den besten und kritischsten Physiologen, z. B. von Johannes Müller, da, wo sie hingehörte, in ausgiebiger Weise verwertet werden. Mißtrauen verdient nur eine unkritische Vermischung der objektiven mit der subjektiven Methode.

Die letztere kann jeder einzig und allein am eigenen Ich anwenden, während er mit Hilfe der objektiven Methode Reizwirkungen sowohl am eigenen Ich als auch bei allen andern Geschöpfen untersuchen kann. Sobald man es unternimmt, aus den motorischen, sekretorischen und andern derartigen Reaktionen auf Empfindungen bei andern Geschöpfen als dem eigenen Ich Rückschlüsse zu machen, begibt man sich in das Gebiet der Hypothese. Zunächst meist in das Gebiet der berechtigten Hypothese, wenn es sich um Geschöpfe handelt, die uns morphologisch und physiologisch nahe stehen, und deren motorische und andere peripheren Reaktionen eine für uns kaum mißzudeutende Sprache reden. Vor allen Dingen, wenn dies die menschliche Sprache ist.

Die Schmerzempfindung, die ein Nadelstich bei mir erzeugt, kenne nur ich selbst qualitativ und quantitativ genau. Aber es hieße die Skepsis übertreiben, wollte ich den Schluß zurückweisen, daß dieser Reiz bei meinen Mitmenschen, die auf ihn in ähnlicher Weise mit Zusammenzucken und einem leisen Aufschrei reagieren, die mir das dabei empfundene Gefühl mit Worten ausführlich beschreiben können, eine sehr ähnliche, ja qualitativ, wenn auch nicht quantitativ fast identische Empfindung auslöst, wie bei mir. Daß auch ein Affe oder ein Hund, der auf diesen Reiz mit Zusammenzucken und einem bestimmten Laute seiner Sprache reagiert, dabei sehr ähnliches empfindet, wie ich selbst, ist äußerst wahrscheinlich. Die Ähnlichkeit der Empfindungsreaktion auf den gleichen Reiz bei einem Frosche oder Fische ist schon zweifelhafter, wenn sie auch immer noch wahrscheinlich erscheinen mag.

Noch unsicherer werden unsere Schlüsse, wenn wir uns zu den wirbellosen Tieren wenden, zu Würmern, Cölenteraten und ähnlichen Geschöpfen, auch wenn dieselben auf den Stich mit raschem Zurückziehen des betroffenen Körperteils reagieren. Gänzlich außerhalb des Bereichs wissenschaftlicher Diskussion würde es liegen, weil es vorläufig nicht einmal durch einleuchtende Analogieschlüsse wahrscheinlich zu machen wäre, wollte jemand behaupten, eine Mimose empfände bei brüsker Berührung ihrer Zweige, auf die sie bekanntlich mit raschem Zusammenlegen der Blätter reagiert, etwas unserm Schmerz ähnliches.

Wie wir sehen, ergibt die subjektive Methode der Untersuchung am eigenen Ich Resultate, die in vielen Beziehungen einfacher und sicherer sind, als die Resultate der objektiven Methode. Hier darf sie also in uneingeschränkter Weise als eine der wichtigsten und reinsten Quellen des Naturerkennens angewandt werden. Die Übertragung ihrer Resultate durch Analogieschlüsse auf die Empfindungsreaktionen anderer Geschöpfe ist zwar nicht zu verwerfen — wie wäre das menschliche Zusammenleben ohne dieselbe denkbar —, aber sie trägt die Unsicherheit aller derartiger Schlüsse an sich, und zwar verringert sich die Wahrscheinlichkeit derartiger Schlüsse um so mehr, je weiter wir sie von unsern Mitmenschen auf die übrigen Warmblüter, von diesen auf die

Kaltblüter, von den Wirbeltieren auf die Wirbellosen, von diesen etwa gar auf Pflanzen und Protozoen ausdehnen.

Im augenblicklichen Verlaufe unserer Untersuchung sind wir aber in der glücklichen Lage, von einer derartigen Übertragung der subjektiven Methode ganz absehen zu können. Wir wenden sie zunächst nur für das eigene Ich an, damit jeder Leser sich für sich selbst eine Vorstellung von der Ekphorie eines Engramms durch einen Reiz, der qualitativ und quantitativ dem Originalreiz gleicht, machen kann. In einer derartigen Anwendung wie auch in einer kritischen Ausdehnung der subjektiven Methode auf den menschlichen Organismus überhaupt erblicke ich ein einwandfreies und unentbehrliches Hilfsmittel biologischer Untersuchung, von welchem ich am gehörigen Ort immer den nötigen Gebrauch machen werde.

Jeder kann leicht bei sich selbst beobachten, daß, wenn ein Reiz, der schon einmal auf ihn eingewirkt hat, sagen wir einmal der optische Reiz einer eigentümlich geschlungenen Linie, die charakteristische Zeichnung eines Teppich- oder Tapetenmusters, der Empfindungszustand sich nicht einfach wiederholt, der bei der erstmaligen Einwirkung dieses Reizes eingetreten war, sondern daß zu der Wiederholung ein neues Bewußtseinselement hinzukommt: das Gefühl, dieser speziellen Reizwirkung schon einmal unterworfen gewesen zu sein, diesen charakteristischen Erregungszustand schon einmal durchgemacht zu haben. Diesen Bewußtseinszustand, der sich Reizen jeder Qualität gegenüber äußert, und den wir nicht weiter analysieren wollen, bezeichnen wir als Wiedererkennen. Er ist ein Beweis dafür, daß die reizbare Substanz im sekundären Indifferenzzustand, verglichen mit ihrer Beschaffenheit im primären Indifferenzzustand, eine

Veränderung erlitten hatte, engraphisch beeinflußt worden war. Wenn nun die Wiederholung des Originalreizes nicht nur dieselbe synchrone Wirkung hervorbringt wie bei seinem ersten Auftreten, sondern unser Bewußtsein noch außerdem uns mit größter Deutlichkeit sagt: mein Organismus hat Spuren davon bewahrt, daß er diesen Erregungszustand bereits einmal durchgemacht hat, daß er ein Engramm dieser Reizwirkung besitzt, so ist das, zumal bei der Konstanz des Ergebnisses, ein Beweis aus erster Hand, daß der wiederholte Reiz nicht einfach eine synchrone, sondern auch eine ekphorische Wirkung ausübt, indem er uns von dem Vorhandensein eines Engramms durch eine besondere Reaktion, und zwar eine Bewußtseinsreaktion Kunde gibt.

Auch mittels der objektiven Methode läßt sich in ziemlich überzeugender, wenn auch freilich nicht ganz so eindeutiger Weise zeigen, daß sich schon durch bloße Wiederholung des Originalreizes das Vorhandensein eines Engramms nachweisen läßt. Dieser mehr indirekte Beweis stützt sich auf die Tatsache, daß die objektiv nachweisbaren Reaktionen häufig bei Wiederholung des Originalreizes rascher oder energischer auftreten als bei seiner erstmaligen Einwirkung. Ich erinnere an die bereits oben (S. 26) besprochenen Beobachtungen von Davenport und Cannon, aus denen hervorgeht, daß Daphnien bei ihren heliotropischen Bewegungen nach der Lichtquelle zu bei dreimaliger Anwendung eines starken Lichtreizes beim dritten Male nur etwa die Hälfte der zuerst erforderlichen Zeit (28 statt 48 Sekunden) gebrauchen, um die Strecke von 16 cm zu durchschwimmen. Zu ganz ähnlichen Schlüssen führen auch die ebenfalls oben zitierten Oltmannsschen Beobachtungen an Pilzen.

Unser vierter Satz, in dem wir (S. 28) das Resultat der Davenport-Cannonsschen und Oltmannsschen Beobachtungen zogen, bedarf also noch einer Ergänzung. Dieser Satz lautete:

4) Erregung *α* kann aber als mnemische Erregung, d. h. nach früherer Einwirkung von Reiz *a* und Erzeugung eines Engramms *A*, allein schon durch Reiz $\frac{a}{2}$ als ekphorischen Reiz ausgelöst werden.

Wir fügen dem jetzt noch folgenden Satz bei:

5) Reiz *a* löst, wenn ein Engramm *A* vorhanden ist, eine Erregung aus, die quantitativ stärker ist als *α*. Wie dies geschieht (durch Zusammenwirken der ekphorischen Wirkung und einer neuen Originalwirkung dieses Reizes) wird erst im zweiten Teil dieses Buches bei Untersuchung der Homophonie gezeigt werden.

Durch die eben besprochenen Beobachtungen werden wir bereits zu Fällen hinübergeleitet, in denen ein Reiz als ekphorischer zu bezeichnen ist, der zwar noch qualitativ mit dem Originalreiz übereinstimmt, von ihm aber quantitativ verschieden ist. Durch wiederholte Einwirkung eines Reizes läßt sich das Resultat erzielen, daß dieselben Reaktionen, die bei erster Einwirkung des Reizes nur bei einer bestimmten Intensität oder Dauer des Reizes eintreten, bei wiederholter Einwirkung unter wesentlicher Herabsetzung der Reizintensität oder der Dauer des Reizes erzielt werden können (Herabsetzung des Schwellenwertes des Reizes). Beweisend, daß es sich hierbei um Ekphorie von Engrammen handelt, sind natürlich nur solche Fälle, in denen die Wiederholung in nicht zu raschem Tempo eintritt, so daß dem Organismus Zeit gegeben wird, auch wirklich vollständig in den sekundären Indifferenzzustand zurückzutreten und die synchronen und akoluthen Erregungszustände ausklingen zu lassen. Das Tetanisieren von Muskeln und Nerven, z. B. durch schwache aber mittels des magnetischen Hammers sehr rasch unterbrochene Induktionsströme darf hier nicht mit herangezogen werden. Ob dabei engraphische und ekphorische Reizwirkungen überhaupt keine Rolle spielen, kann erst durch neue, auf Beantwortung dieser Frage besonders zugeschnittene Versuche entschieden werden. Wohl aber kann bei den Versuchen von Davenport und Cannon an Daphnien von engraphischer und ekphorischer Wirkung gesprochen werden, bei denen es durch in längeren Zeitintervallen wiederholte Reizung gelang, den Erfolg zu erzielen, daß schon nach wenigen Wiederholungen ein Reiz, der nur ein Viertel der Stärke des Originalreizes besaß, dieselben und schließlich sogar promptere Reaktionen hervorrief, als der Originalreiz bei seiner ersten Einwirkung.

Ähnliche Beobachtungen lassen sich bei höheren Tieren und dem Menschen in großer Zahl und in bezug auf alle möglichen Reize anstellen. Beim Zureiten eines Pferdes kann man z. B. beim Reiten der sogenannten Seitengänge mit der Stärke der Druckreize, die bestimmte Stellungen und Bewegungen des Pferdes auslösen, sukzessive so weit heruntergehen, bis am Ende Reize von einer Schwäche wirksam sind, die im Anfang überhaupt keine Beachtung fanden.

Bei derartiger wiederholter Einwirkung von Reizen ist es möglich, die Schwellenwerte für alle Reizqualitäten herabzusetzen, wobei aber in den meisten Fällen bewiesen werden kann, daß es sich um eine ekphorische Wirkung auf Engramme, nicht oder nur in untergeordnetem Maße um eine allgemeine Steigerung der Empfindlichkeit in den betreffenden Sinnesgebieten handelt. Ein Experte im Weinschmecken ist deshalb noch kein solcher im Teeschmecken und bedarf, obwohl natürlich besser vorbereitet als ein anderer Mensch, erst hundertfacher neuer Engramme durch letzteren chemischen Reiz, um auch hier auf minimale Reizstärken in einer Weise zu reagieren, die dem Laien fast zauberhaft erscheint.

Ähnliche Beispiele lassen sich auch für die engraphische »Übung« des Gesichts- und Gehörssinns beibringen. Doch lassen sich bei ihnen die Mitwirkung komplizierter Nebenprozesse im Gehirn nicht so gut ausschließen wie bei den von weniger Beiwerk begleiteten Reaktionen des Tastgefühls, des Geschmacks und der Riechempfindung.

Geringe qualitative Abweichungen vom Originalreiz machen einen Reiz noch nicht ungeeignet, ekphorisch auf das zu jenem Originalreiz zugehörige Engramm zu wirken. So genügt es, das Bild einer Landschaft zu sehen, statt dieser selbst, um das ihr zugehörige Engramm zu ekphorieren, eine Melodie gesungen zu hören, um das Engramm zu ekphorieren, das dem Anhören einer Orchesterproduktion seine Entstehung verdankt. Wenn der Geruch von Selengas bei uns das Geruchsengramm des faulen Rettichs ekphoriert, so ist es klar, daß hier ein Reiz als ekphorischer vikariierend an die Stelle eines andern getreten ist, der vom chemischen Standpunkt aus von ihm grundverschieden ist. Wie weit diese Abweichungen gehen dürfen, ohne die ekphorische Wirkung zu beeinträchtigen oder ganz zu verhindern, ist von Fall zu Fall verschieden und läßt sich nicht allgemein definieren.

Wir kommen nun zu denjenigen Einflüssen, deren ekphorische Wirkung man in gewissem Sinne als eine nur mittelbare bezeichnen könnte, weil sie nicht auf das Engramm (A) selbst, das ins Auge gefaßt wird, ekphorisch wirken, sondern auf ein anderes mit ersterem assoziiertes Engramm (B). Die Ekphorie von B, also die Erregung β, wirkt dann ekphorisch auf Engramm A.

Schon in dem Abschnitt über die Originalreize mit engraphischer Wirkung ist eine besondere Eigentümlichkeit der gleichzeitig oder in unmittelbarer Aufeinanderfolge bei einem Organismus erzeugten Engramme (der simultan oder sukzedent erzeugten Engramme) erwähnt worden. Dieselben wurden als assoziiert bezeichnet. Diese Assoziation oder Verknüpfung ist im latenten Zustand der Engramme natürlich auch latent. Nur bei der Ekphorie wird sie manifest, dergestalt, daß die Ekphorie des einen Engramms in Fällen von gut ausgeprägter Assoziation unweigerlich die Ekphorie des andern zur Folge hat. Eine gute Ausprägung der Assoziation wird durch häufige Wiederholung der simultanen oder sukzedenten engraphischen Reizwirkung erreicht.

Was die experimentelle Erzeugung von assoziierten Engrammen anlangt, deren Vorhandensein zur Demonstration von mittelbarer Ekphorie Vorbedingung ist, so haben wir bereits darauf hingewiesen, daß es bei Organismen, bei denen noch keine höhere Differenzierung der reizbaren Substanz als solcher eingetreten ist, schon Schwierigkeiten macht, durch individuelle Beeinflussung ein einziges, sich deutlich manifestierendes Engramm, noch mehr aber, simultan oder sukzedent zwei verschiedene, also zwei assoziierte Engramme zu erzeugen. Hier müssen wir uns hauptsächlich auf Naturexperimente stützen, die wir ja bis zu gewissem Grade auch dirigieren können, z. B., indem wir einen pflanzlichen Organismus vom Norden nach dem Süden Europas verpflanzen und beobachten, inwieweit die Veränderung der klimatischen Einflüsse im Laufe vieler Jahre engraphische Einwirkungen auf die Reaktionsfähigkeit des Organismus ausübt. In den späteren Kapiteln dieses Buches, besonders dem Teil über die Wirksamkeit mnemischer Prozesse bei der Ontogenese, werden wir noch viele Beispiele von simultan und sukzedent assoziierten Engrammen bei Pflanzen und Protozoen kennen lernen. Augenblicklich wählen wir unsere Beispiele lieber aus dem Tierreich, und zwar aus dem Kreise der höheren Tiere, bei denen im Verhältnis zur höheren Spezialisierung ihrer reizbaren Substanz in Gestalt eines Nervensystems die Erzeugung von Engrammen überhaupt, und damit auch die simultane oder sukzedente Erzeugung verschiedener Engramme viel leichter ist.

Schon oben wurde erwähnt, daß bei einem jungen Hunde das einmalige simultane Auftreten folgender beider Reize: erstens des photischen Reizes sich rasch nach Steinen bückender Menschen; zweitens des sensibeln Reizes, den die Haut des Tieres treffende Steine verursachen, genügt, um für Lebenszeit zwei Engramme zu erzeugen, die dergestalt assoziiert sind, daß die Wiederkehr des dem einen Engramm zugehörigen Originalreizes, hier des photischen, auch die Ekphorie des andern auslöst.

Der Bruder dieses Hundes, der eine solche Erfahrung nicht gemacht hat, reagiert ebenso wie das Tier selbst vor Erzeugung der beiden assoziierten Engramme ganz anders auf den Anblick des sich bückenden Menschen: entweder indifferent, oder, wenn er in der Richtung des Spielens mit Steinen vorher engraphisch beeinflußt worden war, mit den entsprechenden Reaktionen (Spannung der Muskeln zu sprungbereiter Stellung, genaues Fixieren der werfenden Hand mit den Augen, um den fortspringenden Stein sofort zu erhaschen).

Um ein Beispiel von assoziativer Ekphorie bei Wirbeltieren zu geben, die nicht so hoch organisiert sind wie der Hund, wende ich mich zunächt zu den auch noch recht hoch organisierten Vögeln.

Durch die Beobachtungen von L. Morgan[1] wissen wir, daß junge Vögel (Küken von Hühnern, Fasanen, Perlhühnern, »moorhens«), wenn erst kürzlich aus dem Ei geschlüpft, »bei Abwesenheit elterlicher Leitung zunächst nach jedem Dinge von passender Größe vollkommen wahllos picken: Korn, kleinen Steinen, Brotkrumen, zerhackten Wachszündhölzern, Papierschnitzeln, Perlen, Zigarettenasche und -enden, ihren und ihrer Gefährten Zehen, Maden, Fäden, Flecken auf dem Grund, den Augen ihrer Geschwister usw. usw.« Bald aber wird das optische Engramm eines Gegenstandes mit dem entsprechenden Geschmacksengramm assoziiert, und die Tiere hören auf, nach uneßbaren oder schlecht schmeckenden Dingen zu picken. Warf ihnen Morgan ekelhaft schmeckende, schwarz und goldgelb geringelte Raupen vor, so wurden sie zunächst ohne weiteres aufgepickt aber sofort wieder fallen gelassen. Meistens genügte dieser einmalige Reizversuch, um ein optisches und ein chemisches assoziiertes Engramm zu erzeugen, dessen Vorhandensein sich dadurch manifestierte, daß bei Wiederholung des Experiments der optische Reiz allein ausreichte, um durch Ekphorie des optischen Engramms mittelbar auch auf das chemische Engramm ekphorisch zu wirken und ein Aufpicken der so gezeichneten Raupen zu verhindern, obwohl anders gefärbte (braune und grüne) Raupen nach wie

[1] C. Lloyd Morgan, Habit and Instinct. London, New York 1896. S. 41.

vor aufgepickt und verzehrt wurden. Nach zwei- oder dreimaliger Wiederholung waren in allen Fällen die beiden Engramme so gut fixiert und assoziiert, daß die schwarz und goldgelb geringelten Raupen gar nicht mehr beachtet oder auf ihren Anblick mit Flucht- oder Vorsichtsreaktionen (Warnungsruf) geantwortet wurde.

Viel häufigerer Wiederholungen der Reize bedarf es bei Fischen, der niedersten Wirbeltiergruppe, um deutlich wahrnehmbare und gut fixierte Engramme zu erzeugen, aber die Ergebnisse der umfassenden Edingerschen Sammelforschung[1] zeigen auf das deutlichste, daß es durch häufige Wiederholung der Reize gelingt, gleichzeitig mehrere Engramme zu erzeugen, und daß bei solchen simultan oder sukzedent erzeugten Engrammen die Ekphorie des einen ekphorisch auf das andere wirkt, also eine Assoziation vorliegt. Das Engramm, das der wiederholte optische Reiz des fütternden Menschen erzeugt, ist assoziiert mit dem optisch-chemischen der Nahrung, die er ausstreut, und seine Ekphorie allein wirkt dann ekphorisch auch auf das assoziierte Engramm und löst die letzterem zugehörigen Reaktionen (Heranschwimmen usw.) aus, auch wenn das Nahrungstreuen unterbleibt. Auch ließ sich feststellen, daß diese Engramme eine Latenzzeit von vier Monaten überdauerten, ohne zu verschwinden oder bei der Ekphorie ihre assoziativ ekphorische Wirkung einzubüßen (a. a. O. S. 20). Daß aber derartige Engramme auch durch einmaligen Reiz bei gewissen Fischen erzeugt und wenigstens stunden- oder tagelang fixiert bleiben können, habe ich selbst an dem eigentümlichen Schildfisch oder Schiffshalter (Echeneis) in der Torresstraße beobachtet, wo es genügte, einen einzigen

[1] L. Edinger, Haben die Fische ein Gedächtnis? München 1899, Buchdruckerei der »Allgemeinen Zeitung«.

Fisch aus einer großen Zahl arglos die zugeworfene Nahrung aufnehmender Tiere mit der Angel herauszufangen, um seine Genossen auf Tage von dieser Nahrung zu vergrämen. Der Versuch wurde mehrfach wiederholt, immer mit demselben Erfolg. Ähnliches wurde Edinger über den Blei (Abramis brama) und den Aland (Idus melanotus) berichtet. Ferner teilt Edinger noch eine Anzahl gut verbürgter Beobachtungen mit, aus denen hervorgeht, daß mehrere assoziierte und für Tage und Wochen fixierte Engramme durch einmalige Reizung bei Fischen erzeugt werden können. In der Mehrzahl der Fälle bedarf es aber schon bei niederen Wirbeltieren häufiger Wiederholung, und je tiefer wir in der Tierreihe hinabsteigen, um so mehr ist dies der Fall.

Wir haben das vorliegende Kapitel nicht »ekphorische Reize«, sondern »ekphorische Einflüsse« überschrieben. Was wir bisher als ekphorisch wirkend aufgezählt haben, hätte anstandslos das Prädikat »Reiz« verdient. Wir müssen uns aber nun zu Einflüssen wenden, deren ekphorischer Charakter ein durchaus unzweideutiger ist, die man aber nicht ohne weiteres als Reize bezeichnen kann.

Ich will mit einem allbekannten Beispiel beginnen, das jeder von sich selbst kennt, oder doch leicht an sich selbst versuchen kann. Angenommen, ich bin gewohnt, um 8 Uhr früh meine erste Mahlzeit am Tage zu mir zu nehmen, um 1 Uhr meine zweite, um 8 Uhr abends meine dritte, so erzeugen die komplexen Reize, die mit jeder Nahrungsaufnahme verbunden sind und auf die hier nicht weiter eingegangen werden braucht, außer andern Reaktionen auch die, daß Anblick und Geschmack der Speisen von einer eigentümlichen Reaktion unserer Gefühlssphäre begleitet sind, die wir als Hungergefühl oder Appetit bezeichnen, und die bei einem reichlich ernährten Menschen unter gewöhnlichen Umständen in den Pausen zwischen den Mahlzeiten fehlt. Angenommen nun, ich beginne aus irgendwelchen Gründen zwischen die erwähnten drei Mahlzeiten noch um 11 Uhr und um 5 Uhr je eine weitere kleine Mahlzeit einzuschieben, was mir anfangs gar nicht leicht fallen wird. Aber ich zwinge mich, vielleicht weil der Arzt es verordnet hat, und führe es ein halbes Jahr lang durch. Versuche ich dann wieder die Mahlzeiten um 11 und 5 Uhr ausfallen zu lassen, so stellt sich jetzt das Hungergefühl um die betreffende Zeit mit großer Stärke und Deutlichkeit ein. Scheinbar wirkt also jetzt die Zeit oder der Ablauf eines bestimmten Zeitabschnittes ekphorisch auf die Reaktion meiner Empfindungssphäre.

Ekphorisch wirkt ja auch scheinbar die »Zeit« auf andere Reaktionen unseres Körpers. Ich will dabei von Atmung und Herzschlag absehen, weil hier die Pausen zwischen den einzelnen Reaktionen so kurze sind, daß es sehr fraglich erscheint, ob in denselben überhaupt eine Rückkehr der reizbaren Substanzen in den indifferenten Zustand stattfindet, und ob daher diese Phänomene als mnemische aufzufassen sind. Das Wesen dieser Rhythmik läßt sich auf andere Weise ebensogut und besser erklären, obwohl die Art und Weise, wie sie sich äußert, in den verschiedenen Tiergruppen höchstwahrscheinlich durch ererbte Engramme beeinflußt wird. Auf diese ganze Frage will ich aber in der vorliegenden Untersuchung überhaupt nicht näher eingehen.

Deutlich den Charakter einer Ekphorie trägt dagegen der »Zeitablauf« bei der periodischen Eireifung und den Umwandlungsprozessen der Uterusschleimhaut, die wir als Menstruation bezeichnen. Bei fast allen »periodischen« Erscheinungen im Tier- und Pflanzenreich, ererbten wie erworbenen, scheint der naiven Auffassung die »Zeit« das Auftreten und Verwinden der Reaktionen zu bestimmen und zu regeln.

Ich werde dies an einem jedem geläufigen Beispiel erläutern, bei dem es sich allerdings um ererbte Engramme handelt. Da es uns aber im gegenwärtigen Augenblick nicht auf die Herkunft der Engramme, sondern lediglich auf die Natur des ekphorischen Einflusses ankommt, sei dieses Vorgreifen erlaubt.

Die meisten Gewächse der gemäßigten und kalten Zone besitzen bekanntlich eine »Jahresperiode«, d. h. einen periodischen Wechsel von Vegetationsruhe und Vegetationsfortschritt, deren Wendepunkte z. B. bei unsern Laubbäumen durch den Laubfall während des Herbstes und durch das Ausschlagen neuer Triebe und Blätter im Frühling sehr deutlich bezeichnet werden. Diese Periode hängt in ganz unzweideutiger Weise mit den klimatischen Perioden, die wir als Jahreszeiten bezeichnen, zusammen, und ist natürlich in erster Linie von der geographischen Breite, in zweiter von lokalen Bedingungen (Höhe über dem Meeresspiegel, Nachbarschaft des Gebirges oder Meeres, vorherrschender Windrichtung, Eigenart des Standorts usw. usw.) abhängig. Es ist unnötig, hier auszuführen, daß das Bestimmende in der Abhängigkeit der Vegetationsperioden von den Jahreszeiten in den kalten und gemäßigten Zonen der periodische Wechsel von Warm und Kalt ist. In den Tropen sind dagegen die Beziehungen zwischen den Jahreszeiten und den Vegetationsperioden von dem Wechsel von Feucht und Trocken abhängig.

Untersuchen wir nun die Pflanzen unserer Zone, so finden wir bei einer kleinen Anzahl derselben, daß bei ihnen der Wechsel von Kalt zu Warm in jedem gegebenen Falle direkt den Übergang von Vegetationsruhe zu Vegetationsfortschritt auslöst. Ein Teil unserer Büsche vermag schon im Winter auszuschlagen, wenn im Januar oder Februar einmal einige Wochen lang sehr mildes Wetter mit reichlichem Sonnenschein herrscht. Dann beginnen auch Schneeglöckchen, Krokus, Scilla, Aurikeln und Daphne zu blühen, das Geißblatt entfaltet seine Blätter, die Syringensträuche zeigen frühzeitig den ersten Schimmer von Grün. Es sind das dieselben Pflanzen, die sich auch im geheizten Zimmer oder im Treibhaus vorzeitig zum Wachsen und Blühen bringen lassen, die sich, wie die Gärtner sagen, »treiben« lassen. Ein aufmerksamer Beobachter, auch wenn er naturwissenschaftlich Laie ist, wird nun bald herausfinden, daß die verschiedenen Pflanzen sich dem Treiben gegenüber sehr verschiedenartig verhalten. Während eine große Anzahl der verschiedenartigsten Pflanzen — meistens sind es die schon an und für sich zeitig im Frühjahr ausschlagenden — sich leicht treiben lassen, setzen andere dem Treiben mehr Widerstand entgegen, und auf eine Anzahl hat es nur sehr schwachen Einfluß. Dasselbe ergibt sich aus Beobachtungen, die mehrere Jahre hindurch an freilebenden Pflanzen fortgesetzt werden.

Der Winter 1899—1900 war in München sehr kalt und langdauernd; noch im März und Anfang April traten bedeutende Schneefälle und starke Fröste (Anfang April in einer Nacht bis —15° C) auf, und erst von Mitte April an trat allmähliche Erwärmung ein. Die Vegetation war infolgedessen im April im Isartal bei München noch sehr zurück. Märzglöckchen (Leucojum vernum) und Krokus blühten in unserem schattig gelegenen Garten erst von Mitte April an, der bekannte grüne Schleier zeigte sich an den meisten Büschen erst sehr spät, bei Lonicera tatarica erst Mitte

April, beim spanischen Flieder erst gegen Ende April. An einer bestimmten Rotbuche unseres Gartens öffneten sich die Blattknospen an den meisten Ästen am 1. Mai.

Winter und Frühjahr 1901—1902 standen fast in jeder Beziehung im Gegensatz zu den entsprechenden Jahreszeiten von 1899—1900. Der Winter durchweg milde, das Frühjahr ohne stärkere Kälterückfälle, ohne Schneebedeckung fast immer mäßig temperiert, zeitweilig auch sonnig. In diesem Jahre blühten die ersten Märzglöckchen in unserem Garten schon vom 17., die ersten Krokus schon am 20. März auf, also fast 4 Wochen früher als im Jahre 1900. Die ersten grünen Blätter an den Lonicerabüschen sah ich ebenfalls am 20. März, die Syringen begannen am 10. April ihre Blätter zu entfalten. Das erste Grün an der obenerwähnten Buche sah ich in diesem Jahre am 23. April, also nur eine Woche früher als im Jahre 1900. Und dies in einem Jahre, in dem die Mehrzahl der übrigen unter gleichen Verhältnissen befindlichen Pflanzen in ihrem Vegetationszustand gegen das Jahr 1900 um 3—4 Wochen voraus waren.

Ein ganz ähnliches Resultat ergab eine Fortsetzung dieser Beobachtungen, die übrigens nur angestellt wurden, um ein den Botanikern und Gärtnern schon lange bekanntes Faktum recht einleuchtend zu illustrieren, während der nächsten Jahre. Wie die folgende kleine Tabelle zeigt, schwankte die Blattentfaltung bei der betreffenden Buche während der Jahre 1900—1904 zeitlich nur in den engen Grenzen zwischen 23. April und 4. Mai, zeigte also einen viel höheren Grad von Unabhängigkeit gegen die von Jahr zu Jahr wechselnden klimatischen Einflüsse als die meisten übrigen Pflanzen.

Jahr	Beginn der Blüte von Leucojum vernum	Beginn der Krokusblüte	Blattentfaltung bei Lonicera tatarica	Blattentfaltung bei Syringa vulgaris	Blattentfaltung bei einem bestimmten Exemplar von Fagus silvatica
1900	15. April	17. April	17. April	17. April	1. Mai
1901	vac.	vac.	vac.	vac.	vac.
1902	17. März	20. März	20. März	10. April	23. April
1903	25. Februar	20. März	8. März	26. März	4. Mai
1904	13. März	19. März	25. März	8. April	22. April

Aus dem Angeführten geht hervor, daß für eine Anzahl von Pflanzen die Jahresperiode nicht in einer unmittelbaren und vorwiegenden Abhängigkeit von dem Plus oder Minus von zugeführter Wärme steht, sondern daß noch ein zweiter Faktor überwiegenden Einfluß hat: der zeitliche Faktor. Dieser spielt übrigens auch bei den Pflanzen eine Rolle, die sich treiben lassen. Sein Einfluß kann allerdings bei letzteren leichter überwunden werden, was nur bei relativ wenigen Pflanzen ganz ohne Schwierigkeiten möglich ist. Wie nämlich aus pflanzenphysiologischen Untersuchungen[1] und aus den Experimenten der Praktiker hervorgeht, widerstehen auch diejenigen Pflanzen, die sich verhältnismäßig leicht treiben lassen, im ersten Teil ihrer Ruheperiode dem Temperaturreiz, überhaupt äußeren Einflüssen, und gelangen erst nach Ablauf eines bestimmten, nach Spezies und geographischer Rasse wechselnden Zeitabschnittes in einen Zustand, in dem ein Treiben bei ihnen möglich wird.

Um die Wirksamkeit des zeitlichen Faktors in seiner vollen Reinheit zu beobachten, kann man den Faktor des Temperaturreizes ganz ausschalten. Ich habe dies getan,

[1] Vgl. bes. E. Askenasy, Über die jährliche Periode der Knospen. Bot. Zeit. 1877.

indem ich eine einjährige Buche eintopfte und nebst zwei aus Samen gezogenen, ebenfalls eingetopften Buchenkeimlingen vom Frühjahr 1903 an in einer möglichst gleichmäßigen Temperatur kultivierte. Vom 1. September an wurden die Pflanzen ganz im Zimmer gehalten, um sie der Nachtkühle und der Berührung durch kalte Niederschläge zu entziehen. Dennoch begann der Blattfall bei diesen Pflanzen am 22. September und war bis 15. November vollendet. Den ganzen Winter aber standen diese drei Buchen im temperierten, bei Tag und bei Nacht gleichmäßig geheizten Zimmer und wurden nur mit überschlagenem Wasser begossen. Bis zum 1. Mai erfolgte keinerlei Blattentfaltung bei einem der drei Exemplare, dann begann sie bei der nunmehr zweijährigen Buche am 1. Mai, bei einer der beiden nunmehr einjährigen am 25. Mai, bei der dritten erst Mitte Juni. Diese Verspätung erklärt sich aus der Schädigung, die die Pflanzen dadurch erlitten haben, daß sie der winterlichen Abkühlung gänzlich entzogen worden sind.. Es ist bekannt, daß gerade dieser Eingriff nur von den wenigsten Pflanzen der temperierten Zone ohne Schaden ertragen wird. Übrigens ist es von Interesse, daß aus dem Einhalten der Periodizität seitens der beiden Keimpflanzen, die doch in ihrem individuellen Leben noch keiner periodischen Beinflussung unterworfen gewesen waren, der erbliche Charakter der in Frage kommenden Dispositionen hervorgeht.

Was bedeutet nun der Ausdruck »zeitlicher Faktor«, oder, da wir uns hier nicht in erkenntnistheoretische Betrachtungen einlassen wollen: wie haben wir uns den zeitlichen Einfluß, also den Ablauf eines Zeitabschnitts in seiner Wirksamkeit, die der eines Reizes ähnelt, oder ihn vertritt, vorzustellen?

Alle Lebensvorgäoge erscheinen uns in unserer Erfahrung

zeitlich geordnet. Wir finden, daß bei einem bestimmten Organismus der Erregungszustand einer genau bestimmten Zeit bedarf, um sich durch eine gleiche Strecke reizbarer Substanz (etwa Nervensubstanz) fortzupflanzen. Ebenso ist Eintritt und Ablauf aller andern Reaktionen unter den jedesmal gegebenen Umständen genau zeitlich determiniert. Dieser Erfahrungssatz gibt uns den Schlüssel zu dem Wesen der scheinbar etwas mystischen zeitlichen Einflüsse. Der Ablauf eines Zeitabschnitts bedeutet für eine Pflanze oder ein Tier den Ablauf einer bestimmten Anzahl von Lebensprozessen in seinem Innern. Auch ohne eine Uhr kann ein Mensch, der seine durchschnittliche Puls- und Atemfrequenz kennt, den Ablauf von Minuten und, wenn er sich der Mühe des langen Zählens unterzieht, auch von Stunden mit ziemlicher Genauigkeit angeben.

Ein Gefangener in einem unterirdischen, künstlich beleuchteten, künstlich erwärmten Gefängnis, der keinerlei Kommunikation mit der Außenwelt hätte, und dem selbst die Nahrung in ganz unregelmäßigen Intervallen zugeführt würde, könnte doch mit den erwähnten Hilfsmitteln, mit denen er dann ferner die Wachstumsgeschwindigkeit seiner Nägel und Haare zu bestimmen imstande wäre, seinen eigenen Körper als Minuten-, Stunden-, Tages- und Monatsuhr benutzen und mittels dieser Uhr den Ablauf der Jahre mit annähernder Genauigkeit registrieren.

Das Chronometer des Organismus ist also das Tempo seiner Lebensvorgänge. Wie aber liest der Organismus ohne bewußte Zählarbeit an diesem Chronometer den Ablauf einer Zeitperiode ab, oder, um mich weniger bildlich auszudrücken, wie kommt es, daß nach Ablauf einer bestimmten Reihe von Lebensprozessen eine ganz bestimmte Reaktion eintritt?

Einfach dadurch, daß nach Ablauf einer bestimmten Reihe von Stoffwechsel- oder andern Lebensprozessen jedesmal ein Zustand des Organismus gegeben ist, der total oder partiell dem Zustande, der zur Zeit der Entstehung eines bestimmten Engramms herrschte, entspricht, und durch dessen Wiederkehr jenes Engramm jetzt ekphoriert wird. Eine mitteleuropäische Buche, die vom Mai bis September in lebhafter Vegetation gestanden hat, hat im September einen Zustand ihrer organischen Substanz erreicht, der auf das Engramm ekphorisch wirkt, dessen sukzessive Reaktionen in Stoffwanderung von den Blättern in die Zweige und Wurzelstöcke und Blattabwurf bestehen. Diese Ekphorie tritt bei der Buche im Herbst auch ein, wenn die ebenfalls auf dieses Engramm ekphorisch wirkenden Temperatureinflüsse einmal ganz ausbleiben.

Wir kommen also zu dem Resultat: ekphorisch wirkt selbstverständlich nicht der Zeitverlauf an sich, sondern der Eintritt eines bestimmten, mit dem betreffenden Engramm assoziierten Zustandes, und dieser Eintritt ist insofern zeitlich determiniert, als er nach Ablauf einer ganz bestimmten Summe von Lebensprozessen von dem Zeitpunkt an gerechnet erfolgt, den wir als Ausgangspunkt wählen.

Daß es sich aber bei diesen Vorgängen um nichts anderes als um Ekphorie von Engrammen handelt, läßt sich dadurch beweisen, daß man durch wiederholte Einwirkung engraphisch wirkender Reize das Engramm des Blattabwurfs einer Pflanze mit einem andern Engramm des Stoffwechselablaufs — ich will diese Engramme chronogene Engramme, die Ekphorie, durch die sie manifest werden, chronogene Ekphorie nennen — assoziieren kann. Bei der Buche gelingt dies aus uns unbekannten Gründen nur sehr schwer[1]. Bei den meisten andern Pflanzen genügt es, eine Anzahl von Jahren hindurch veränderte Temperatur- und Lichteinflüsse wirken zu lassen, um z. B. das Engramm des Blattabwurfs oder des Austreibens mit einem andern chronogenen Engramm zu assoziieren. Die Lehre von der Akklimatisation der Pflanzen liefert für diese Erscheinung zahlreiche Belege.

Ähnlich zu beurteilen wie die eben besprochene chronogene Ekphorie ist der ekphorische Einfluß, den der Eintritt eines bestimmten Entwicklungsstadiums in dem Lebensgange eines Organismus auf ein bestimmtes Engramm ausübt. Auch hier handelt es sich um Assoziation des betreffenden Engramms mit dem in dem betreffenden Stadium eintretenden Zustande. So wirkt die Reifung der Keimprodukte beim Menschen ekphorisch auf verschiedene Engramme, deren Reaktionen sich im Hervorsprossen der Barthaare, Veränderungen am Kehlkopf beim Manne, Entwicklung der Brustdrüsen beim Weibe usw. äußern. Bei dieser Ekphorie, die ihrem Wesen nach ebenfalls auf der Assoziation verschiedener Engramme beruht, ein Begriff, den wir im zweiten Teil noch genauer analysieren werden, tritt meistens der zeitliche Faktor mehr in den Hintergrund als bei den vorher besprochenen Fällen chronogener Ekphorie. Ich bezeichne sie als phasogene Ekphorie, um auszudrücken, daß mit Erreichung einer bestimmten Entwicklungsphase ein Zustand der erregbaren Substanz geschaffen ist, der auf ein bestimmtes Engramm ekphorisch wirkt.

[1] Auch die Gleditschien und Robinien sind, wenn man sie aus ihrer Heimat in kühlere Klimate versetzt, nicht imstande, den Beginn der Vegetationsperiode hinauszuschieben. Vgl. H. Mayr, Die Waldungen in Nordamerika. München 1890.

Bezeichnungen wie chronogene oder phasogene Ekphorie benutze ich nur um der raschen und bequemen Verständigung willen, nicht um auszudrücken, daß sie ganz eigenartige, von andern Ekphorien wohl abzugrenzende Kategorien darstellen. Das Charakteristische ist für sie wie für jede andere Ekphorie, daß die partielle Wiederkehr einer energetischen Situation auf das Engramm der Gesamtsituation ekphorisch wirkt. Ausführlicher und eindringender werden diese Fragen im zweiten Teil des vorliegenden Werkes behandelt werden.

Drittes Kapitel.

Engraphische Wirkung der Reize auf die Deszendenz.

Bei unserer bisherigen Analyse der mnemischen Phänomene haben wir uns möglichst an solche Engramme gehalten, die im individuellen Leben des untersuchten Organismus erworben worden waren, und haben Engramme, die der Organismus schon von seinen Vorfahrengenerationen geerbt hatte, nur ausnahmsweise berücksichtigt. Sie ganz bei der Betrachtung auszuschalten, war nicht möglich, weil sie in jedem Organismus vom Ei-Stadium an vorhanden sind und in tausendfältiger Weise in den Gang aller unserer Versuche eingreifen.

Zu ihrer näheren Untersuchung wenden wir uns jetzt. Bevor wir aber in unser eigentliches Thema eintreten, erscheint es angebracht, den Begriff der Vererbung etwas näher zu analysieren, der ja jedem gebildeten Menschen, auch wenn er kein Biologe ist, durchaus geläufig ist, über den sich aber wohl mancher gerade wegen seiner scheinbaren Einfachheit keine wirklich klare Vorstellung gebildet hat.

Zur Erleichterung der Auseinandersetzung diene das nebenstehende Schema. Dasselbe verfolgt die Generationsfolge eines vielzelligen Organismus. Jedes Individuum enthält in seinem Körper eine Anzahl Keim- oder Geschlechtszellen (Germinalzellen) und andersartige Zellen (Nichtkeimzellen oder somatische Zellen, wie Nervenzellen, Muskelzellen, Bindegewebszellen usw. bei Tieren; Hautgewebszellen, Gefäßbündelzellen, Grundgewebszellen bei Pflanzen). Auf dem Schema sind in jedem Individuum die Keimzellen durch Schraffierung von den somatischen Zellen unterschieden. Keimzellen sowohl als auch somatische Zellen sind in jedem Individuum Abkömmlinge der Eizelle, die im Schema durch vollkommene Schwärzung gekennzeichnet ist. Die Abszisse des Schemas *A—I* stellt einen Zeitabschnitt dar, der in *B*, *C*, *D—H* in kleinere (der Einfachheit halber gleiche) Abschnitte geteilt ist.

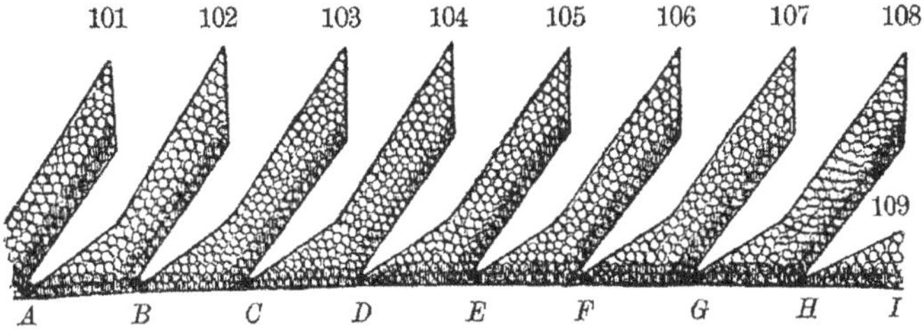

Aus Gründen der Einfachheit ist das Schema so angelegt, daß die Eizelle, die dem Tochterorganismus das Leben gibt, mitten im Dasein des Mutterorganismus sich von letzterem trennt. Da bei vielen Organismen eine parthenogenetische Fortpflanzung (durch unbefruchtete Eier) vorkommt und durch Generationen hindurch fortgeführt wird, bei Pflanzen z. B. Chara crinita, bei Tieren bei Branchiopoden, Aphididen, Phylloxeren, Rotatorien, so ist wiederum der Einfachheit wegen diese Form der Generationsfolge gewählt und von einer Berücksichtigung der Befruchtung, weil nicht unerläßliche Bedingung und für die folgenden Betrachtungen zunächst unwesentlich, Abstand genommen worden.

Unser Schema könnte auch dergestalt in ein solches für eine Generationsfolge mit ungeschlechtlicher Fortpflanzung durch Teilung oder Knospung umgewandelt werden, wie sie bei niederen Tieren und besonders bei Pflanzen so häufig ist, daß wir die Verbindung zwischen elterlichem Individuum und Nachkommen nicht durch eine Keimzelle, sondern durch einen Komplex von somatischen Zellen führten. In allen Fällen ist das Resultat das gleiche: eine absolute Kontinuität der Generationen. Hieraus ergibt sich natürlich, seit der Satz »omnis cellula e cellula« feststeht, weder für den Naturforscher noch für den Laien eine neue Wahrheit. Und dennoch wird sich bei Betrachtung unseres Schemas vielleicht manchem eine Anschauungsweise aufdrängen, die zwar, seit die Vererbungsfragen in der Naturwissenschaft ein besonderes Interesse gewonnen haben, in der einen oder der andern Form von verschiedenen Forschern ausgesprochen wurde, die aber dadurch doch keineswegs Gemeingut geworden ist. Die Entwicklung jedes Organismus, nach rückwärts verfolgt, stellt sich als ein Kontinuum dar, das zeitlich und räumlich in Phasen verläuft. Jeder Zeitphase entspricht als räumliche Phase ein Individuum. Während die zeitliche Kontinuität eine absolut ununterbrochene ist, kann die räumliche Kontinuität insofern unterbrochen sein, als sich bei *A*, *B*, *C*, *D* usw. eine räumliche Kontinuitätstrennung auszubilden pflegt. Ich sage auszubilden p f l e g t, weil diese Trennung nur bei geschlechtlicher Fortpflanzung die Regel ist; bei ungeschlechtlicher kann sie ganz ausbleiben oder doch erst sehr spät eintreten.

Diese räumliche Kontinuitätstrennung ist nun allerdings, wie wir später sehen werden, in mancher Beziehung von großer Bedeutung. Sie darf aber nicht zu sehr in unserer Anschauung der Entwicklungsfolge vorherrschen und uns, wenn auch nur zeitweilig, vergessen machen, daß die eigentliche Entwicklung sich ausnahmlos als eine fortlaufende Linie darstellt, deren Unterbrechungen durchweg sekundärer Natur sind, d. h. an einem Punkte stattfinden, der von der Führungslinie bereits durchlaufen ist.

Diese Auffassungen ergeben sich von selbst, wenn wir die Entwicklung des Individuums 109 auf das Vorfahrenindividuum zurückverfolgen. Etwas anders stellt sich die Sache aber scheinbar dar, wenn wir von 101 auf 109 vorwärtsschreiten. Dann ergibt sich freilich auch eine kontinuierliche Verbindung von 101 bis 109. Gleichzeitig aber tritt bei weiterer Überlegung die Tatsache hervor, daß von 101 nicht eine, sondern gewöhnlich mehrere, bei manchen Organismen viele Tausende derartiger Deszendenzlinien ausgehen können, die sich entweder gleichzeitig oder früher oder später als 102 von 101 trennen. Dasselbe ist der Fall bei Individuum 102, 103 usf., und angesichts der vielleicht millionenfachen Linien, die wir bei Verfolgung der gesamten Deszendenz sich strahlenförmig in 101 sich vereinigen sehen, könnte die Auffassung des Individuums 101 als eine bloße Phase in der Entwicklung einer einzigen Generationsreihe als eine schiefe erscheinen. Darauf aber läßt sich erwidern, daß der Umstand, ein Individuum stellt sich als Phase in einer bestimmten Generationsreihe dar, keineswegs ausschließt, daß es auch als Phase in andern Generationsreihen eine Rolle spielt, ebenso wie man einen Eisenring unbedenklich als Glied einer Kette auffassen und als solchen, von seinen übrigen Beziehungen abstrahierend, charakterisieren kann, obwohl er gleichzeitig auch ein Glied einer zweiten und dritten, in die erste einlaufenden Kette ist.

Vielleicht könnte man glauben, es wäre zweckmäßiger gewesen, von den Individuen in unserm Schema ganz abzusehen und lediglich die kontinuierlichen Zellfolgen von Ei zu Ei zu berücksichtigen. Dann hätte aber unser Schema ein in einem wesentlichen Punkte unvollständiges Bild gegeben. Denn es hätte nicht die fundamentale Tatsache enthalten, daß bei mehrzelligen Organismen jene kontinuierliche Zellenfolge einen Teil der Individualitätsphase durchlaufen muß, um wieder zum einzelligen Stadium zurückzugelangen.

Nun pflegen wir als ererbt in weiterem Sinne alles das zu bezeichnen, was sich in der Generationsfolge mit Regelmäßigkeit wiederholt. Unter »alles« ist jegliche Lebensäußerung zu verstehen, mag sie nun als Wachstumserscheinung, Stoffwechselphänomen oder Bewegung zutage treten. Diese Regelmäßigkeit, die sich natürlich immer auf korrespondierende Punkte der Phasen bezieht, ist aber selbst in asexuellen (parthenogenetischen oder vegetativen) Generationsreihen keine absolute. Abweichungen von der Regelmäßigkeit, mögen sie sich nun auf morphologische oder funktionelle Charaktere beziehen, bezeichnen wir als individuelle Eigentümlichkeiten. Soweit dieselben auf äußere Einflüsse zurückgeführt werden können, die während der vorliegenden individuellen Phase auf das Untersuchungsobjekt eingewirkt haben, bezeichnen wir sie als individuell erworben.

Bisher haben wir nur Individualitäten ins Auge gefaßt, die aus asexuellen (parthenogenetischen oder vegetativen) Generationsreihen hervorgegangen sind. Bei sexueller Fortpflanzung komplizieren sich die Verhältnisse dadurch, daß jedes Individuum nicht als ein Durchgangspunkt einer Generationsreihe, sondern als ein Vereinigungspunkt außerordentlich vieler Generationsreihen sich darstellt. Bei streng exogamer Vermischung finden sich in der 5. Ahnengeneration bereits 32 Generationsreihen, die im Ururenkel zusammenlaufen. Da nun diese Reihen in ihren morphologischen und physiologischen Charakteren an korrespondierenden Punkten der

Phasen zwar untereinander sehr ähnlich, aber nicht völlig gleich sind, ist es hier besonders schwierig, zu entscheiden, ob diese oder jene Abweichung vielleicht durch Mischung der abweichenden Charaktere der sich vereinigenden Reihen entstanden, also ob sie ererbt ist, oder ob sie individuell, d. h. in der zur Untersuchung vorliegenden Individualitätsphase selbst erworben ist.

Die obenstehenden Erörterungen werden uns noch in verschiedener Beziehung für unsere Untersuchungen über die Vererbung der Mneme von Bedeutug sein. Die Frage, an die wir zunächst heranzutreten haben, und deren Beantwortung einen fundamentalen Punkt entscheidet, lautet: Erhalten sich Engramme über die Individualitätsphase, in der sie erzeugt (individuell erworben) sind, hinaus in die nächste und unter Umständen noch fernere hinein? Ich bringe zur Beantwortung dieser Frage zwei Fälle von Vererbung engraphischer Einwirkungen.

Der erste Fall, mit dem wir uns beschäftigen wollen, zeigt die Vererbung engraphischer Einwirkungen bei Pflanzen und wird von mir nach den Schübelerschen Beobachtungen und Versuchen[1] zitiert. Ich stelle ihn nach den im Eingang unserer vorliegenden Untersuchung gewonnenen Gesichtspunkten dar, indem ich mich auch der dort angewandten und ausführlich erklärten Nomenklatur bediene.

Es handelt sich bei diesen Versuchen um Kulturen von verschiedenen Getreidearten (Weizen, Gerste, Hühnermais), die dadurch engraphisch beeinflußt worden sind, daß Abkömmlinge derselben Aussaat in verschiedenen Breiten kultiviert wurden. Wir unterwerfen die Versuche mit dem

[1] F. C. Schübeler, Die Pflanzenwelt Norwegens. Christiania 1873.

»100tägigen Sommerweizen«, Triticum vulgare aristatum, einer näheren Betrachtung:

Primärer Indifferenzzustand: Unter dieser Bezeichnung verstanden wir einfach den Zustand des betreffenden Organismus bei Beginn unserer jeweiligen Beobachtungen und Versuche. »Zustand« bedeutet dabei je nach der Natur der anzustellenden Beobachtung bald einen Momentanzustand, bald eine bestimmte Folge von Zuständen im Laufe von Stunden, Tagen, Monaten oder Jahreszeiten. Im gegenwärtigen Falle bedeutet es eine Folge von Zuständen während einer Vegetationsperiode, d. h. vom Keimen des Samens bis zum Reifwerden der Frucht. Im Hinblick auf das Tempo der Entwicklung ergibt sich als primärer Indifferenzzustand des 100tägigen Sommerweizens unter den Insolationsverhältnissen (Einflüssen der Besonnung) des nördlichen und mittleren Deutschlands eine Vegetationszeit (gerechnet von der Aussaat bis zur Ernte) von etwas über 100 Tagen.

Reiz, der auf seine engraphische Wirkung geprüft werden soll: Als solcher dient in unserm Falle die nach Intensität und zeitlicher Verteilung veränderte Insolation (daneben auch Temperatur) bei Kultur der Pflanze unter andern Breitengraden. Es ist klar, daß eine Pflanze, die ich von Mitte Mai bis Ende August unter 50° n. B. kultiviere, einer ganz andern, und zwar viel geringeren Insolation ausgesetzt ist, als wenn ich sie unter 60° n. B. oder gar 70° n. B. wachsen lasse. Die Länge der Sommertage im hohen Norden und die dadurch bedingte längere Bestrahlung der Pflanzen ist ein Faktor, der die geringere Intensität des Sonnenlichtes, das der geringeren Mittagshöhe entspricht, und das Sinken der mittleren Temperatur in den höheren Breiten kompensiert[1] und, wie wir sehen werden, oft sogar überkompensiert.

Wir haben schon in früheren Kapiteln erörtert, daß das, was wir als Reiz bezeichnen, gewöhnlich ein Komplex von Reizen ist, der sich in verschiedene Komponenten zerlegen läßt. Ich erinnere an die photischen, thermischen, chemischen Reize, die sich in einem »Sonnenstrahl« zusammendrängen. In noch viel höherem Maße ist das natürlich bei der Summe von Licht- und Temperaturreizen der Fall, denen ein Organismus während einer ganzen Vegetationsperiode ausgesetzt ist. Dennoch ist es nicht nur praktisch, sondern auch logisch zulässig, diese zahlreichen Reizkomponenten während einer Vegetationsperiode in eine Summe zusammenzufassen. Ich bezeichne diese Summe als den komplexen Insolationsreiz einer bestimmten Breite. Kultiviert man nun Samen des 100tägigen Sommerweizens, der aus Deutschland bezogen war und dort über 100 Tage zur Reife brauchte, 10 Breitengrade weiter nördlich in Christiania, so wirkt die Veränderung des komplexen Insolationsreizes derart, daß die Zeit zwischen Aussaat und Reife sich von Generation zu Generation mehr und mehr verkürzt, bis endlich ein Stadium erreicht ist, auf dem sie wieder annähernd konstant wird.

Der frisch aus Deutschland (Eldena) bezogene Samen des

[1] »In der Umgegend von Christiania (60° n. Br.) bedarf bei einer Mitteltemperatur von 15,5° die Gerste 90 Tage zur Reife; an den Ufern des Nils bei 21° Wärme gleichfalls 90 Tage. Bei Alten in Norwegen (70° n. Br.) reift die Gerste gewöhnlich auch im Verlauf von 90 Tagen, während die Mitteltemperatur hier im Juni 9,1°, im Juli und August 12,6° ausmacht, die Sonne aber im Juli mit dem »Nescit occasum« des Polarsterns wetteifert, indem dieselbe in diesen Monaten eben — nicht untergeht.« F. C. Schübeler, Die Pflanzenwelt Norwegens. Christiania 1873.

Sommerweizens gebrauchte in Schübelerscher Kultur in Christiania im Jahre 1857 noch 103 Tage zur Reife; im Jahre 1858 93 Tage; im Jahre 1859 nur noch 75 Tage, also genau 4 Wochen weniger als bei der ersten Kultur. Ganz ähnliche Resultate hatte Schübeler mit Viktoriaweizen und Toskanaweizen. Über seine Kulturen mit gelbem Hühnermais berichtet derselbe Autor (a. a. O. S. 80) folgendermaßen: »Im Jahre 1852 wurde der Hühnermais (von Hohenheim bei Stuttgart — 48°50′) den 26. Mai ausgesät und geerntet am 22. September, also nach Verlauf von 120 Tagen. Nach und nach reifte dieser Mais immer früher und früher, so zwar, daß derselbe 1857 nach 90 Tagen geerntet wurde. Samen desselben Mais von Breslau (51°7′), in demselben Sommer und in demselben Beete gesät, gebrauchte 122 Tage. Man ersieht die große Übereinstimmung der Resultate des 1852 von Hohenheim benutzten Samens mit dem 1857 von Breslau erhaltenen, während der Samen, der nach vierjähriger Kultur hier gesammelt wurde, Pflanzen erzielt hat, die einen ganzen Monat (32 Tage) früher reiften.«

Entsprechende Resultate erzielte Schübeler, wenn er Samen von Christianiapflanzen in Alten (70° n. B.) aussäte, und zwar in diesem Fall natürlich eine Verkürzung der Vegetationszeit, während umgekehrt eine Verlängerung derselben resultierte, wenn man den Samen von im Norden kultivierten Pflanzen in südlicheren Breiten wachsen ließ.

Durch diese Versuche ist eine engraphische Wirkung des komplexen Insolationsreizes einer bestimmten Breite noch nicht ohne weiteres bewiesen. Denn solange die Pflanzen in der neuen Breite kultiviert werden, wirkt der neue komplexe Insolationsreiz fort und fort als Originalreiz auf sie ein, und die wahrgenommene Reaktionsänderung könnte ja auch das Resultat der originalen Reizwirkung sein. Freilich widerspricht dem die Beobachtung, daß dieses Resultat nicht in seinem Umfange schon in der ersten Kultur eintritt, sondern sich von Generation zu Generation verstärkt, was den Verdacht engraphischer Beeinflussung sehr nahe legt.

Als experimentum crucis ist es aber erst anzusehen, wenn der Reiz, der auf seine engraphische Wirkung geprüft werden soll, hier also der komplexe Insolationsreiz des 60° n.Br., wieder beseitigt, und die Pflanzen unter die Bedingungen zurückversetzt werden, unter denen sie sich im primären Indifferenzzustand befanden: d. h. also Rückversetzung der Deszendenten der betreffenden Pflanzen nach Deutschland und Kultur daselbst. Wir besprechen dies Experiment unten unter dem Stichwort Ekphorie des Engrammkomplexes.

Sekundärer Indifferenzzustand: Bei Beobachtungen über mnemische Phänomene, die sich nicht auf Einzelvorgänge während einer Individualitätsphase beziehen, sondern die Summe des ganzen Ablaufs dieser Phase (hier in bezug auf das Tempo) ins Auge fassen, tritt der sekundäre Indifferenzzustand bei der Auffassung der Reizphänomene zurück. Man kann aber, wenn man auf Gleichförmigkeit in der Behandlung Wert legt, den Zustand des Samens von seiner Reife bis zum neuen Aufkeimen als sekundären Indifferenzzustand bezeichnen. In diesem Zustand ist die Fähigkeit des rascheren Vegetationstempos latent.

Ekphorie des Engrammkomplexes: Der Beweis, daß die in Christiania hervorgetretene Fähigkeit des Sommerweizens, sich in wesentlich kürzerer Zeit zu entwickeln, der organischen Substanz engraphisch eingeprägt worden ist und in den späteren Kulturjahren nicht bloß als Ergebnis der synchronen Reizwirkung aufgefaßt werden darf, wird durch

Kultur unter den Bedingungen des primären Indifferenzzustandes, also in der geographischen Breite Deutschlands bewiesen. Die Reizkomponente, die engraphisch gewirkt hat, fällt dabei fort. Ekphorisch auf den neuerworbenen Engrammkomplex wirkt der Eintritt und das Durchlaufen der verschiedenen Vegetationsphasen von der Keimung bis zur Samenreife. Diese Ekphorie, die wir als phasogene bezeichnet haben, wird in ihrem Wesen noch in einem späteren Kapitel näher untersucht werden. Schübeler ließ nun 100tägigen Sommerweizen, der in zwei Generationen in Christiania gezogen worden war, in der dritten Generation sowohl in Christiania als auch in Deutschland (Breslau) kultivieren. In ersterem Ort brauchte der Samen 75, in letzterem 80 Tage zur Reife, also etwa 3 Wochen weniger als unter gleichen Bedingungen die Urgroßelterngeneration desselben Samens, die nicht durch den komplexen Insolationsreiz der höheren Breite engraphisch beeinflußt war. Dabei brauchte diese Urenkelgeneration in Breslau 5 Tage mehr zur Reife als in Christiania, was leicht verständlich ist, da ja während der in Frage stehenden Vegetationsperiode in Breslau die Einwirkung der nordischen Besonnung fortgefallen war.

Immerhin zeigte sich die Vegetationszeit der Deszendenz, verglichen mit der Ururelterngeneration, bei Kultur unter gleichen Bedingungen um mehr als 3 Wochen verkürzt: ein unzweideutiger Fall von Vererbung von Engrammen.

Übrigens ist die Disposition, Wachstum und Fruchtbildung in einem veränderten Tempo auszuführen, nicht die einzige Reaktionsänderung, die die organische Substanz vieler Pflanzen zeigt, wenn man den komplexen Insolationsreiz ändert, nicht das einzige Engramm, welches sich von den Aszendenten auf die Deszendenten vererbt. Auch Reaktionsänderungen, die in morphologischen Charakteren zum Ausdruck kommen, wie Größe und Farbe der Samen, Größe, Festigkeit und Widerstandsfähigkeit der Blätter, ändern sich bei Änderung des komplexen Insolationsreizes. Wie weit es sich aber hierbei um vererbbare Dispositionsänderungen (vererbbare Engramme) handelt, ist von Schübeler nicht mit derselben Klarkeit festgestellt worden, wie im Falle des veränderten Vegetationstempos. Darauf bezügliche neue Untersuchungen, die meines Wissens noch nicht vorliegen, würden von großem Interesse sein.

Dafür hat Schübeler[1] bezüglich der Beschleunigung des Vegetationstempos und erblichen Übertragung dieser Reaktionsänderung später insofern noch interessante Beobachtungen und Versuche angestellt, als er den komplexen Insolationsreiz nicht durch Kultur unter verschiedenen Breiten, sondern durch Kultur in verschiedenen Höhenlagen veränderte. Bei der Kultur in größeren Höhen über dem Meere ist es nicht die längere Bestrahlung wie bei der Kultur in höheren Breiten, sondern die größere Intensität der Sonnenstrahlen, der stärker brechbaren ebensowohl wie der schwächer brechbaren[2], die die Veränderung des komplexen Insolationsreizes bedingt. Wurden Getreidearten, die bisher in der Ebene kultiviert worden waren, in Gebirgsgegenden gebracht, so entwickelten

[1] F. C. Schübeler, Viridarium Norvegicum. Christiania 1885, in norwegischer Sprache verfaßt; referiert in: Biol. Zentralblatt 1886.

[2] Versuche von H. Samter auf dem hohen Sonnblick haben ergeben, daß die Intensität der ultravioletten Strahlen, gemessen durch die Geschwindigkeit der Entladung einer mit negativer Elektrizität geladenen amalgamierten Zinkkugel, bis 3100 m Höhe über dem Meere etwa doppelt so groß ist als in der Ebene. Natürlich nimmt diese Differenz der Intensität nach der weniger brechbaren Seite des Spektrums zu sukzessive ab. Sie ist aber selbst für die ultraroten Strahlen noch beträchtlich.

sie sich dort allmählich bis zu einer gewissen Grenze immer rascher, selbst bei geringerer Mitteltemperatur. Wurden ihre Deszendenten dann nach mehrjähriger Kultur in der Höhe, wieder in der Muttererde in der Ebene kultiviert, so reiften sie anfangs früher als die Geschwistergenerationen, die ununterbrochen in der Ebene kultiviert worden waren.

An diese Fälle von Vererbung engraphischer Einwirkung bei Pflanzen schließe ich den Bericht ebenso beweisender Untersuchungen, die an Tieren (Schmetterlingen) angestellt worden sind. Ich wähle dazu die Versuche von E. Fischer[1] an Arctia caja, die an Eindeutigkeit und Beweiskraft nichts zu wünschen übriglassen. Es handelt sich bei diesen Versuchen um Temperaturreize (Abkühlung der Puppen auf —8° C). Die durch diesen Reiz ausgelöste Reaktion äußert sich auf plastischem Gebiete (Änderungen in der Pigmentierung der Flügel des aus der Puppe ausschlüpfenden Falters).

Der primäre Indifferenzzustand wurde in dem vorliegenden Versuch von Fischer mit ausreichender Genauigkeit derart ermittelt, daß die Hälfte der für die Versuche gesammelten Brut (54 Puppen) dauernd bei normaler Temperatur belassen wurde. Die Puppen (mit Ausnahme von 5, die nicht schlüpften) »ergaben Schmetterlinge, die keine nennenswerte Veränderung der Färbung und Zeichnung zeigten; weder die braunen Flecken der Vorderflügel noch auch die schwarzen der Hinterflügel zeigten eine Abweichung gegenüber der Normalform«. Wir wollen also in unserm Falle die Ausbildung solcher normal gefärbter Falter als den primären Indifferenzzustand bezeichnen.

[1] E. Fischer, Experimentelle Untersuchungen über die Vererbung erworbener Eigenschaften. Allgemeine Zeitschrift für Entomologie, Bd. 6, 1901.

Als Reiz, der auf seine engraphische Wirkung geprüft werden soll, diente bei den Fischerschen Versuchen eine intermittierende Abkühlung auf — 8° C. Dieser Reiz wirkte auf die Organismengeneration, die ihm im Puppenstadium ausgesetzt wurde, derart, daß fast alle ausschlüpfenden Falter (von 48 starben 7) »in verschiedenen Abstufungen, die einen mehr in dieser, die andern mehr in jener Flügelpartie, aberrativ verändert waren. Es bestand diese aberrative Bildung in einer Verbreiterung der dunkeln, also auf den Vorderflügeln der braunen, auf den Hinterflügeln der schwarzen Flecken, so daß diese teilweise, bei einigen (männlichen) Exemplaren sogar vollständig miteinander zusammenflossen.« — »Auf der Unterseite waren diese Falter ebenfalls entsprechend verändert.«

Sekundärer Indifferenzzustand: Als sekundären Indifferenzzustand haben wir denjenigen Zustand bezeichnet, in dem die durch den Reiz ausgelöste Erregung der organischen Substanz abgeklungen ist, und nur eine latente Veränderung (Engramm) zurückgeblieben ist. Wann dieser Zustand bei der Generation von Arctia caja, die dem Kältereiz ausgesetzt worden war, eingetreten ist, brauchen wir hier nicht näher zu untersuchen. Im sekundären Indifferenzzustand befinden sich aber die Deszendenten so lange, bis bei ihnen die durch jenen früheren Reiz bedingte Reaktion wieder eintritt, also vom Ei bis zum Puppenstadium, da während dieser Entwicklungsphasen keine von der Norm abweichenden Reaktionen im Wachstum oder in andern biologischen Phänomenen zu erkennen sind.

Was diese Deszendenten anlangt, so handelt es sich um die Nachkommen zweier von Fischer durch Kältereiz veränderter Falter, eines sehr stark veränderten Männchens und eines weniger stark veränderten Weibchens, beide von ihm in der zitierten Publikation abgebildet. Aus der Paarung dieser beiden abnormen Individuen gingen 173 Puppen hervor, die bei gewöhnlicher Zimmertemperatur (+18°— +24° C) gehalten wurden.

Ekphorie des Engramms: Auch in diesem Falle handelt es sich um eine phasogene Ekphorie unter Fortfall des Kältereizes, der bei der Elterngeneration engraphisch gewirkt hatte. Als nämlich die Verpuppung beendigt war, zeigten sich von den 173 Exemplaren 17 aberrativ verändert, und zwar ganz im Sinne der Eltern verändert. Wie ein Vergleich der Deszendenten mit den Eltern lehrt, »stellen erstere im allgemeinen eine Kombination der beiden elterlichen Individuen derart dar, daß bei einigen mehr die Zeichnung des elterlichen Männchens, bei andern mehr die des Weibchens überwiegt. Bemerkenswert ist auch, daß die aberrative Entwicklung fast nur bei männlichen Faltern sich eingestellt hatte. Auch bei diesen Nachkommen ist die Unterseite der Flügel ähnlich verändert wie die Oberseite.«

Daß übrigens der Kältereiz in der Elterngeneration nicht nur Engramme erzeugt hatte, die sich bei den Deszendenten in morphogenetischen Reaktionen äußerten, sondern auch solche, die in andersartigen Reaktionen zum Ausdruck kommen, erscheint mir aus dem Grunde wahrscheinlich, daß die aberranten 17 Exemplare sich unter den zuletzt auschlüpfenden Faltern befanden, während die im Anfang schlüpfenden vollkommen normal waren. Es scheint sich also auch ein durch den Kältereiz erzeugtes Engramm: Verlangsamung des Entwicklungstempos vererbt zu haben. Kontrollversuche werden diesen Punkt sicherstellen, und vielleicht noch weitere engraphische Veränderungen ergeben. Was aber feststeht, ist die Vererbung des Engramms, das sich durch die besprochene morphogenetische Reaktion manifestiert.

Wir haben soeben zwei vollkommen klare und jederzeit einer erneuten experimentellen Nachprüfung zugängliche Fälle von Vererbung engraphischer Einwirkungen kennen gelernt. Zweifellos wird es möglich sein, durch zielbewußtes und unverdrossenes Experimentieren diese Zahl um ein Vielfaches zu vermehren. Für die prinzipielle Frage, die wir gleich besprechen werden, wird das keinen großen Unterschied machen. Statt der Kenntnis einiger weniger wird dann eben die einer sehr großen Zahl ererbter Engramme vorliegen, deren Entstehung sich experimentell kontrollieren läßt.

Wenn nun, wie gezeigt worden ist, die zahlreichen Reize, die fort und fort jeden Organismus treffen, nicht nur synchrone und akoluthe, sondern sehr häufig auch engraphische Wirkungen haben, wenn ferner diese engraphischen Wirkungen, wie ebenfalls gezeigt worden ist, zuweilen über die Individualitätsphase hinaus auf spätere Phasen der kontinuierlichen Entwicklungsreihe sich erstrecken, »sich vererben«, so folgt daraus mit Notwendigkeit, daß sich in jedem lebenden Organismus, der ja eine Geschichte von Jahrmillionen hinter sich hat, der die millionste oder billionste Phase einer kontinuierlichen Entwicklungsreihe darstellt, sehr viele derartige Engramme, die von seinen Ahnengenerationen auf ihn übertragen sind, besitzen muß.

Finden wir nun, wenn wir daraufhin die Organismen untersuchen, in ihrer reizbaren Substanz Eigenschaften, die den Charakter ererbter Engramme besitzen? Ob ererbt oder nicht, wird sich natürlich bei fortgesetzter Untersuchung mehrerer Generationen leicht ausmachen lassen. Ob aber

Engramm, d. h. latenter Rest einer früheren Reizwirkung, wird schwerer zu entscheiden sein.

Das ererbte Engramm ist das Produkt einer Reizwirkung die die Vorfahrengeneration getroffen hat.

Wir haben es also mit einem historischen Vorgang zu tun, und diesem können wir in der Regel nicht mit experimentellen Methoden zu Leibe gehen. Wenn wir auch in tausend Fällen zeigen, daß wir imstande sind, bei den Organismen Engramme zu erzeugen, die sich vererben: daß alle oder doch die meisten ererbten Dispositionen, die wir bei den Organismen finden, nun auch Engramme, d. h. latente Reste früherer Reizwirkungen sind, wird dadurch keineswegs ohne weiteres bewiesen.

Wir stehen hier bei der Frage nach dem Wesen der erblich von Generation zu Generation übermittelten Dispositionen an einem kritischen Punkte unserer Untersuchungen. Bisher hatten wir immer den festen Boden der unmittelbaren experimentellen Erfahrung unter den Füßen. Sollen wir ihn jetzt verlassen und uns in das Reich der Vermutungen begeben? Diese Frage ist so wichtig, daß wir nicht umhin können, ihrer Beantwortung einen kleinen Exkurs zu widmen.

Wir haben von der Grundtatsache auszugehen, daß das menschliche Schlußvermögen keine andern Schlüsse kennt als Analogieschlüsse. Was wir als Erfahrung verwerten, ist das Produkt von Analogieschlüssen. Aus dieser Quelle stammen alle unsere Raum- und Zeitvorstellungen, die mathematischen »Grundsätze« ebensowohl wie die physikalischen Fundamentalsätze. Daß ein Stein, den wir in die Luft werfen, zur Erde fallen wird, wissen wir einzig allein per analogiam. Denn die Kenntnis vom Vorhandensein der Schwerkraft oder Distanzenergie ist für den menschlichen Geist nichts primär Gegebenes. Sie ist nur das Ergebnis einer großen Menge analoger Erfahrungen, ein großer, zusammenfassender Analogieschluß. Ebenso verhält es sich mit dem Gesetz von der Erhaltung der Energie, kurz mit jeder menschlichen Schlußfolgerung.

Nun können wir die Vorgänge, die sich als Objekte dem menschlichen Schlußvermögen darbieten, in zwei Gruppen einteilen: solche, die sich wiederholen (oder wiederholen lassen), und solche, die nur einmal auftreten und nicht wiederholbar sind.

Nur die wiederholbaren Vorgänge sind strenggenommen einer experimentellen Prüfung zugänglich. Die Fallgesetze werden uns fort und fort durch neue Erfahrung bestätigt. Ich kann die Voraussetzungen und Bedingungen der sie beweisenden Experimente nach allen Richtungen hin variieren: stets ergibt sich dasselbe Resultat. Schlüsse, die derart fort und fort durch neue unmittelbare Erfahrungen bestätigt werden können, erlangen für uns den Charakter nicht der Wahrscheinlichkeit, sondern der Unumstößlichkeit.

Nicht wiederholbare Erscheinungen entziehen sich der Kontrolle durch neue unmittelbare Erfahrung, wenigstens der direkten Kontrolle. Daß sich die Schichten des Muschelkalks durch Niederschlag fester Bestandteile aus einem wässerigen Medium gebildet haben, kann ich durch neue unmittelbare Erfahrung nicht zeigen. Eine experimentelle Nachahmung des Vorgangs ist eben nur Nachahmung, nicht Nachprüfung. Das weitere Argument, daß sich Geschöpfe in dieser Ablagerung vorfinden, die wir gegenwärtig ausschließlich als Bewohner des Wassers kennen, wie die Echinodermen, während Landbewohner fehlen, vermehrt zwar außerordentlich die

Sicherheit dieses Wahrscheinlichkeitsbeweises. Aber ein professioneller Skeptiker wird immer leichter durch unmittelbaren Experimentalnachweis widerlegt werden als durch die schönste indirekte Beweisführung. In diesem Falle wird er vielleicht einwenden, daß die heutigen Echinodermen Bewohner des Wassers seien, beweise noch nichts für die Echinodermen der Trias. Daß aber auch nicht wiederholbare Erscheinungen in Wissenschaft und Leben Schlußfolgerungen unterliegen können, die wenigstens jedem unverbildeten Menschen absolut zwingend erscheinen, ist leicht an beliebig vielen Beispielen zu zeigen. Wird irgendein denkender Mensch im Ernst daran zweifeln, daß die fossilen Tiere und Pflanzen einst wirklich gelebt haben und nicht bloße Naturspiele sind, oder daß die fossilen Wirbeltiere auch Nerven besessen haben? Zweifeln, weil sich alles dieses durch unmittelbaren Experimentalbeweis nicht mehr nachweisen läßt?

Wenn es neuerdings in einem gewissen Kreise von Biologen Mode geworden ist, die historische, auf indirekten Schlüssen basierende Methode, die für alle historischen, d. h. nicht wiederholbaren Erscheinungen notgedrungen die allein anwendbare ist, herabzusetzen und ihr jeden wissenschaftlichen Wert abzusprechen, so kann man den betreffenden Gelehrten ihr sonderbares Vergnügen ja lassen. Die übrige Menschheit, gelehrte wie ungelehrte, wird deshalb nicht darauf verzichten, den historischen, nicht wiederholbaren Erscheinungen Aufmerksamkeit und Nachdenken zuzuwenden.

Die Frage, inwieweit überhaupt Erscheinungen in der Welt im strengsten Sinne genau wiederholbar sind, soll hier nicht erörtert werden. Es muß zugegeben werden, daß sich viele Geschehnisse in der Welt des Anorganischen mit solcher Gleichförmigkeit wiederholen lassen, daß die Abweichungen im Hinblick auf das zu prüfende Resultat überhaupt keinen erkennbaren Ausschlag zu geben vermögen und nicht in Betracht kommen.

In der Welt des Organischen sind die Abweichungen bei jeder Wiederholung eines Geschehnisses meist größer. Dient derselbe Organismus zum Objekt, so hat derselbe sich von Versuch zu Versuch bereits geändert; handelt es sich um verschiedene Organismen, etwa zwei Individuen derselben Spezies, so sind sie von Anfang an relativ stark ungleich. Immerhin kann man auch in der Welt des Organischen von wiederholbaren Erscheinungen sprechen, wenn man nämlich diejenigen Grundzüge der Erscheinungen ins Auge faßt, denen gegenüber die sich bei jeder Wiederholung ergebenden Abweichungen als verschwindend klein nicht in Betracht kommen. Doch ist es gut, sich zu erinnern, daß die Wiederholbarkeit organischer Vorgänge strenggenommen nur eine Fiktion ist.

Indem wir die Überlegenheit der unmittelbaren Experimentalschlußfolgerung gegenüber der mittelbaren historischen Schlußfolgerung voll anerkennen, verzichten wir dennoch nicht auf letztere, weil sie das einzige Mittel zur Erschließung der Zusammenhänge nicht wiederholbarer, historischer Vorgänge darstellt, und weil ihre Resultate in günstigen Fällen eine Sicherheit besitzen können, die den durch unmittelbare Experimentalschlußfolgerung gewonnenen Resultaten an zwingender Beweiskraft so wenig nachsteht, daß die Differenz eine unmeßbare kleine wird. Das Resultat der historischen Schlußfolgerung: die Fossilien sind Reste von Tieren und Pflanzen, die früher gelebt haben, und nicht »Naturspiele«, läßt sich so zwingend begründen, daß die Behauptung, die Schlußfolgerungen der Mechanik seien aber noch sicherer beweisbar, obwohl an sich richtig, praktisch bedeutungslos wird.

Wenden wir die Resultate der vorstehenden Erwägungen auf die Frage von der Vererbung der Engramme an, so ist es klar, daß es sich, was die erste Entstehung dieser Engramme anbetrifft, in der Mehrzahl der Fälle um nicht wiederholbare Vorgänge handelt. Immer dann nämlich, wenn die Engramme von Ahnengenerationen erworben wurden, die sich von den jetzt lebenden Tier- und Pflanzengenerationen erheblich unterschieden haben. Alle solche sehr alten Erwerbungen sind der unmittelbaren Experimentalbeweisführung entzogen; sie können nur mit Hilfe der indirekten Schlußfolgerung ergründet werden.

Wenn wir uns nun anschicken, den Wahrscheinlichkeitsbeweis zu führen, daß die große Mehrzahl der von den Organismen ererbten »Dispositionen« als Engramme aufzufassen ist, so haben wir zunächst zu untersuchen: woran erkennen wir ein Engramm?

Das sicherste Kriterium für ein Engramm ist die Beobachtung der Phasen seiner Entstehung: 1. Beobachtung des Organismus vor dem Vorhandensein des Engramms (primärer Indifferenzzustand), 2. Eintreten des engraphischen Reizes, 3. sekundärer Indifferenzzustand (Latenzphase), 4. Manifestationsphase (Ekphorie).

Bei den uns jetzt beschäftigenden historisch gegebenen Engrammen fällt das Eintreten des engraphischen Reizes in die Vergangenheit, der Organismus, wie wir ihn zur Untersuchung erhalten, befindet sich bereits im sekundären Indifferenzzustand. Nur die Latenzphase und die Manifestationsphase sind also unserer Untersuchung zugänglich. Der Schluß, daß hier auch wirklich ein Engramm vorliegt, kann sich demgemäß bei dieser Art der Beweisführung nur auf zwei Momente stützen: Erstens auf den Umstand, daß es sich um

Eigenschaften der organischen Substanz handelt, die bald latent, bald manifest sind. Zweitens auf die Art und Weise, wie der Übergang aus der Latenzphase in die Manifestationsphase ausgelöst wird, d. h. auf den Nachweis, daß diese Auslösung den Charakter einer Ekphorie trägt.

Nun besitzen die uns hier beschäftigenden ererbten Eigenschaften sämtlich ein Latenzstadium, aus dem sie bei jeder Wiederkehr des auslösenden Einflusses in den zugehörigen Erregungszustand verfallen.

Die Reaktion, durch die ein Engramm für uns manifest wird, unterscheidet sich natürlich als solche nicht von irgendeiner andern durch Originalreiz ausgelösten Reaktion. Ein Unterschied findet sich nur in dem was die Reaktion auslöst. Können wir es aber einem auslösenden Einfluß ansehen, ob seine Wirkung eine ekphorische ist, oder ob er als Originalreiz wirkt? Hier hat unser Wahrscheinlichkeitsbeweis einzusetzen.

Wie wir im Anfang unserer Untersuchung gesehen haben, erkennen wir das Vorhandensein eines Engramms aus dem Umstande, daß zur Auslösung der zugehörigen Reaktion nicht mehr das Auftreten des unveränderten Originalreizes erforderlich ist, sondern entweder des quantitativ veränderten Originalreizes, oder des qualitativ veränderten Originalreizes, oder eines Reizes, der auf ein assoziiertes Engramm ekphorisch wirkt, oder der Ablauf eines bestimmten Zeitabschnittes (chronogene Ekphorie), oder endlich das Auftreten einer bestimmten Entwicklungsphase in der kontinuierlichen Reihe der aufeinander folgenden Generationen (phasogene Ekphorie).

Nun begegnen wir bei allen Organismen, Protozoen, Pflanzen und Tieren, einer außerordentlich großen Anzahl von Erregbarkeitsdispositionen, deren zugehöriger Reiz mit größter

Wahrscheinlichkeit in eine der erwähnten Kategorien einzureihen ist.

Die beiden erstgenannten Kategorien ekphorischer Einflüsse, bei denen es sich um eine bloße quantitative oder qualitative Veränderung des Originalreizes handelt, sind nicht unwichtiger und nicht ungewöhnlicher als die drei letztgenannten. Da sie aber den Originalreizen mehr oder weniger ähnlich sind, so liegt es auf der Hand, daß wir ihnen bei der uns jetzt beschäftigenden Beweisführung viel weniger schlagende Argumente entnehmen können, als den Fällen der assoziativen, chronogenen und phasogenen Ekphorie. Immerhin kann man auch erstere Fälle ins Feld führen. Bei vielen Vogelarten ist die Reaktion, beim Anblick von Körnern und andern kleinen Gegenständen nach diesen zu picken, angeboren. Daß es sich dabei um ein ererbtes Engramm handelt, auf das der optische Reiz des betreffenden Gegenstandes ekphorisch wirkt, erscheint mir schon an und für sich sehr wahrscheinlich. Es kommt nun aber vor, daß der optische Reiz zur Auslösung der Reaktion nicht genügt, und bei manchem Hühner- und Fasanenküken, das im Brutapparat ausgebrütet ist, dauert es lange, bis auf den bloßen optischen Reiz der ruhig daliegenden Körner die Reaktion des Pickens eintritt. Diese Reaktion kann aber eingeleitet werden durch das Beispiel etwas älterer Kücken oder auch dadurch, daß man in Nachahmung der Henne vor den Augen der Tierchen mit dem Fingernagel oder einem Stifte auf das Futter tupft. Besonders die jungen Strauße, die im Brutofen ausgebrütet sind, picken nach Claypole[1] die ihnen vorgeworfene Nahrung nicht auf, ohne daß man vor sie auf den Boden tupfte, auf dem das Futter liegt. Von

[1] Siehe L. Morgan, Habit and Instinkt. London, New York 1896, S. 38 und 167.

allen Erklärungen dieses Vorganges scheint mir weitaus die wahrscheinlichste die, darin die Ekphorie eines ererbten Engramms zu erblicken, und zwar: Engramm, dessen zugehörige Reaktion das Picken ist; ekphorischer Reiz die Wiederkehr des qualitativ etwas veränderten Primärreizes (statt Vorpicken der Mutterhenne Tupfen mit dem Fingernagel oder einem Stifte auf das Futter: vikariierende Ekphorie).

Beobachtungen, die vielleicht noch beweisender für den engraphischen Charakter vieler ererbter Dispositionen und für den ekphorischen Charakter der sie auslösenden Einflüsse sind, betreffen Fälle, in denen junge Vögel durch den bloßen Kontakt ihres Schnabels mit Wasser, mit dem sie zum ersten Male in Berührung kamen, veranlaßt wurden, alle Zeremonien eines Vogelbades im Trocknen durchzumachen. Morgan (a. a. O. S. 97) berichtet mehrere solche Beobachtungen, von denen ich eine von Charbonnier angestellte hier in deutscher Übersetzung wiedergebe: »Einer etwa fünf Wochen alten Elster, die von dem Beobachter von klein auf aufgezogen worden war, wurde in ihrem Käfig eine Schüssel mit Wasser vorgesetzt. Sie pickte ein paarmal nach der Oberfläche des Wassers und fing dann an, außerhalb der Schüssel, und ohne überhaupt ins Wasser gegangen zu sein, alle die Gesten durchzunehmen, die ein Vogel beim Baden auszuführen pflegt; sie duckte ihren Kopf, flatterte mit den Flügeln und dem Schwanze, hockte sich hin und spreizte sich.« Auch dieser Fall verliert das Befremdende, das ihm anhaftet, sobald man annimmt, daß es sich um ein ererbtes Engramm handelt, auf das der Kontaktreiz des Wassers, selbst wenn er bloß ein kleines Areal der Körperoberfläche trifft, ekphorisch wirkt.

In den bisher aufgeführten Fällen handelte es sich um

mehr oder weniger unmittelbare Ekphorien. Nicht minder zahlreich finden sich aber bei den Organismen ererbte Dispositionen, zu deren Auslösung Einflüsse erforderlich sind, die wir offenbar den mittelbar ekphorischen zuzurechnen haben. Ich führe zunächst einen Fall für viele auf, der sich leicht durch die Annahme mehrerer assoziativ verbundener Engramme erklären läßt. P. Huber[1] berichtet von einer Raupe, welche mittels einer Reihe von Prozessen ein sehr kompliziertes Gewebe zu ihrer Metamorphose herstellt. Er fand nun, daß, wenn er eine Raupe, welche ihr Gewebe etwa bis zur sechsten Stufe seiner Vollendung fertig hatte, in ein solches setzte, welches nur bis zur dritten Stufe vollendet war, die Raupe durchaus nicht in Verlegenheit geriet, sondern die vierte, fünfte und sechste Stufe des Baues wiederholte. Wenn er aber eine Raupe aus einem Gewebe der dritten Entstehungsstufe in ein solches brachte, das bis zur neunten Stufe fertig war, so daß das Tier also eines großen Teils seiner Arbeit überhoben gewesen wäre, so war es für das Tier unmöglich, unter Überspringung der vierten bis achten Stufe bei der neunten Stufe fortzufahren; es mußte vielmehr von der dritten Stufe, die es vorher verlassen hatte, wieder ausgehen, so daß an dem Gewebe, an welchem es fortspann, die vierte bis achte Stufe doppelt gesponnen wurde. Dieser Fall würde seine ungezwungene Erklärung durch die Annahme finden, daß der komplizierte Spinnakt die Manifestation einer Kette von sukzedent assoziierten (ererbten) Engrammen ist. Die Ekphorie des einen wirkt ihrerseits wieder ekphorisch auf das nächste sukzedent assoziierte[2]).

[1] Vgl. G. J. Romanes, Die geistige Entwicklung im Tierreich. Leipzig 1885, S. 192.

[2] Die Ekphorie der betreffenden Engramme findet bei der Raupe,

Die bisher erörterten Engramme waren solche, deren Reaktionen sich in Muskelkontraktionen (Picken, Flügelspreizen eines jungen Vogels, komplizierte Spinntätigkeit einer Raupe) äußern. Wie ich schon oben betont habe und jetzt nachdrücklich wiederholen möchte, ist es für die uns beschäftigenden prinzipiellen Fragen vollkommen gleichgültig, ob die von uns beobachteten Reaktionen, durch welche die Erregungszustände der reizbaren organischen Substanz für uns manifest werden, in Muskelkontraktionen, oder Veränderungen des Turgors der Zellen, oder Sekretionsvorgängen und andern Stoffwechselprozessen, oder in Zellteilungen und andern Wachstumsvorgängen, oder endlich in Empfindungen (die uns direkt nur bei uns selbst manifest werden) bestehen.

Wir wenden uns jetzt zu ererbten Dispositionen, deren zugehörige Reaktionen durch zeitliche Einflüsse (Ablauf eines

die noch nie gesponnen hat, lediglich als sukzedente Ekphorie sukzedent assoziierter Engramme statt. Setzt man eine solche Raupe an ein angefangenes Gespinst, oder eine andere, die zu spinnen begonnen, an ein Gespinst, das weiter fortgeschritten ist als ihr eigenes, so wirkt Anblick oder Berührung dieses im individuellen Leben des Tieres noch nie vorgekommenen Objekts nicht ekphorisch auf den entsprechenden Punkt der ererbten Engrammkette. Wohl aber wirkt er so, wenn das Tier in seinem individuellen Leben mit dem Spinnen bereits so weit gekommen ist, also bereits frische, individuell erworbene Engramme des Objekts besitzt. In dem vorliegenden Falle ist also nur die Sukzession derjenigen Engramme, die sich in den Spinnreaktionen manifestieren, ererbt; nicht ererbt sind die Engramme des Aussehens oder der dem Tastsinn zugänglichen Eigenschaften des Gespinstes.

Die Raupe befindet sich, um die Sache durch einen unserer Erfahrung näher liegenden Vergleich zu illustrieren, in einer ähnlichen Lage, wie wir selbst, wenn wir ein sehr lange nicht repetiertes Gedicht aufsagen sollen. Wir können es wohl von Anfang bis zu Ende herunterschnurren, sind aber nicht imstande, auf ein herausgegriffenes Stichwort hin, an einer beliebigen Stelle zu beginnen und fortzufahren. Wenigstens nicht beim ersten Male. Haben wir aber erst einmal einen Teil hersagend wiederholt, so können wir innerhalb dieses jetzt wieder aufgefrischten Stückes an beliebiger Stelle anfangen und weitersagen.

bestimmten Zeitabschnitts) ausgelöst werden, deren Auslösung sich mithin als chronogene Ekphorie (vgl. S. 65) darstellt. Ererbten Dispositionen, die durch chronogene Ekphorie manifest werden, begegnen wir in sehr großer Anzahl im Tier- und Pflanzenreich. Ich erinnere nur an die periodische Eireifung beim menschlichen Weibe, an die Brunstperioden der meisten Tiere. Die Reaktionen, durch die diese Engramme manifest werden, bestehen in erster Linie aus Wachstumsvorgängen. Der vielen Vogelarten angeborene »Wandertrieb« ist die motorische Reaktion eines ererbten Engramms, die ebenfalls durch chronogene Ekphorie ausgelöst wird.

Die sogenannten Vegetationsperioden der Pflanzen sind Phänomene, bei denen chronogene Ekphorie eine sehr wichtige Rolle spielt. Besonders tritt dies bei denjenigen Pflanzen hervor, die sich nicht »treiben« lassen, d. h. bei denen der Eintritt der Wachstumsreaktion durch einen andern Einfluß nicht oder doch nur sehr schwer zu erzielen ist. Wenn eine Buche, die bei gleichbleibender Temperatur im geheizten Zimmer gehalten wird, im November ihre Blätter welken läßt und abwirft, obgleich der direkte Reiz, der diese Reaktion auslöst, die Einwirkung niederer Temperatur, in diesem Fall nicht eingewirkt hat, so liegt die Erklärung auf der Hand, daß hier ein chronogenes Engramm vorliegt, das durch chronogene Ekphorie, auch bei Ausbleiben des für gewöhnlich die Reaktion des Blattabwurfs auslösenden Kältereizes, sich im Blattabwurf manifestiert. Daß dieses Engramm ererbt ist, läßt sich leicht dadurch nachweisen, daß man zu solchen Versuchen ein direkt aus Samen gezogenes, immer bei gleicher Temperatur gehaltenes Exemplar verwendet, das also in seinem individuellen Leben in dieser Beziehung noch nicht engraphisch beinflußt worden ist.

Auch die Blattbewegungen der Tagesperiode werden bei Ausbleiben des normalerweise auslösenden Lichtreizes chronogen ekphoriert. Den Nachweis, daß es sich dabei um ererbte Dispositionen und nicht, wie Pfeffer[1] gemeint hat, um individuell erworbene handelt, habe ich folgendermaßen geführt. Keimlinge von Acacia lophanta, die bis dahin in vollkommener Dunkelkeit gehalten worden waren, wurden intermittierender künstlicher Beleuchtung und Verdunkelung ausgesetzt, und zwar in einer Reihe von Fällen wurde ein 6stündiger, in einer andern ein 24stündiger Rhythmus gewählt. Wurde nach 3—4wöchiger Einwirkung dieser Belichtungsart mit der intermittierenden Beleuchtung aufgehört und die Pflanzen entweder in dauernder Helligkeit oder in dauernder Dunkelheit gelassen, so setzten sie eine Zeitlang ihre Blattbewegungen fort, aber nicht in dem Rhythmus, den ich zu induzieren versucht hatte, also nicht in 6- bzw. 24stündigen, sondern in 12stündigen Intervallen, wodurch als bewiesen anzusehen ist, daß dieser 12stündige Rhythmus ihnen angeboren ist[2]. Keimlinge, die von Anfang an in vollkommener Dunkelheit oder in dauernder Helligkeit gelassen wurden, zeigten überhaupt keine periodischen Bewegungen. Die in Dunkelheit belassenen entfalteten ihre zusammengelegten Blätter überhaupt nicht; die konstant beleuchteten entfalteten sie, nahmen eine Winkelstellung ein, die bei verschiedenen Individuen zwischen 135—180° schwankte, und verharrten so. Aus diesen Beobachtungen geht hervor, daß zur Ekphorie des Engramms, dessen zugehörige Reaktion sich in periodischen

[1] W. Pfeffer, Die periodischen Bewegungen der Blattorgane. Leipzig 1875.

[2] Einen ausführlichen Bericht über diese Versuche behalte ich mir für später vor.

Blattbewegungen äußert, periodische Belichtung und Verdunkelung gehört. Diese letztere ist zur Ekphorie des Engramms erforderlich. Daß nicht sie es ist, die bei dem betreffenden Individuum auch das Engramm selbst erzeugt hat, wird dadurch bewiesen, daß nach ihrem Aufhören die Öffnung und Schließung der Blätter nicht in ihrem Rhythmus (6- oder 24stündig) erfolgt, sondern in einem andern, nämlich dem 12stündigen Rhythmus, dem das betreffende Individuum niemals ausgesetzt worden ist, wohl aber seine Vorfahren durch viele Generationen hindurch, und der mithin als ererbt anzusehen ist.

Bei der Besprechung der individuell erworbenen Engramme haben wir bereits unter den ekphorischen Einflüssen die phasogene Ekphorie (S. 66) kennen gelernt. In ungleich größerer Häufigkeit begegnen wir dieser Ekphorie bei der Manifestation ererbter Dispositionen. Ererbte Dispositionen, die durch phasogene Ekphorie manifest werden, finden sich in jedem Organismus des Protisten-, Pflanzen- und Tierreichs in außerordentlich großer Anzahl. So erfolgt, um ein beliebiges Beispiel herauszugreifen, nach Selenka die Furchung des Eies von Synapta digitata in 9 Phasen, indem sich neunmal hintereinander alle jeweilig vorhandenen Zellen äqual teilen. Ist auf diese Weise ein Stadium von 512 Zellen erreicht, so erfolgt regelmäßig ein Vorgang, der von den Morphologen als Gastrulation bezeichnet wird. Derselbe besteht darin, daß an einem Eipol eine rasche Zellvermehrung durch Teilung anhebt, und dieser Teil sich in die Furchungshöhle einstülpt. Gleichzeitig entwickeln sämtliche Zellen auf ihrer Außenseite Wimpern und der Organismus beginnt innerhalb der Eihaut zu rotieren. Wir können also sagen, die Erreichung des 512Zellen-Stadiums oder die energetische Situation des 512Zellen-Stadiums bei Synapta wirkt ekphorisch auf eine ererbte Disposition, die für uns durch eine Anzahl plastischer Reaktionen (Gastrulation, Ausbildung von Wimpern) und motorischer Reaktionen (Wimperbewegung) manifest wird.

Wir müssen uns jedoch von vornherein bewußt sein, daß der Ausdruck phasogene Ekphorie einen Begriff bezeichnet, der in jedem einzelnen Falle einer genaueren Analyse noch sehr bedarf. Unter einer bestimmten Entwicklungsphase eines Organismus verstehen wir seinen morphologischen und physiologischen Gesamtzustand in dem gegebenen Augenblicke. Die Entwicklung der Organismen verläuft nun zwar bei Angehörigen derselben Art mit einer gewissen Regelmäßigkeit, keineswegs aber in absolut identischer Weise. Die entsprechenden Phasen oder Stadien oder Gesamtzustände sind daher selbst bei Zwillingen zwar ähnlich, aber nicht identisch, und wir werden es deshalb immer unmöglich finden, eine Gesamtphase über den einzelnen konkreten Fall hinaus in allgemeingültiger Weise zu definieren. Schon aus dem Grunde, daß die Gesamtphase nichts absolut Feststehendes, stets in gleicher Weise Wiederkehrendes ist, verbietet es sich strenggenommen im Eintritt in die Phase als Ausdruck des Gesamtzustandes des Organismus den ekphorischen Einfluß zu erblicken. Vielmehr liegt es nahe, innerhalb des Gesamtzustandes nach Einzelmomenten zu forschen, an deren Auftreten die Ekphorie geknüpft ist.

Wenn z. B. ein Wirbeltierembryo eine gewisse Entwicklungsstufe erreicht hat, so erfolgt die Bildung der Linse. Nun haben aber Herbst[1] und Spemann[2] unabhängig voneinander

[1] C. Herbst, Formative Reize in der tierischen Ontogenese. Leipzig 1901, S. 59.

[2] H. Spemann, Demonstration einiger Präparate von Experimenten bei der Entw. d. Auges. Sitzungsber. d. Phys.-med. Ges. Würzburg 1901.

gezeigt, daß nicht der Eintritt in diesen oder jenen Gesamtzustand, sondern vor allen Dingen der Reiz, der auf das Ektoderm durch die sich an dasselbe anlegenden Augenblasen (und zwar die Retinalschicht derselben) ausgeübt wird, die Wachstumsreaktion der Linsenbildung auslöst. Spemann konnte experimentell nachweisen, daß, wenn der Augenbecher die Haut nicht erreicht, überhaupt keine Linsenbildung erfolgt. Auch bleibt die Haut dunkel pigmentiert und hellt sich nicht zum Cornealepithel auf. Sowie aber der Augenbecher die Epidermis berührt, beginnt an der Berührungsstelle die Wucherung der Linse.

In diesem Falle sind wir also imstande, den ekphorischen Einfluß näher zu definieren, und zwar nicht als Eintritt einer Gesamtphase, sondern als Eintritt einer Spezialphase, aus der sich als eigentlich auslösendes Moment die Berührung des Ektoderms durch die Retinalschicht des Augenbechers herausschälen läßt. Welcher Art hier der ekphorische Reiz ist, ob Kontaktreiz oder chemischer Reiz oder was sonst, ist noch unbekannt. Immerhin wissen wir von diesen und noch einigen andern von Herbst (a. a. O.) zusammengestellten Fällen mehr als von der ungeheuern Mehrzahl der Fälle phasogener Ekphorie, wo der speziellere Mechanismus der Ekphorie völlig unbekannt ist. Aus letzterem Grunde und ferner weil auch da, wo etwas mehr über den Mechanismus bekannt ist, derselbe doch immer mit den spezielleren organogenetischen Entwicklungsphasen zusammenhängt, benutze ich den Ausdruck phasogene Ekphorie als bequemen Sammelbegriff so lange, bis wir in der Mehrzahl der Fälle, nicht wie jetzt in der verschwindenden Minderheit, in den spezielleren Mechanismus dieser Ekphorie Einblick gewonnen haben.

Als wichtiges Resultat ergibt sich aus unsern bisherigen

Betrachtungen folgendes: wir finden an der erregbaren Substanz der Protisten, Pflanzen und Tiere Eigenschaften, »Erregungsdispositionen«, die, wie die letztgenannte Bezeichnung schon andeutet, dadurch charakterisiert sind, daß sie für gewöhnlich latent sind. Durch bestimmte Einflüsse werden sie ganz wie die individuell erworbenen Engramme aus diesem Latenzstadium aktiviert, um über kurz oder lang wieder latent zu werden. Jede Wiederkehr des ekphorischen Einflusses bewirkt den Wiedereintritt des betreffenden Erregungszustandes, der für uns durch die zugehörige Reaktion manifest wird.

Was endlich drittens einen Ausschlag für die Auffassung gibt, daß wir in ihnen ererbte Engramme zu erblicken haben, ist die Natur der sie aktivierenden Einflüsse. Dieselben tragen, wie wir soeben kurz durchgeführt haben, den deutlichen Charakter der Ekphorie, und zwar teils der unmittelbaren, teils der assoziativen, chronogenen oder phasogenen Ekphorie.

Als Schlußergebnis können wir aufstellen, daß die in Frage stehenden ererbten Erregungsdispositionen sich in jeder Beziehung verhalten wie Engramme. Als fernere Übereinstimmung ließe sich noch aufführen, daß sie nicht etwa etwas unveränderlich Gegebenes, sondern wie jene durch Reize ebenfalls engraphisch veränderbar sind.

Problematisch als Engramme sind sie also nur ihrer Herkunft, nicht ihrem Wesen nach.

Wir sehen uns jetzt noch vor die Frage gestellt, das Vorkommen derjenigen ererbten Erregungsdispositionen, die unserer Ansicht nach als Engramme aufzufassen sind, schärfer zu umgrenzen und ihre Unterscheidungsmerkmale gegenüber andern ererbten Dispositionen, die nicht als Engramme anzusehen wären, zu bestimmen. Es liegt nahe genug, diese Unterscheidungsmerkmale da zu suchen, wo das für die Engrammnatur Charakteristische der ererbten Engramme überhaupt liegt, also: erstens im Besitz eines Latenzstadiums; zweitens in dem Umstand, daß jede Wiederkehr des auslösenden Einflusses den Wiedereintritt des betreffenden Erregungszustandes bewirkt; drittens in den Eigentümlichkeiten der auslösenden Einflüsse, die sie als ekphorische kennzeichnen; endlich in der Möglichkeit, jene Engramme engraphisch zu beeinflussen.

Je nach dem Besitz oder Nichtbesitz dieser Merkmale könnten wir die ererbten Erregungsdispositionen als ererbte Engramme auffassen oder sie in die andere Rubrik verweisen.

Was das erste Merkmal, den Besitz oder Nichtbesitz eines Latenzstadiums anlangt, so ist dasselbe als Unterscheidungsmerkmal deshalb nicht zu gebrauchen, weil wir die sämtlichen hier zu betrachtenden Eigenschaften der organischen Substanz als Dispositionen oder Prädispositionen bezeichnet haben. In dieser Bezeichnung ist bereits die Eigentümlichkeit ausgedrückt, daß es sich in dieser ganzen Frage überhaupt nur um Vermögen handelt, die für gewöhnlich latent sind.

Als zweites Charakteristikum wurde angegeben, daß jede Wiederkehr des auslösenden Einflusses den Wiedereintritt des betreffenden Erregungszustandes bewirke. Gibt es nun ererbte Dispositionen, bei denen dies nicht der Fall ist? Es wäre sehr wohl denkbar, daß die Disposition nach einmaliger oder einige Male wiederholter Auslösung allmählich verschwände. Dispositionen der organischen reizbaren Substanz, die sich allein durch wiederholten Eintritt in den zugehörigen Erregungszustand erschöpften, ohne daß sonstige

Zustandsänderungen eingetreten wären, sind mir jedoch nicht bekannt.

Es kann ja bei rascher Wiederholung und langer Dauer der Erregung eine Art Ermüdungszustand eintreten, der zur Abschwächung der Erregung und der durch sie verursachten Reaktionen führt. Läßt man aber dem Organismus genügend Zeit zur Erholung, so tritt, wenigstens solange er sich im jugendkräftigen Zustande befindet, keine Erschöpfung, meist sogar umgekehrt eine Zunahme der Disposition ein. Manche Dispositionen werden im individuellen Leben des Organismus nur einmal aktiviert, ich erinnere an das Durchlaufen der verschiedenen Entwicklungsphasen bei der Ontogenese oder an verschiedene Instinkte, die normalerweise nur einmal im individuellen Leben manifest werden. Daß aber auch in diesen Fällen keine Erschöpfung der Disposition eintritt, sondern nur ein Aufhören der Konstellation, die auf diese Disposition ekphorisch wirkt, wird dadurch bewiesen, daß, wenn ich künstlich einen Organismus auf einen früheren, bereits durchlaufenen Zustand zurückwerfe, die bereits einmal aktivierte Disposition wiederum aktiviert wird. Ich brauche nur an die zahllosen Fälle von Regeneration bei Embryonen und ausgebildeten Tieren hinzuweisen, um zu zeigen, daß die Disposition, auch wenn sie normalerweise nur einmal im individuellen Leben aktiviert wird, deshalb noch keineswegs als erloschen anzusehen ist. Dasselbe ist der Fall mit Erregungsdispositionen, deren zugehörige Reaktionen in der motorischen oder sekretorischen Sphäre liegen. So wurde schon oben (S. 92) mitgeteilt, wie man Raupen, die normalerweise nur einmal in ihrem Leben ein Gespinst machen, veranlassen kann, Teile oder das Ganze mehrmals zu spinnen.

Es kommt also allen ererbten Dispositionen der Besitz

eines Latenzstadiums sowie die Eigentümlichkeit zu, durch Inanspruchnahme nicht abgeschwächt und allmählich aufgebraucht, sondern viel eher gefestigt zu werden.

Vielleicht haben wir mit dem dritten Merkmal mehr Glück und können ererbte Dispositionen herausfinden, die sich auf Grund ihrer Aktivierung durch ekphorische Einflüsse von solchen unterscheiden, bei deren Aktivierung von einer Ekphorie nicht geredet werden kann.

Eine exakte Beantwortung dieser Frage ist nicht möglich, denn mit Sicherheit läßt sich ein auslösender Einfluß nur dann als ein ekphorischer bezeichnen, wenn wir den engraphischen Reiz kennen, und demnach durch Vergleichung imstande sind, den ekphorischen Einfluß von ihm zu unterscheiden. Der Kern aller uns gegenwärtig beschäftigenden Schwierigkeiten liegt aber darin, daß uns die engraphischen Reize bei der großen Mehrzahl der ererbten Dispositionen unbekannt sind, und wir deshalb, besonders wo es sich um unmittelbare Aktivierungen handelt, nur in besonders günstigen Fällen imstande sind, den ekphorischen Charakter einer solchen Aktivierung wahrscheinlich zu machen. Ich erinnere z. B. an das elaborierte Vogelbad im Trockenen, das bei einer jungen Elster durch Berührung des Schnabels mit Wasser in Gang gesetzt wurde (S. 91). Auch überall da, wo es sich um mittelbare, d. h. assoziative, chronogene oder phasogene Ekphorie handelt, ist ein solcher Wahrscheinlichkeitsbeweis möglich. Andererseits aber sind wir nicht berechtigt, solche Fälle, bei denen der ekphorische Charakter des aktivierenden Moments weniger augenfällig ist, auszusondern und die Engrammnatur der betreffenden Reaktionen in Abrede zu stellen.

Unter den ererbten Dispositionen ist natürlich die Reizbarkeit an sich nicht mit zu verstehen. Denn sie ist die Voraussetzung des Erwerbs von Engrammen, die sich erst auf dieser Grundlage aufbauen können. Aber die spezifische Ausbildung dieser Reizbarkeit ist erfolgt durch die eine Grundeigenschaft derselben, sich engraphisch beeinflussen zu lassen. Die Reizbarkeit, wie sie uns heutzutage in dem einzelnen Organismus nach einer Geschichte von vielen Jahrmillionen vorliegt, ist mit unzähligen Engrammen durchsetzt und durch dieselben verändert.

Schon als wir im Anfange unserer Untersuchung den primären Indifferenzzustand definierten, sagten wir, daß wir darunter einfach den Zustand des betreffenden Organismus bei Beginn unserer jeweiligen Beobachtungen und Versuche verstehen wollten. Selbst wenn wir als Objekt einen Organismus wählen, der sich soeben vom Mutterorganismus losgelöst hat, ist derselbe nur in bezug auf individuelle Mneme ein unbeschriebenes Blatt. Wenn wir einen solchen Organismus zum erstenmal einem Reiz unterwerfen und dessen Wirkung als eine einfache synchrone Reizwirkung bezeichnen, ist der Charakter dieses Reizes als Originalreiz nur ein relativer, kein absoluter. In der Mehrzahl der Fälle wird es sich auch bei dieser Versuchsanordnung mit um Ekphorien ererbter Engramme handeln, oder werden solche Ekphorien sich der Wirkung auf die primäre, sozusagen präengraphische Reizbarkeit beimischen. Wir sind deshalb überhaupt nicht imstande, bei irgendeiner Reizwirkung jeden ekphorischen Zusatz mit Sicherheit auszuschließen. Könnten wir frisch durch Urzeugung hergestellte organische Substanz untersuchen, dann, aber nur dann würden wir Reizwirkungen kennen lernen, bei denen sich jeder ekphorische Zusatz ausschließen ließe. An dieser Schwierigkeit muß notgedrungen auch der Versuch scheitern, auf Grund des ekphorischen oder nicht ekphorischen Charakters der aktivierenden Einflüsse ererbte Dispositionen engraphischer Natur von eventuell vorhandenen nichtengraphischen zu unterscheiden.

Auch das vierte zur Prüfung noch zurückbleibende Merkmal: welche ererbten Dispositionen lassen sich engraphisch beeinflussen, welche nicht? führt uns nicht zum Ziele. Die Möglichkeit, eine Disposition engraphisch zu beeinflussen, legt allerdings den Schluß nahe, in ihr ein ererbtes Engramm zu erblicken. Die Unmöglichkeit ist aber deshalb nicht für das Gegenteil beweisend, weil sie von der Unvollkommenheit unserer Experimente mitbedingt ist. Jede neue Versuchsanordnung kann einen derartigen Schluß umstürzen. Die Schwierigkeit, ererbte Dispositionen engraphisch zu beeinflussen, ist gradweise sehr verschieden. Bei höher organisierten Lebewesen finden wir äußerst zahlreiche ererbte Dispositionen, die sich unschwer engraphisch modifizieren lassen, während bei andern eine engraphische Beeinflussung nicht gelingen will.

Besonders diejenigen ererbten Dispositionen höherer Tiere, zu deren Ekphorie eine besondere Konstellation des Zentralnervensystems notwendig ist, sind leichter engraphisch zu beeinflussen, als weniger spezialisierte Dispositionen. Doch kenne ich keine Kategorie von ererbten Dispositionen, die sich jeder engraphischen Beeinflussung überhaupt entzöge, ebensowenig eine Organismengruppe, die ausschließlich starre, unmodifizierbare ererbteDispositionen besäße. Viele ererbte Dispositionen der Bakterien lassen sich sehr wohl engraphisch verändern, ja selbst eine erblich fortwirkende engraphische Beeinflussung ist bei ihnen verhältnismäßig leicht zu erzielen. Ebenso verhält es sich mit manchen ererbten Dispositionen, z. B. dem Heliotropismus anderer einzelliger Lebewesen, wie der Flagellaten, ebenso mit vielen Tropismen, dem Vegetationstempo und andern Dispositionen der Pflanzen.

Daß man endlich bisher nur verhältnismäßig wenige ererbte Dispositionen so engraphisch zu beeinflussen vermocht hat, daß das hinzugekommene Engramm nicht nur im individuellen Leben des betreffenden Organismus in Kraft bleibt, sondern sich auch auf die Nachkommenschaft überträgt (ich erinnere an die Fälle S. 73 und S. 80), liegt nur an der Unvollkommenheit und zu kurzen Dauer unserer bisherigen Experimente und ist für den uns jetzt beschäftigenden Gedankengang ohne Bedeutung.

Es scheint mir nach alledem unmöglich, die ererbten Dispositionen in zwei Kategorien zu teilen: solche, die als Engramme aufzufassen sind, und solche, die nicht. Wenn wir demnach jede spezifisch ausgebildete Form der Reizbarkeit als engraphisch kompliziert ansehen, haben wir Rede zu stehen auf die Frage: Wie weit kommen wir mit dieser Auffassung, d. h. läßt sie sich in konkreten Fällen folgerichtig durchführen? Ist mit ihr etwas für unser Verständnis, für ein »vollständiges und auf die einfachste Weise beschreiben« im Kirchhoffschen Sinne erreicht? Wenn sich der Nachweis führen läßt, daß keine Tatsachen der Auffassung der ererbten Dispositionen als Engramme widersprechen, und daß durch eine solche Annahme neues Licht auf diese Seite organischen Geschehens fällt, so ist damit dem Wahrscheinlichkeitsbeweis, in dessen Führung wir stehen, ein neues wichtiges Glied angefügt.

Dieser Aufgabe werden wir uns im dritten Teil des vorliegenden Werkes unterziehen, in dem die Wirksamkeit mnemischer Prozesse bei der Ontogenese untersucht und gezeigt werden soll, wie gerade die rätselhaftesten Erscheinungen des normalen und des durch Eingriffe modifizierten ontogenetischen Geschehens ebenso wie die Regenerationserscheinungen unserm Verständnis näher gerückt werden, wenn wir sie als eine Funktion der Mneme auffassen.

Ehe wir uns aber dieser Aufgabe zuwenden, wollen wir in einem vorangestellten zweiten Teil die Grundlage, auf der wir bauen, vertiefen und ausdehnen, indem wir die mnemischen Grundphänomene einer systematischen Durcharbeitung unterwerfen.

Zweiter Teil.

Systematische Darstellung der mnemischen Grundphänomene.

Viertes Kapitel.

Die gegenseitigen Beziehungen der Engramme: simultane und sukzedente Assoziation; kombinatorische Assoziation.

Im einführenden Teil haben wir die Entstehung der Engramme und die verschiedenen Phasen ihres Daseins kennen gelernt. Wir gelangten auf Grund unserer analytischen Betrachtungen zu folgender Definition: »Das Resultat der engraphischen Wirkung (das Engramm) besteht in einer veränderten Disposition der reizbaren Substanz in bezug auf die Wiederholung des seinerzeit durch den Originalreiz ausgelösten Erregungszustandes. Die organische Substanz zeigt sich alsdann gegen früher in einer eigentümlichen und durchaus gesetzmäßigen Weise dafür prädisponiert, sowohl durch den Originalreiz als auch durch anderweitige Einflüsse, die im Grunde immer auf einer partiellen Wiederkehr einer bestimmten energetischen Situation beruhen, wieder in jenen Erregungszustand versetzt zu werden.«

Indem wir diese Definition auch fernerhin zugrunde legen, haben wir zunächst die Begrenzung der in demselben Organismus entstehenden und aufbewahrten Engramme untereinander einer schärferen Prüfung zu unterziehen. Wie wir schon oben sahen, wird der Organismus nur ganz ausnahmsweise von einem wirklich einfachen Reiz, etwa einem einzigen Lichtstrahl von bestimmter Wellenlänge getroffen und beeinflußt. Fast immer ist der Reiz, auch wenn er nur einer Reizkategorie, z. B. den photischen Reizen, angehört, zusammengesetzter, meist sehr zusammengesetzter Natur; man braucht nur an die verschiedenen Komponenten der meisten Gesichtseindrücke, der meisten Klänge zu denken, die auf die Organismen einwirken, um das zu erkennen. Sehen wir eine Landschaft, berühren wir mit dem Finger einen Körper, so wird in beiden Fällen unser Organismus gleichzeitig von einer größeren Anzahl von Reizen erregt, die aber nicht jedesmal zu einer qualitativen Einheit verschmolzen werden, sondern sich zu einem Nebeneinander ordnen. So empfinden wir das Nebeneinander der photischen Reize, die unsere Retina treffen, als das Nebeneinander, das wir als Bild bezeichnen, das Nebeneinander von polyphonen akustischen Reizen als das Nebeneinander des harmonischen oder disharmonischen Akkordes. Eine Erklärung dieser Tatsache versuchen wir nicht, sondern nehmen sie als gegeben hin. Entsprechend dieser koordinierten Aufnahme der im gleichen Moment wirkenden Reize von seiten des Organismus, die wir als koordinierten synchronen Reizungseffekt bezeichnen wollen, ist auch der engraphische Reizungseffekt ein koordinierter, d. h. bei einer späteren Ekphorie des betreffenden Zustandes durch irgendeinen ekphorischen Einfluß tritt ein Erregungszustand ein, der dem koordinierten Reizungszustand der ehemals in einem gewissen Moment synchron nebeneinander wirkenden Reize entspricht.

Diese Erkenntnis, die zunächst nur die Umschreibung der gemeinplätzlichen Tatsache ist, daß das Nebeneinander der Reize vom Organismus als ein Nebeneinander aufgenommen und ebenso mnemisch reproduziert wird, eröffnet uns in ihren weiteren Konsequenzen überraschende Einblicke in den tieferen Zusammenhang verschiedener, von uns bisher auf analytischem Wege gewonnener Tatsachen.

Schon bei dem Einwirken eines komplexen Reizes einer bestimmten Reizqualität findet bei der Aufnahme ein Nebeneinander, keine Verschmelzung statt.

Ein koordinierter synchroner Reizungseffekt kommt nun aber nicht nur bei der gleichzeitigen Einwirkung verschiedener Reize derselben Reizkategorie, sondern auch von Reizen verschiedener Kategorien zustande.

Wenn ein Eisenbahnzug an uns vorübersaust, haben wir ein absolut deutlich ausgesprochenes Nebeneinander von optischen und akustischen Eindrücken, und wir sind imstande, dieses Nebeneinander nach Aufhören der Reize selbst als ein gleiches Nebeneinander auch mnemisch zu reproduzieren, wenn die letzteren nur hinreichend intensiv oder wiederholt eingewirkt haben, um engraphisch zu wirken.

Daß bei der Aufnahme von Reizen, die verschiedenen Reizkategorien angehören, seitens des Organismus verschiedene Rezeptionsorgane (z. B. Sinnesorgane) in Tätigkeit treten, ist für die uns hier beschäftigenden Fragen vollkommen gleichgültig. Das koordinierte Sehen ist ja auch durch die Erregung zahlreicher besonderer Rezeptionselemente (in diesem Falle Stäbchen und Zapfen) bedingt, ebenso wie das koordinierte Tasten, Hören usw. Was uns hier interessiert, ist die Tatsache, daß der Organismus als Ganzes verschiedene Reize gleichzeitig nebeneinander aufzunehmen vermag und immer aufnimmt, ohne daß sie sich in ihrer Wirkung vermischen. Da uns die eigentliche Natur des Erregungszustandes der organischen Substanz vollkommen unbekannt ist, fehlt uns natürlich auch jede Vorstellung davon, worauf die gleichzeitige ungemischt nebeneinander bestehende Wirkung verschiedener Reize beruht. Diese Frage liegt ganz und gar jenseits der uns hier beschäftigenden Probleme. Wir registrieren aber die Grundtatsache.

Es besteht also in jedem gegebenen Augenblick im Individuum ein koordiniertes Totale von Erregungszuständen, die sich für jeden an ihm selbst durch das Nebeneinander der Empfindungen und zahlreiche objektiv wahrnehmbare Reaktionen, die sich für uns an fremden Organismen nur durch die letzteren manifestieren. Dieses Totale wollen wir als den simultanen Erregungskomplex bezeichnen. Aus dem Ganzen des simultanen Erregungskomplexes können wir nun allerdings die Wirkung eines einzelnen Reizes oder einer Reizkategorie begrifflich herausschälen und uns damit die Übersicht über dieses wogende Meer von gleichzeitigen Erregungszuständen erleichtern. Wir müssen uns aber bewußt sein, daß wir damit den eigentlichen Beobachtungstatsachen Zwang antun und den Zusammenhang eines Ganzen willkürlich lösen.

Dasselbe ist der Fall, wenn wir nicht die synchrone, sondern die engraphische Wirkung der im gegebenen Augenblick wirkenden Reize ins Auge fassend von einem Engramm reden. Nicht ein einzelner Reiz hat außer synchroner auch engraphische Wirkung, sondern der simultane Erregungskomplex als solcher zeigt sich nach Ablauf der synchronen Reizwirkungen in seiner Totalität engraphisch fixiert, er hinterläßt einen simultanen Engrammkomplex.

Wenn wir aus diesem letzteren das Produkt eines speziellen Originalreizes als »Engramm« herauslösen, um uns die Übersicht zu erleichtern, so müssen wir uns doch klar darüber bleiben, daß wir dabei zu unserer Bequemlichkeit da eine rein begriffliche Trennung vornehmen, wo der Zusammenhang, nicht aber eine Trennung, das durch die Tatsachen Gegebene ist. Ein

Verkennen dieser begrifflichen Willkür hat dann folgendes sonderbare Ergebnis. Weitere Tatsachen lehren uns den Zusammenhang aller im gleichen Augenblick erzeugten Engramme, bzw. der durch Ekphorie dieser Engramme entstandenen mnemischen Erregungen, die, wie schon erwähnt, bei Menschen und höheren Tieren bisher gewöhnlich als »Erinnerungsbilder« bezeichnet worden sind. Diesen Zusammenhang bezeichnen wir dann als Assoziation, sehen in ihm etwas höchst Merkwürdiges und besonderer Erklärung Bedürftiges und verkennen ganz, daß diese Assoziation der Engramme auf der fundamentalen Tatsache der koordinierten erregenden Wirkung der Reize seitens der Organismen beruht.

Folgerichtig müssen wir dagegen sagen: Der simultane Erregungskomplex wird engraphisch fixiert. Ihm entspricht dann ein Engrammkomplex, der als solcher ekphoriert wird und in diesem Zustande eine Reproduktion des simultanen Erregungskomplexes darstellt, der ehemals auf Grund originaler Reizwirkungen bestanden hat. Bei dieser Betrachtungsweise bedarf die Tatsache der simultanen Assoziation keiner besonderen Erklärung. Sie liegt in der Natur der Sache.

Verweilen wir noch etwas länger bei dem simultanen Erregungskomplex und der engraphischen Wirkung, die sein Vorhandensein auf den Organismus ausübt. Den simultanen Erregungskomplex können wir als das Produkt der Erregungen bezeichnen, den die aus der energetischen Situation resultierenden Reize auf den Organismus ausüben. Unter energetischer Situation haben wir nicht nur die von außen auf den Organismus wirkenden Einflüsse, sondern auch seinen inneren energetischen Zustand im weitesten Sinne zu verstehen. Der letztere ist mindestens ebenso wichtig wie die von außen auf ihn wirkenden Energien, was ohne weiteres klar wird, wenn man z. B. den Organismus eines höheren Tieres im Schlafen und im Wachen unter dem Einfluß derselben Reize, also unter annähernd gleicher äußerer energetischer Situation beobachtet.

Aber auch im Wachen ist der innere energetische Zustand des Organismus zu verschiedenen Zeiten oft so verschieden, daß die annähernd gleiche äußere energetische Situation in einem Moment einen ganz andern simultanen Erregungskomplex bewirkt als in einem andern. Diesem verschiedenen Erregungskomplex entspricht dann natürlich auch eine verschiedene engraphische Wirkung.

Da die mnemische Reproduktion eines simultanen Erregungskomplexes gewöhnlich schwächer ist, als er selbst als originaler Erregungskomplex es seinerzeit war, kann es uns nicht wundern, daß bei der Ekphorie des betreffenden Engrammkomplexes eine große Anzahl von Einzelkomponenten jenes Komplexes gar nicht manifest wird, d. h. sich durch keine Reaktionen erkennen läßt. So kommt das Resultat zustande, daß scheinbar von jedem Zeitmoment nur einige wenige Engramme aufbewahrt werden. Die meisten dieser Engramme sind aber, wie gesagt, schon an sich nichts Einfaches, sondern Produkte höchst zusammengesetzter Erregungskomplexe, wie das in der Natur des Reizes jedes Landschaftsbildes, jedes charakteristischen Tones oder Geräusches begründet ist.

Deshalb, weil bei der mnemischen Reproduktion eines simultanen Erregungskomplexes nur ein kleiner Bruchteil deutlich wieder in Erscheinung tritt, haben wir bei oberflächlicher Beobachtung der mnemischen Vorgänge bei uns selbst den Eindruck nicht einer Wiederholung einer ehemaligen geschlossenen energetischen Situation, sondern einzelner, scheinbar scharf umgrenzter Ausschnitte aus derselben. Wir stehen am Golf von Neapel, vor uns sehen wir Capri liegen, neben uns spielt ein Leiermann auf einem großen Pianoforteleierkasten, aus einer benachbarten Trattorie dringt ein eigentümlicher Ölgeruch zu uns herüber, die Sonne brennt uns heiß auf den Rücken, und unsere Schuhe, in denen wir stundenlang herumgelaufen sind, drücken uns. Nach Jahren ekphoriert ein ähnlicher Ölgeruch wieder auf das lebhafteste das optische Engramm des damals gesehenen Capri. Wir beobachten an uns, daß wir überhaupt jenen Geruch nie wieder wahrnehmen können, ohne gleichzeitig das damals geschaute Bild vor Augen zu haben. Die übrige damalige Situation braucht aber nicht so kräftig engraphisch mitfixiert zu sein, um in manifester Weise gleichzeitig mit ekphoriert zu werden. Die Melodie des Leierkastens, der Sonnenbrand, der Druck der Schuhe werden weder durch den Ölgeruch noch durch den erneuten Anblick Capris ekphoriert und wirken, wenn sie selbst wieder als Originalreize auftreten, auch ihrerseits nicht ekphorisch auf jene beiden Engrammkomplexe. Dies ist aber keineswegs ein absoluter Beweis, daß sie überhaupt nicht engraphisch gewirkt haben. Wenn uns in unserm Falle z. B. ein Freund an unsere damaligen, durch Hitze und enge Stiefel verursachten Leiden erinnert oder uns die Melodie des Leierkastens wieder auf dem Klavier vorspielt, so finden wir, daß in vielen Fällen auch jene Teile der energetischen Situation engraphisch gewirkt haben, daß zu ihrer manifesten Ekphorie aber der Eintritt ganz besonderer Nachhilfen notwendig sein kann.

Dieser Fall ist auch eine gute Illustration für die Tatsache, daß keineswegs immer der am stärksten bewußt empfundene Reiz am ausgeprägtesten engraphisch wirkt. Der Druck der Stiefel war in seiner Art vielleicht viel hervortretender als die eigentümlichen Gerüche der Ölküche; dennoch ist dieser Teil des Erregungskomplexes viel besser engraphisch fixiert als jener. Ich will nicht näher auf diese spezielleren Fragen eingehen und nur als allgemeine Regel hervorheben, daß beides, sowohl die Natur des Reizes als auch der momentane Zustand des Organismus, von größter Bedeutung für den größeren oder geringeren engraphischen Effekt sind, und daß je nach den Umständen der Einfluß des einen oder des andern Faktors überwiegt. Oft finden wir in einem simultanen Engrammkomplex, den wir bewahrt haben, neben für uns bedeutsamen ganz banale, gleichgültige Eindrücke mnemisch fixiert. Eine meiner frühesten Erinnerungen ist das Bild eines Gartens in Kreuznach, in dem ich als etwa dreijähriges Kind von einer Wespe gestochen wurde. Noch heute könnte ich die Lage der Beete und die Verteilung der Rosenstämme aufzeichnen. Darwin[1] berichtet in seiner Autobiographie, daß die Lösung eines wichtigen Problems, die ihm den Schlüssel zu vielem bisher Rätselhaften bot, ganz plötzlich bei einer Spazierfahrt gekommen sei, und macht dazu die Bemerkung: »Ich kann mich selbst noch der Stelle auf der Straße erinnern, wo mir, während ich in meinem Wagen saß, die Lösung einfiel; und dies geschah lange Zeit nach meiner Übersiedelung nach Down«. Es wäre leicht, noch viele andere Beobachtungen anzuführen, aus denen hervorgeht, daß in Momenten einer starken freudigen oder schmerzlichen Erregung neben den Haupteindrücken auch ganz schwache und nebensächliche Partien des simultanen

[1] Leben und Briefe von Charles Darwin. Bd. I, S. 75. Stuttgart 1887.

Erregungskomplexes erstaunlich stark engraphisch wirken, wobei sie sich natürlich mit den betreffenden Haupteindrücken unlöslich assoziiert zeigen und auch ihrerseits auf dieselben ekphorisch wirken.

Unsere bisherigen Untersuchungen haben, wie ich glaube, gezeigt, daß sich alle Tatsachen der simultanen Assoziation von selbst aus der an sich als gegeben hinzunehmenden Grundtatsache ergeben, daß die organische Substanz auf eine Anzahl gleichzeitig auf sie als Reize wirkender Einflüsse mit einem Nebeneinander von Erregungen, nicht mit einer Mischung von solchen antwortet und dieser simultane Erregungskomplex als solcher engraphisch wirkt.

Jeder einzelne simultane Erregungskomplex stellt ein geordnetes Nebeneinander von Einzelerregungen innerhalb des Organismus dar. Unter sich finden wir die einzelnen simultanen Erregungskomplexe in einer anders beschaffenen Verteilung geordnet, die wir als zeitliche Anordnung oder Sukzession bezeichnen, und an der wir gewisse Eigentümlichkeiten beobachten können, die sich aus ihrer Entstehungsart erklären lassen. Diese Anordnung nämlich ist eine stetige, d. h. ein Erregungskomplex geht unmittelbar in einen andern über, bzw. grenzt unmittelbar an einen andern. Eine Unterbrechung in dem Sinne, daß zwei Erregungskomplexe durch einen Abschnitt getrennt wären, in dem überhaupt keine Erregungskomplexe vorhanden wären, findet nicht statt, auch im Schlafe oder in den verschiedenen andern Ruheperioden der Organismen nicht, in denen bloß Unterbrechungen in der Kontinuität des Oberbewußtseins in Erscheinung treten.

Ferner ist diese Anordnung eine einreihige, d. h. jeder Simultankomplex berührt sich nur mit zwei[1] andern, dem-

[1] Eine Ausnahme von dieser Regel findet sich nur an der Gabelungs-

jenigen, der seiner Enstehung vorausging, und demjenigen, der ihm folgt: dem nächstfrüheren und nächstspäteren. Da kein Komplex einem andern völlig gleich ist, wiewohl eine periodische Wiederkehr einzelner Komponenten der Komplexe für viele Lebensvorgänge charakteristisch ist, ist die Reihe auch eine einsinnig geordnete, d. h. es macht einen fundamentalen Unterschied, ob sie im Sinne ihrer Entstehung, also vom Früheren zum Späteren oder umgekehrt vom Späteren zum Früheren, betrachtet wird.

Stellt sich nun ein simultaner Engrammkomplex bei seiner Ekphorie als das getreue, wenn auch meist abgeschwächte Abbild des simultanen Erregungskomplexes dar, dem er seine Entstehung verdankt, d. h. zeigt er dasselbe geordnete Nebeneinander der verschiedenen Reizwirkungen, so gilt das gleiche für eine Sukzession von Engrammkomplexen. Dieselbe stetige, einreihige, einsinnige Anordnung, in der sich die originalen Erregungskomplexe aneinander gereiht haben, zeigt sich engraphisch fixiert und tritt bei jeder Ekphorie der Sukzession wieder zutage.

Wir sahen, daß jeder einzelne simultane Engrammkomplex ein geordnetes Nebeneinander der verschiedenen Reizwirkungen vorstellt, und daß sein ebenso gearteter Nachfolger kontinuierlich auf ihn folgt. Hierdurch ist notwendigerweise ein Rahmen gegeben, in den jedes neu hinzutretende Engramm an einer ganz bestimmten Stelle eingeordnet werden muß, indem ihm von vornherein nähere Beziehungen zu diesen, entferntere zu jenen simultanen Engrammen angewiesen wer-

stelle dichotomischer (bzw. trichotomischer usw.) Sukzessionen, wo ein Simultankomplex mit einem nächstfrüheren und zwei (bzw. drei) nächstspäteren in Berührung kommt. Auf diese Fälle gehe ich am Ende dieses Kapitels noch näher ein.

den. Daraus ergibt sich, daß nicht nur innerhalb eines Simultankomplexes ein Komponent allein schon durch seine Zugehörigkeiten enger mit gewissen Mitkomponenten assoziiert ist als mit andern, sondern daß gleiche Beziehungen auch für die sukzedente Assoziation Geltung haben. Freilich können besondere Umstände auch nähere Assoziationen zwischen Engrammen herstellen, die ihrer Einordnung im Simultankomplex nach keinerlei nähere Beziehungen zueinander aufweisen. Dies kann allein durch die besondere Intensität der engraphischen Wirkung erzielt werden, die diesen beiden Engrammen bei ihrer Entstehung im Gegensatz zu allen ihren Mitkomponenten zuteil geworden ist. Intensität der Reize, Häufigkeit der gleichzeitigen Reizung, Fokuswirkung der Aufmerksamkeit schlägt dann Assoziationsbrücken zwischen ganz heterogenen Engrammen, verbindet z. B. einen Ölgeruch mit dem Bilde von Capri enger als mit andern Komponenten desselben Simultankomplexes. Für gewöhnlich aber oder, besser gesagt, ceteris paribus beobachten wir, daß sowohl innerhalb eines simultanen Engrammkomplexes als auch innerhalb zweier sukzedent assoziierter Engrammkomplexe eine innigere Assoziation zwischen Engrammen gleicher Reizqualität besteht als zwischen Engrammen verschiedener Reizqualität, und daß innerhalb einer Reizqualität Engramme verwandten Ursprungs enger assoziiert sind als solche entfernterer Verwandtschaft. Enger assoziiert bedeutet dabei stärker aufeinander ekphorisch wirkend.

Was den Ausdruck nähere oder entferntere Verwandtschaft der Engramme anlangt, so ist er so wenig mißverständlich, daß ich von einer strengeren Definition wohl absehen kann. Einige Beispiele mögen aber zur Erläuterung dienen. Wenn ich einen tanzenden Menschen sehe, der nach einer leicht faßlichen Melodie einen eindrucksvollen Tanz ausführt, so prägt sich mir wohl erstens eine Sukzession von akustischen und zweitens eine Sukzession von optischen Engrammen ein, die sich leicht, jede Reihe für sich, ekphorieren lassen. Auch wirkt im allgemeinen die eine Reihe auf die andere ekphorisch. Wenn ich die Melodie höre, sehe ich auch die Bilder des Tanzenden, und umgekehrt. Dabei pflegt sich aber zunächst, wenn nicht häufige Wiederholung stattgefunden hat, nicht das optische mit dem akustischen Einzelengramm so eng assoziiert zu haben, daß nun auch jedem Takt der Melodie genau die simultane Bewegung des Tanzenden entspräche.

Daß selbst bei Sukzessionen von Engrammkomplexen einer und derselben Reizqualität zwischen gewissen Komponenten der Sukzessionen innigere Verbindungen bestehen als zwischen andern, beweist sehr deutlich folgendes Faktum. Ein wirklich musikalischer Mensch, dem ein polyphones Musikstück wiederholt vorgespielt oder vorgesungen worden ist, vermag nach einiger Zeit den Ablauf jeder einzelnen Stimme für sich innerlich zu reproduzieren oder auch singend oder spielend wiederzugeben. Diese Fähigkeit, zu der gar keine anderweitige musikalische Schulung erforderlich ist — wenn es sich um zweistimmigen Gesang handelt, so ist ein Kind dazu imstande —, ist nur unter der Voraussetzung erklärlich, daß die Tonfolgen innerhalb jeder Stimme enger assoziiert sind als von einer Stimme zur andern. Wäre dies nicht der Fall, so würde bei dem Versuch, eine einzelne Stimme wiederzugeben, besonders wenn es nicht die führende ist, der Reproduzierende hilflos zwischen den nebeneinander hergehenden Sukzessionen umherirren.

Die Verbindungen zwischen vier sukzedierenden Engrammkomplexen lassen sich demnach, wenn wir einen natürlich ungemein vereinfachten Fall wiedergeben, bei dem nur die akustischen Komponenten etwas eingehender berücksichtigt sind, folgendermaßen schematisch andeuten:

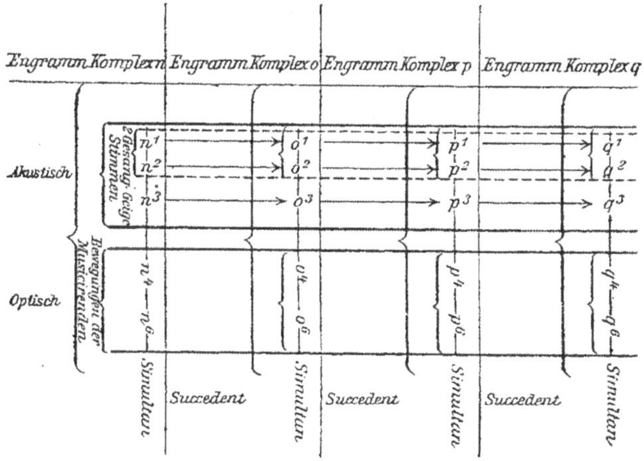

Als Resultat unserer bisherigen Betrachtungen ergibt sich folgendes: Die simultan und sukzedent auf den Organismus wirkenden äußeren und inneren Reize erzeugen in ihm Erregungskomplexe, die in ihrer simultanen Wirkung ein bestimmt geordnetes Nebeneinander, in ihrer Sukzession ein stetiges, einreihig und einsinnig geordnetes Nacheinander darstellen. Da nun das Auftreten dieser Erregungskomplexe eine besondere bleibende Wirkung auf den Organismus ausübt, die wir als engraphische bezeichnet haben, d. h. eine gesteigerte Disposition des Organismus, jene Erregungskomplexe zu wiederholen, hervorruft, so ist es selbstverständlich, daß bei der Wiederholung alles wieder so stattfindet wie beim ersten Auftreten, nämlich als ein bestimmt geordnetes

Nebeneinander und ein stetiges, einreihig und einsinnig geordnetes Nacheinander. Jede Abweichung, nicht aber die vorliegende Übereinstimmung, würde besonderer Erklärung bedürfen.

Wir haben die Zusammenordnung der simultanen Erregungs- und, an sie anschließend, der Engrammkomplexe als eine stetige, einreihige und einsinnige bezeichnet. In dem Ausdruck »stetig« ist bereits die Erkenntnis ausgedrückt, daß es sich um eine Kontinuität handelt, die in sich keine Teilung wahrnehmen läßt, deren Teilung wir also nur aus Gründen, die in unserm Denkvermögen, nicht in dem Phänomen selbst liegen, vollzogen haben. Dies wird sofort klar, wenn wir der Teilungsgröße gegenüber Stellung zu nehmen suchen. Wenn wir von simultanen oder gleichzeitigen Erregungen sprechen, also Erregungen, die zu gleicher Zeit vorhanden sind, so kann die Antwort auf die Frage: wie lange dauert solch eine Gleichzeitigkeit? nur lauten: unendlich kurz. Da nun jeder Erregungsvorgang der organischen Substanz, auch der kürzeste, eine meßbare Zeitdauer besitzt, also niemals unendlich klein ist, so ist bei der Aneinanderreihung simultaner, also unendlich kurzer Zustände ein rein logisches, von außen in die Dinge hineingetragenes Teilungsprinzip angewendet. Dennoch ist uns dasselbe unentbehrlich, weil es in der Natur unseres Denkvermögens liegt, daß uns eine Übersicht über die Welt der Erscheinungen nur durch das Hilfsmittel der Teilung und Neuzusammenordnung möglich ist. Indem wir die Erregungszustände eines Organismus in zeitlichem Sinne in simultane und sukzedente teilen und anordnen, gewinnen wir unter Zugrundelegung einer willkürlichen, rein logischen Teilung eine doch sachlich begründete Anordnung. Untersuchen wir nun zwei aufeinander folgende simultane Erregungskomplexe I und II eines Organismus, so finden wir, daß dieselben sich in einzelnen Komponenten wesentlich unterscheiden können. Die Erregungskomponenten a, b, c von I können verschwunden, die Komponenten x, y, z von II können ebenso neu aufgetreten sein. Eine Anzahl von Komponenten wird aber regelmäßig von I auf II hinübergenommen. Selbst wenn sich einmal die äußere energetische Situation plötzlich von Grund aus ändert: ich springe z. B. aus der heißen, hellen Sonne kopfüber in den kühlen, dunkeln Fluß, so findet einmal diese Änderung der äußeren energetischen Situation für meinen Gesamtorganismus nicht im einem unendlich kleinen, sondern in einem meßbaren Zeitraum statt; zweitens bleiben auch dann in der inneren energetischen Situation des Organismus viele Komponenten unverändert.

Aus diesen Betrachtungen folgt, daß auch die simultanen Engrammkomplexe nur begriffliche, nicht natürliche Einheiten darstellen und an sich ohne Begrenzung ineinander übergehen, wenn auch einzelne ihrer Komponenten zirkumskript anfangen und endigen. Nun zeigen sich in einer Sukzession simultaner Erregungskomplexe nicht etwa nur die kontinuierlich fortdauernden, sondern auch die zirkumskript anfangenden und endigenden Komponenten sukzedent assoziiert. Dies wird ohne weiteres klar, wenn man an eine Sukzession von Tönen (Melodie) oder Geräuschen (Trommelrhythmus) oder sinnlos zusammengestellten Worten (Genusregeln) denkt. Eine einfache Überlegung zeigt, daß man bei den kontinuierlich fortdauernden, also gleichbleibenden Komponenten der sukzedenten Engrammkomplexe überhaupt nicht wohl von einer Assoziation reden kann. Nur die neuauftretenden und verschwindenden Komponenten einer

Sukzession von Engrammkomplexen zeigen sich bei Introspektion im Bewußtsein, bei Verwendung der objektiven Methode, durch Auftreten und Verschwinden objektiv wahrnehmbarer Reaktionen verknüpft oder assoziiert, da der Begriff der Verknüpfung oder Assoziation Diskontinuität des zu Verknüpfenden zur Voraussetzung hat.

Die direkte Beobachtung lehrt uns nun, daß die Engramme der diskontinuierlichen Komponenten von aufeinander folgenden Erregungskomplexen sukzedent assoziiert sind, auch wenn der sie trennende Zeitabschnitt nicht unendlich klein ist, sondern eine meßbare Größe darstellt. Eine Melodie wird ebensogut engraphisch fixiert, wenn ihre Töne staccato in längeren Intervallen aufeinander folgen, wie wenn sie ineinander übergezogen werden. Freilich dürfen die Intervalle auch nicht zu große werden, wenn sich die Engramme noch sukzedent assoziieren sollen. Tonfolgen, deren Intervalle mehrere Minuten betragen, werden als solche beim Menschen nicht mehr engraphisch assoziiert. Es wird Aufgabe späterer experimenteller Forschung sein, das Maximum der Intervalle zu bestimmen, bei dem noch im Einzelfall eine sukzedente Assoziation zustande kommt. Nicht nur die akustischen, auch alle andern Engramme, wie die optischen, taktischen usw., dürfen nicht durch zu lange Intervalle voneinander getrennt sein, soll die Ekphorie des früheren ekphorisch auf die des späteren wirken.

Dagegen kann wie bei den simultan assoziierten Engrammen, wo z. B. ein Ölgeruch ekphorisch auf ein optisches Engramm wirkte, auch die Ekphorie des Engramms einer Reizqualität ekphorisch auf das sukzedent assoziierte einer andern wirken. Überhaupt haben wir folgendes zu berücksichtigen. Zwei simultan erzeugte Engramme verhalten sich bei der Ekphorie in mancher Beziehung wie zwei sukzedent erzeugte, weil das eine natürlich etwas vor dem andern ekphoriert werden muß, um auf jenes ekphorisch zu wirken. Ein Hauptunterschied besteht nur darin, daß simultan erzeugte Engramme doppelsinnig gleichwertig verknüpft sind, sukzedent erzeugte Engramme aber polar ungleichwertig. Wir müssen dies aus dem Umstand schließen, daß, wenn Engramm *a* mit Engramm *b* simultan assoziiert ist, unter gewöhnlichen Umständen die Ekphorie von *a* ebenso stark, aber nicht stärker ekphorisch auf *b* wirkt, wie die von *b* auf *a*. Sind aber *a* und *b* sukzedent assoziiert, so wirkt ausnahmslos die Ekphorie von *a* ungleich stärker ekphorisch auf die von *b*, als umgekehrt.

Die polare Ungleichwertigkeit der sukzedenten Assoziation läßt sich am leichtesten an akustischen Engrammen demonstrieren. Selbst der musikalischste Mensch ist unfähig, eine ihm noch so bekannte Tonfolge wiederzuerkennen, wenn sie ihm in umgekehrter Reihenfolge vorgespielt wird. Dasselbe gilt von den Lautfolgen, aus welchen sich die Wörter unserer Sprache zusammensetzen. Wenn ich jemandem etwas sage, und er antwortet in fragendem Ton darauf: »muraw«, so habe ich keine Ahnung davon, daß er »warum« in umgekehrter Lautfolge gesagt hat. Dasselbe gilt für eine Folge von Worten. Auch sind wir nicht imstande, ein Gedicht in umgekehrter Wortfolge herzusagen oder eine an sich sinnlose Kombination von Worten, z. B. eine Genusregel. Wenn man einmal bei einer Rezitation etwas umstellt, so ist dies nur ein Beweis dafür, entweder daß ich die Engramme gleich in falscher Reihenfolge in mich aufgenommen habe, oder daß ich bei der Aufnahme noch mit dem Hilfsmittel der Simultanassoziation operiert habe, was oft genug geschieht. Bei dem einen Individuum ist die Fähigkeit zu simultaner, bei dem andern zu sukzedenter Assoziation besser entwickelt. Im ersteren Falle wird der Lernende, der die Regel: »Die Männer, Völker, Flüsse, Wind« lernen soll, sich zu diesem Behufe z. B. das Bild vorstellen, wie die Männer eines seefahrenden Volkes bei günstigem Wind in die Mündung eines Flusses einfahren. Bei Zuhilfenahme solcher simultaner Assoziationen wird natürlich leicht die Reihenfolge verwirrt, weil die Komponenten der Simultanassoziation eben doppelsinnig gleichwertig verbunden sind.

Wird durch solche Komplikationen, wie durch Mitwirken von simultanen Assoziationen, die Evidenz der Fundamentalregel: »Sukzedent verknüpfte Engramme wirken weit stärker in der Reihenfolge ihrer Entstehung aufeinander ekphorisch als umgekehrt« gelegentlich schon bei Sukzessionen akustischer Engramme verschleiert, so ist dies noch mehr bei Sukzessionen von Engrammen der Fall, die durch die Pforte anderer Sinne in den Organismus Eingang gefunden haben. Man denke beispielsweise an die Sukzession von optischen Eindrücken bei einem Spaziergang. Hier erfolgt oft die Sukzession von optischen Erregungskomplexen und damit die Erzeugung von sukzedierenden optischen Engrammen so langsam, so viele Komponenten gehen kontinuierlich von den früheren in die späteren Stadien über, daß die Prävalenz der Sukzession gegenüber der Antezession in der Verknüpfung durch das Hineinspielen zahlreicher simultaner, also in sich mehrsinniger Verknüpfungen in hohem Maße unkenntlich werden kann.

Einen guten experimentellen Beweis von der polar ungleichwertigen ekphorischen Wirkung optischer Engrammsukzessionen kann man folgendermaßen erbringen. Das Bild einer Bewegung setzt sich für den Organismus aus einer Sukzession optischer Erregungen zusammen, die, wenn mnemisch fixiert, eine Sukzession optischer Engramme darstellen. Drehe ich nun die Sukzessionen einer Bewegung um, was ich mit Hilfe von Photographien kurzer Phasen dieser Bewegung, die rasch in umgekehrter Folge an meinem Auge vorübergeführt werden (Kinematograph und ähnliche Instrumente) leicht bewerkstelligen kann, so wirkt diese Umdrehung genau so fremdartig auf mich als eine umgekehrte Tonfolge oder das Wort »muraw« für warum. Ihre Zugehörigkeit zu der betreffenden Bewegung wird überhaupt nicht erkannt.

Engramme des Geruchssinns — für den Geschmackssinn gilt dasselbe — zeigen sich beim Menschen zwar vielfach simultan mit Engrammen anderer Provenienz assoziiert, viel seltener mit Engrammen ihrer eigenen Sphäre, da sich multiple simultane Geruchs- und Geschmackserregungen nicht so scharf nebeneinander ordnen wie multiple simultane Gesichts-, Gehörs- und Tasterregungen, sondern häufig zu Mischerregungen verschmelzen oder sich auch gegenseitig in ihrer Wirkung aufheben. Ebenso bilden sie sukzedent keine aus wohlumschriebenen Einzelelementen bestehenden, etwa mit den Tonfolgen vergleichbaren Reihen. Forel[1] hat sehr gut auseinandergesetzt, daß dieses Manko zum größten Teil auf die sozusagen regellose Art und Weise zurückzuführen ist, in welcher die betreffenden Reize in unserm Organismus Eingang finden. Vornehmlich bedingt die Beschaffenheit der diese Reize aufnehmenden Sinnesorgane, daß hier Reizsukzessionen meist nicht rasch und ungemischt genug einwirken können, um sukzedent assoziierte Engramme zu erzeugen.

In viel vollkommnerer Art als bei uns zeigen sich die durch

[1] A. Forel, Die psychischen Fähigkeiten der Ameisen und einiger anderer Insekten. München 1901.

die Pforte des Geruchssinns in den Organismus eingetretenen Engramme bei vielen Insekten simultan und sukzedent assoziiert. Wie Forel in der oben zitierten Abhandlung überzeugend nachgewiesen hat, beruht diese Differenz zwischen Insekt und Mensch nicht sowohl in der größeren oder geringeren Sinnesschärfe, als vielmehr in dem verschiedenen Modus der Aufnahme dieser Erregungen seitens der verschiedenen Organismen. Eine Ameise, deren Geruchsorgane sich in den Fühlhörnern befinden, die alle Gegenstände, denen sie auf ihren Wegen begegnet, geruchlich sozusagen abtasten kann, erhält durch ein solches Organ ganz ähnlich simultan und sukzedent assoziierte synchrone Erregungen und in der Folge entsprechende Engramme, wie wir Menschen und unter uns Menschen besonders die Blindgeborenen sie in der Sphäre des Tastsinns durch die tastenden Fingerspitzen erhalten. Forel bezeichnet deshalb auch den durch dieses Vermögen der genauen räumlichen Lokalisation ausgezeichneten Geruchssinn der Insekten als topochemischen Geruchssinn.

Wie dann ferner Forel und in Übereinstimmung mit ihm E. Wasmann[1] gezeigt haben, bietet der genaue Einblick in die besondere Beschaffenheit dieses topochemischen Sinnes und die Erkenntnis, daß die durch ihn aufgenommenen Eindrücke im Gedächtnis der Tiere aufbewahrt werden, daß sie, wie ich mich ausdrücke, engraphisch wirken, den Schlüssel zu vielen Erscheinungen der Ameisenbiologie. Überall lehrt eine genauere Prüfung aber auch, daß die sukzedenten Geruchsengramme in bezug auf ihre gegenseitige ekphorische Wirkung polar ungleichwertig verknüpft sind[2]. Natürlich kann jede

[1] E. Wasmann, Die psychologischen Fähigkeiten der Ameisen. Stuttgart 1899.

[2] Die Tatsachen, aus denen Bethe (Dürfen wir den Bienen und

Reihe von Engrammen auch in doppelsinniger Verknüpfung erworben werden. Ich kann die Regel: panis, piscis, crinis, finis auch noch in der Folge: finis, crinis, piscis, panis erlernen, d. h. durch häufige Wiederholung als in dieser Sukzession assoziierte Engramme meinem Organismus einprägen. Damit habe ich aber nichts anderes getan, als eine zweite Sukzession von Engrammen aufgenommen. Wenn also eine Ameise von der Gattung Lasius denselben Weg häufig hin und zurück zu gehen hat, so prägen sich ihr allmählich auf Grund der häufig wiederholten, in zwei bestimmten Reihenfolgen wirkenden chemischen Reizkomplexe zwei Sukzessionen von topochemischen Engrammkomplexen ein, die von einander aber nahezu ebenso unabhängig sind, als wenn für den Hin- und Rückweg eine verschiedene Straße gewählt worden wäre, was ja auch zuweilen vorkommt.

Äußerst interessante und wichtige Feststellungen über die Art der Verknüpfung, d. h. die gegenseitige ekphorische Wirkung sukzedenter Engramme sind Ebbinghaus[1] auf einem sinnreichen experimentellen Wege gelungen. Die von Ebbinghaus erdachte Methode besteht aus Auswendiglernen sinnlos kombinierter Silbenreihen bis zum fehlerlosen Hersagen, Bildung neuer Kombinationen aus den früher gelernten Reihen nach bestimmten Gesichtspunkten, neues Auswendiglernen

Ameisen psychische Qualitäten zuschreiben? Bonn 1896; Die Heimkehrfähigkeit der Bienen und Ameisen. Biol. Zentralbl., Bd. 22, 1902) auf eine Polarisation der (von den Ameisen hinterlassenen) chemischen Spur schließt, erklären sich in der Hauptsache aus dem Umstande, daß die Sukzessionen der topochemischen Engramme bei den Ameisen ebenso polar ungleichwertig verknüpft, also, um mit Bethe zu reden, »polarisiert« sind, wie bei uns Menschen die Sukzessionen der optischen Engramme einer Bewegung oder der akustischen einer Melodie.

[1] H. Ebbinghaus, Über das Gedächtnis. Untersuchungen zur experimentellen Psychologie. Leipzig 1885.

dieser neuen Kombinationen, schließlich Vergleichung der Zahl der Wiederholungen bzw. der Zeiten, die zum Auswendiglernen der verschieden vorbereiteten Kombinationen erforderlich sind. Ebbinghaus fand nun mit Hilfe dieser Methode, deren nähere Beschreibung im Original nachzusehen ist, erstens folgendes: »Bei wiederholter Erzeugung von Silbenresten assoziierten sich nicht nur die einzelnen Glieder mit ihren unmittelbaren Folgegliedern, sondern es bildeten sich Verknüpfungen zwischen jedem Glied und mehreren ihm zunächst folgenden über die Zwischenglieder hinweg.« — »Die Stärke der Verknüpfung . . . ist eine abnehmende Funktion der Zeit oder der Anzahl der Zwischenglieder, welche die betreffenden Silben in der ursprünglichen Reihe voneinander trennten. Sie ist ein Maximum für die unmittelbar aufeinander folgenden Glieder. Die nähere Beschaffenheit der Funktion ist unbekannt, nur nimmt sie für wachsende Entfernungen der Glieder zuerst sehr schnell und allmählich sehr langsam ab.« Als zweites Hauptresultat der Ebbinghausschen Experimentaluntersuchungen ergab sich folgende fundamentale Feststellung, die ich ebenfalls mit den Worten des Autors wiedergebe: »Es bildeten sich also in der Tat durch das Lernen einer Reihe gewisse Verknüpfungen der Glieder untereinander nach rückwärts ganz ebenso wie nach vorwärts.« — »Die Stärke der so geschaffenen Prädispositionen war wiederum eine abnehmende Funktion der Entfernung der Glieder voneinander in der ursprünglichen Reihe. Nur war sie bei gleichen Entfernungen für die Verknüpfungen rückwärts erheblich geringer als für diejenigen vorwärts. Bei durchschnittlich gleich häufiger Wiederholung einer Reihe wurde jedem Glied das ihm unmittelbar vorangegangene nicht sehr viel fester verbunden als das zweitfolgende, das zweitvorangegangene — soviel sich aus den wenigen Versuchen überhaupt schließen läßt — kaum so fest als das drittfolgende.«

Da Ebbinghaus an anderer Stelle die Stärke der Verknüpfung eines Gliedes mit dem zweitfolgenden auf ein Drittel der Stärke seiner Verknüpfung mit dem unmittelbar folgenden Glied berechnet hat, so kann man nach seiner eben zitierten Angabe diese Verhältniszahl auch für das Verhältnis von sukzedierendem zu antezedierendem Gliede einsetzen und sagen, die Ekphorie eines Engramms habe dreimal stärkere ekphorische Wirkung auf das ihm sukzedierende als auf das ihm antezedierende Engramm.

Hier haben wir also ein genaueres Maß der polaren Ungleichwertigkeit sukzedenter Assoziation. Wie weit diese Maßbestimmung freilich über den von Ebbinghaus studierten besonderen Fall hinaus allgemeinere Gültigkeit hat, wird sich erst durch weiter ausgedehnte Experimentaluntersuchungen feststellen lassen.

Eine ganz ähnliche polare Ungleichwertigkeit, wie die von uns bisher behandelten individuell erworbenen Engrammsukzessionen, zeigen nun auch die sukzedent verknüpften ererbten Dispositionen. Daß wir viele Gründe haben, diese ererbten Dispositionen ebenfalls für Engramme anzusehen, habe ich schon oben ausgeführt. Eine ausführlichere Begründung dieser Ansicht soll aber erst im dritten Teile des vorliegenden Buches gegeben werden.

Jedenfalls finden wir die Sukzessionsreihen aller derartigen ererbten Dispositionen, was die Art und Wertigkeit ihrer Verknüpfung anlangt, genau denselben Regeln unterworfen, wie die Sukzessionen der individuell erworbenen Engramme. Eine Umkehr im Ablauf der Reihe von Erregungen, durch die jene Dispositionen manifest werden, findet nicht statt. Auch bei ihnen ist die Stärke der Verknüpfung eine abnehmende Funktion der Zwischenglieder und ein Maximum für die unmittelbar aufeinander folgenden Glieder. Glied *a* wirkt deshalb stärker ekphorisch auf *b* als auf *c*; *b* stärker ekphorisch auf *c* als auf *d*. Deshalb ist *a* nicht fähig, *c* mit Überspringung von *b* zu ekphorieren; *b* nicht fähig, *d* mit Überspringung von *c* zu ekphorieren.

Ein äußerst frappantes Beispiel von der Wirksamkeit der letzterwähnten Grundregel bietet eine Beobachtung von J. H. Fabre, die ich nach Romanes (Die geistige Entwicklung im Tierreich, Leipzig 1885) zitiere, wobei ich hervorhebe, daß es sich dabei um eine ererbte, nicht um eine individuell erworbene Sukzession von Lebensäußerungen handelt. »Eine Grabwespe (Sphex) macht eine Höhle, fliegt nach Beute aus, die, durch einen Stich wehrlos gemacht, an den Eingang der Höhle gebracht wird. Die Wespe dringt nun, bevor sie die Beute hineinschleppt, stets zuerst in die Höhle, um zu sehen, ob hier alles in Ordnung ist. Während die Sphex in ihrer Höhle war, brachte Fabre die Beute auf eine kurze Entfernung abseits. Als die Wespe wieder herauskam, fand sie bald die Beute und brachte sie wiederum an den Eingang der Höhle, worauf jedoch der instinktive Zwang eintrat, die eben untersuchte Höhle abermals zu untersuchen, und so oft Fabre die Beute entfernte, so folgte auch das Weitere aufeinander, so daß die unglückliche Grabwespe im gegebenen Fall ihre Höhle vierzigmal untersuchte.«

Analysieren wir diesen Fall genauer und bezeichnen wir die aufeinander folgenden Reaktionen des Heranschleppens der Beute mit *a*, des Ablegens derselben vor der Höhle mit *b*, des Untersuchens der Höhle mit *c*, des Eintragens in die Höhle mit *d*, die diesen Reaktionen entsprechenden ererbten

Dispositionen aber entsprechend mit α, β, γ, δ, so ergibt sich übersichtlich angeordnet folgende Sukzession:

Heranschleppen — Ablegen — Untersuchen — Eintragen.
α — β — γ — δ

Das Fabresche Experiment besagt nun, daß, wenn man das Tier nach Aktivierung der Dispositionsreihe α—β—γ in eine Lage versetzt, die die Neuaktivierung von Disposition α notwendig macht, diese Aktivierung wieder die Aktivierung von β, diese die von γ nach sich zieht (sie, wenn wir die Dispositionen als Engramme auffassen, ekphoriert). Disposition (oder Engramm) α ist um so viel schwächer mit δ assoziiert als mit β und γ, daß selbst eine vierzigmal fruchtlose Arbeit des Tieres nicht eine direkte Ekphorie von δ durch α unter Überspringen der enger assoziierten Ekphorien von β und γ zu bewirken vermag. Natürlich soll damit nicht gesagt werden, daß damit die Sukzession für Sphex und seine fernsten Nachkommen in alle Ewigkeit unverrückbar feststeht und unter dem Einfluß synchron und engraphisch wirkender Reize nicht allmählich umgestaltet werden kann. Wir kennen im Gegenteil bei den Hymenopteren ebenso wie bei den Wirbeltieren viele Beispiele einer gewissen Umbildungsfähigkeit mancher ererbter Engrammreihen durch neu hinzutretende individuell erworbene Engramme.

Ganz dieselben Gesetze der Assoziation beobachten wir an den Sukzessionen ererbter Dispositionen, deren zugehörige Reaktionen sich als Wachstumserscheinungen manifestieren. Diese Beobachtungstatsache ist von großer Bedeutung für das Verständnis der normalen und der durch Eingriffe veränderten Ontogenese der Organismen. Da dieses Thema jedoch später noch ausführlich erörtert werden wird, so gehe ich hier nicht näher darauf ein, sondern will zum Schluß nur noch eine besondere Eigentümlichkeit der sukzedenten Assoziation behandeln.

Nicht immer braucht sich eine Sukzession einreihig fortzusetzen, sondern in vielen Fällen gabelt sich die eine Reihe von Erregungen an einem bestimmten Punkt in zwei (eventuell auch drei oder mehr) Äste. Ich erinnere, um ein einfaches Beispiel zu bringen, an die Engrammverteilung eines mnemisch bewahrten Musikstücks, das einstimmig beginnt und sich zweistimmig fortsetzt:

Phase 1	2	3	4	5
e —	*d* —	*e* <	*g* —	*c* —
			|	|
			d —	*e* —

Es ist klar, daß in allen derartigen Fällen die gleichphasigen Glieder der beiden Äste der Dichotomie simultan assoziiert sind. Wir können eine derartige Dichotomie einer Engrammsukzession deshalb als eine simultan assoziierte Dichotomie bezeichnen.

Es gibt aber auch Dichotomien (und Trichotomien usw.) von Engrammsukzessionen, deren gleichphasige Glieder nicht simultan assoziiert sind, und bei denen die Ekphorie an der Gablungsstelle nur in dem einen Ast der Dichotomie (oder Trichotomie) weitergeht. Oft beruht diese Beschränkung nur auf dem Umstande, daß bisher noch keine Simultanassoziation eingetreten ist, so z. B., wenn ich von dem oben skizzierten Tonstück die erste und die zweite Stimme einzeln studiere, ohne sie je zusammen zu hören, zu lesen oder zu spielen. Zunächst ist dann die Dichotomie nicht simultan assoziiert und deshalb auch nicht simultan ekphorierbar, sondern sie ist nur alternativ ekphorierbar. Schaffung von simultanen Assoziationen durch eine einmalige simultane Originalerregung verwandelt aber diese alternative in eine simultan assoziierte Dichotomie. Es gibt indessen auch zahlreiche Fälle, wo eine derartige Umwandlung aus Gründen, die sehr verschiedenartiger Natur sein können, nicht möglich ist. Gewöhnlich beruhen diese Gründe auf der Unfähigkeit des Organismus, gleichzeitig die Reaktionen beider Erregungsreihen auszuführen. Dann bleibt dauernd eine alternative Dichotomie bestehen. Höre oder lese ich z. B. das berühmte Gedicht: »Über allen Gipfeln ist Ruh« zuweilen in der ersten, zuweilen in der zweiten Goetheschen Fassung, so prägt es sich mir in folgender alternativ dichotomischer Fassung ein:

»Über allen Gipfeln ist Ruh, in allen
- Wäldern hörest du keinen Hauch —«
- Wipfeln spürest du kaum einen Hauch —«

Diese alternative Dichotomie läßt sich nicht durch gleichzeitiges Hören oder andere engraphische Einflüsse, wie diejenigen des obenerwähnten zweistimmig werdenden Musikstücks, in eine simultan assoziierte verwandeln, weil wir Worte weder simultan lesen, noch sprechen, kurz überhaupt nicht als Worte (sondern nur als Klänge) simultan erregend auf uns wirken lassen können. Wo aus irgendeinem Grund eine Simultanassoziation der Äste einer Dichotomie (oder Trichotomie) unmöglich ist, da bleibt dieselbe dauernd eine alternative.

In das Wesen der alternativen Dichotomie können wir erst tiefer eindringen, wenn wir den Begriff der mnemischen Homophonie kennen gelernt haben. Hier möchte ich nur darauf aufmerksam machen, daß an der Gablungsstelle jeder Dichotomie ein Engrammkomplex statt an einen an zwei oder mehr sukzedierende Komplexe angrenzt, in dem zitierten Gedicht also das Wort »allen« sowohl an »Wäldern« als auch an »Wipfeln«. Da es sich in dem gegebenen Fall um eine nur alternativ ekphorierbare Dichotomie handelt, fragt es sich, ob das Engramm »allen« auf »Wäldern« oder auf »Wipfeln« ekphorisch wirken wird. Dies hängt in erster Linie davon ab, welche von den beiden Assoziationen enger, das heißt von stärkerer ekphorischer Wirkung ist. Häufig ist es lediglich die verschiedene Häufigkeit der Wiederholung bzw. die verschiedene zeitliche Nähe der Wiederholung, die dem einen Ast einer Alternative das Übergewicht über den andern verleiht. Dies ist z. B. der Fall bei unserm Beispiel von den zwei Fassungen des Goetheschen Gedichts.

Im übrigen können sehr verschiedenartige Nebeneinflüsse dahin wirken, daß der Ausschlag einmal nach der einen, das andere Mal nach der andern Seite hin erfolgt. Wir gehen hierauf noch näher im zwölften Kapitel ein.

Am Schlusse meiner Ausführungen über simultane und sukzedente Assoziation möchte ich noch einer besonderen Art der Assoziation einige Worte widmen, die zwar nicht in ihrem Wesen, aber in ihrer Entstehungsweise von den bisher betrachteten verschieden ist. Simultane Assoziation ergab sich als das Produkt simultaner engraphischer Wirkung von Originalreizen, sukzedente als das Produkt sukzedenter engraphischer Wirkung von Originalreizen. In beiden Fällen werden die Engramme bereits in statu nascendi assoziiert. Eine Assoziation bereits gebildeter, nicht assoziierter Engramme kann aber andererseits auch durch simultane oder unmittelbar sukzedente Ekphorie, also auf rein mnemischem Wege erfolgen. Man könnte sie als nachträgliche oder kombinatorische Assoziation bezeichnen, weil sie genetisch nicht zusammenhängende Engramme nachträglich kombiniert. In der Bildung dieser Assoziationen findet die höhere mnemische Fähigkeit des Menschen ihren stärksten Ausdruck. In ihr betätigt sich das, was wir höhere Vernunft, in ihrer höchsten Entwicklung Genie nennen. Selbst bei den höchststehenden Tieren finden wir nur die ersten Andeutungen dieser freiesten Form der Assoziation, auf die wir hier nicht näher einzugehen brauchen.

Fünftes Kapitel.

Die Lokalisation der Engramme.

Bei unsern bisherigen Betrachtungen haben wir keinen Versuch gemacht, tiefer in das innerste Wesen der Veränderungen einzudringen, die die reizbare Substanz beim Auftreten und Verschwinden der Erregung erleidet, und die in besonderer Modifikation im Engramm zurückbleibt. Wir folgten darin dem modernen Physiker, der auf den Standpunkt gelangt ist, sich mit dem Studium der energetischen Erscheinungen, so wie sie uns entgegentreten, zu begnügen und auf eine hypothetische Zurückführung aller Energieformen auf eine Bewegung kleinster Teilchen zu verzichten. Indem wir uns darauf beschränken, die gesetzmäßigen Zusammenhänge zwischen Reiz und Reaktion festzustellen und keinen Versuch machen, in das »Wesen« der Erregung im Sinne molekularmechanischer Hypothesen einzudringen, sind wir noch keineswegs der Aufgabe überhoben, zu untersuchen, ob die reizbare Substanz innerhalb desselben Individuums überall dieselben Eigenschaften zeigt, und nach Entscheidung dieser Frage, die bekanntlich in negativem Sinne längst erfolgt ist, das sich unmittelbar anschließende Problem in Angriff zu nehmen, wie sich die reizbare Substanz entsprechend ihrer verschiedenartigen Eigenschaften im Individuum verschieden verteilt zeigt.

Diese Aufgabe, deren Lösung von physiologischer Seite schon seit langer Zeit und von den verschiedensten Ausgangspunkten her unternommen worden ist, soll uns im folgenden nach Möglichkeit nur insoweit beschäftigen, als es sich um das Verhältnis der reizbaren Substanz zur engraphischen Reizwirkung, also um die Lokalisation der mnemischen Phänomene innerhalb des Individuums handelt. Indem wir das Lokalisationsproblem von der mnemischen Seite her in Angriff nehmen, werden wir imstande sein, es in besonderer Beleuchtung zu zeigen, und werden gleichzeitig unsern Einblick in das Wesen der mnemischen Phänomene vertiefen.

Einleitende Betrachtungen über das Problem der Lokalisation ererbter Engramme.

(Die Fortführung dieser Untersuchung erfolgt erst im dritten Teil, Kapitel XI.)

Schneidet man eine Planarie, also einen Wurm, der, wenn auch auf der Stufenleiter der Tiere ziemlich tief stehend, doch schon ein wohldifferenziertes Zentralnervensystem (Gehirn und Längsnervenstämme), zwei Augen, ein kompliziertes Darm-, Exkretions- und Genitalsystem besitzt, kreuz und quer in beliebige Teilstücke, so ist jedes Stück, ganz gleich, ob es von vorn oder von hinten oder von einer Seite stammt[1], imstande, sich wieder zu einem vollständigen Wurm mit allen seinen morphologischen und physiologischen Eigentümlichkeiten, natürlich auch mit allen seinen sogenannten Instinkten, zu ergänzen, falls der Ausschnitt nur nicht allzu winzig genommen worden ist. Dasselbe vermögen bei Hydra Teilstücke, die irgendeinem beliebigen Körperabschnitt mit Ausnahme der Tentakel entnommen sind, wenn sie nur nicht unter $^1/_6$ mm

[1] Ausgenommen sind nur Teilstücke aus dem äußersten Vorderende des Wurmes vor den Augen (T. H. Morgan) und dünne Abschnitte der äußersten Seiten, die keine Spur der Seitennervenstämme enthalten (H. Bardeen); ob letztere Ausnahme eine unbedingte ist, ist übrigens strittig.

(bzw. $^1/_9$ mm) Durchmesser, d. h. etwa $^1/_{200}$ des Gesamtvolumens einer Hydra, heruntergehen. Beliebige Ausschnitte aus den Wurzeln mancher Pflanzen (z. B. Scorzonera, Leontodon usw.) vermögen das ganze Pflanzenindividuum wiederaufzubauen, ebenso wie ein beliebiger Blattausschnitt einer Begonie, auf feuchten Sand gelegt, sich zu einer vollständigen Pflanze regeneriert. Auch Infusorien, wie z. B. Stentor, kann man in beliebige Teilstücke zerlegen. Sind diese Teilstücke nicht allzu klein und enthalten sie wenigstens Bruchstücke des Kerns, so wird aus jedem derselben ein vollständiger verkleinerter Stentor. Wir können also unter Zugrundelegung der Auffassung, daß die Mehrzahl der ererbten Dispositionen Engramme seien, für die erst im dritten Teil dieses Buches weitere Belege gebracht werden sollen, sagen: Die betreffenden Bruchstücke der Planarie, der Scorzonera, Begonie und des Stentors besitzen die gesamte ererbte Mneme des vollständigen Individuums. Diese beliebig hergestellten Ausschnitte verhalten sich also wie die entwicklungsfähigen Keimprodukte der betreffenden Organismen.

An dieser Stelle möchte ich einige Worte sagen über die Bedeutung des Satzes, die Keimprodukte und Ausschnitte aus dem Körperverbande bei gewissen Formen befänden sich im Besitz der gesamten ererbten Mneme. Unter der Mneme eines Organismus verstehe ich den Inbegriff der ihm zugehörigen simultanen und sukzedenten Engrammkomplexe, unter ererbter Mneme also den Inbegriff der dem Organismus zugehörigen simultanen und sukzedenten Engrammkomplexe, die er von seinen Aszendenten überkommen und nicht erst in seinem individuellen Leben erworben hat. Im Besitz dieser oder jener Engrammkomplexe sein, bedeutet nun nicht etwa, sie zu jeder Zeit und unter allen Umständen ekphorieren können, sondern nur, sie bei Eintritt ganz bestimmter äußerer und innerer Bedingungen oder, besser gesagt, bei Eintritt einer bestimmten energetischen Situation ekphorieren können. Deshalb sind wir allerdings berechtigt, zu sagen, die Keimzellen besäßen ebenso wie Ausschnitte aus dem Körperverbande auch jene Engramme, die erst bei dem ausgebildeten tierischen oder pflanzlichen Organismus bei den bloß dann vorhandenen Zustandsmöglichkeiten ekphoriert werden können.

Aus dem Umstande, daß ganz beliebige herausgeschnittene Teilstücke gewisser Organismen im Besitze der ganzen ererbten Mneme sind, können wir entnehmen, daß bei diesen Formen wenigstens die ererbte Mneme nicht in besonderen Bezirken des Organismus lokalisiert ist, sondern überall der reizbaren Substanz des Organismus zu eigen gehört. Zerschneide ich einen solchen Organismus in immer kleinere Teilstücke, so komme ich allerdings schließlich an einen Punkt, über den hinaus eine Verkleinerung nicht mehr möglich ist, ohne die Lebensfähigkeit und damit auch die Regenerationsfähigkeit des Bruchstücks anzutasten. Wir müssen aber dabei bedenken, daß ein Bruchstück, das zur Nahrungsaufnahme von außen untauglich ist, bei zu kleiner Zuschneidung gar nicht genug Material besitzt, um außer den Ausgaben für die Fortführung seiner Lebensprozesse auch noch das Betriebskapital zur Ausführung der Regeneration zu liefern. Unsere bisherigen Zerschneidungsversuche klären uns deshalb keineswegs über die wirkliche Minimalgröße der Bruckstücke auf, die noch im Besitz der gesamten ererbten Mneme sind. Stützen wir uns auf die Beobachtungen, die wir bei der Fortpflanzung der Organismen machen, so sehen wir in diesen Fällen einzelne Zellen, nämlich die Keimzellen, im Besitz der gesamten ererbten Mneme. Der Umstand, daß ich Protozoenzellen (Stentor) in mehrere beliebige Teilstücke zerschneiden kann, aus deren jedem sich ein ganzer Stentor regeneriert, wenn es nur ein Bruchstück des Kernes miterhalten hat, spricht stark dafür, daß wenigstens in diesem und ähnlichen Fällen der Besitz der gesamten ererbten Mneme einer noch kleineren biologischen Einheit zukommt, als sie uns in dem Element der Zelle entgegentritt.

Auf die Frage, ob innerhalb jeder Zelle die engraphische Veränderung sich vorwiegend oder ausschließlich in der Substanz des Kernes und seiner Äquivalente lokalisiert, ob wir also die Kernsubstanzen als Träger der Engramme aufzufassen haben, wofür eine Reihe von bedeutsamen Tatsachen spricht, will ich hier nicht näher eingehen, weil ich sie noch nicht für völlig spruchreif halte.

Als gesichertes Resultat unserer bisherigen Betrachtungen können wir vorläufig folgendes hinstellen. Erstens: Die gesamte ererbte Mneme ist bei Beginn jeder sexuell eingeführten Individualitätsphase im Rahmen einer Zelle bzw. einer Spore enthalten. Höchstwahrscheinlich ist das Element der Zelle (oder vielleicht auch nur des Kernes dieser Zelle) noch nicht die kleinste Einheit, die die gesamte ererbte Mneme zu umschließen imstande ist.

Jene kleinste Einheit, deren nähere Umgrenzung, ob Zelle, ob subordinierte morphologische Einheit, wir zukünftiger Forschung überlassen, wollen wir, lediglich um den Begriff nicht immer durch längere Ausführungen umschreiben zu müssen, als mnemisches Protomer bezeichnen.

Als zweites Resultat hat sich uns ergeben: Im späteren Verlauf einer Individualitätsphase, d. h. wenn das pflanzliche oder tierische Individuum mehr- oder vielzellig geworden ist, zeigen aus beliebigen Teilen der Organismen entnommene Ausschnitte sich in zahlreichen Fällen im Besitz der gesamten ererbten Mneme. Auch in diesen Fällen sind wir vorläufig noch nicht imstande, die kleinsten mnemischen Einheiten oder Protomere, d. h. die Minimalausschnitte von reizbarer Substanz, die sich noch im Besitz der gesamten ererbten Mneme zeigen, morphologisch zu umgrenzen. Wir können bei diesen Versuchen auf nicht zu kleine organische Partikel heruntergehen, weil solche beliebige Ausschnitte der doppelten Aufgabe, den Lebenshaushalt weiterzuführen und die Extraausgabe der Regeneration zu leisten, sehr viel ungünstiger gegenüberstehen als die diesen Aufgaben angepaßten Keimzellen. Wir sind deshalb noch nicht einmal imstande, die Frage zu beantworten, ob unter Umständen ein einzelliger Ausschnitt eines ausgebildeten vielzelligen Organismus genügt, das Ganze zu regenerieren, also ob er die gesamte ererbte Mneme besitzt. Im Anfang der Keimesentwicklung, speziell während der Furchung der tierischen Keimzellen läßt sich dieser Nachweis nun bekanntlich in vielen Fällen führen. Ich gehe indessen an dieser Stelle auf die mit der Einschränkung und Nichteinschränkung der Regenerationsfähigkeit verknüpften Fragen nicht näher ein, sondern warte mit dieser Erörterung, bis wir weiter in unserer Untersuchung vorgeschritten sind, vor allem bis wir über das Wesen der mnemischen Homophonie und die Wirksamkeit der mnemischen Prozesse bei der Ontogenese näher orientiert sind. Im elften Kapitel des dritten Teils werden wir an den hier fallen gelassenen Faden wieder anknüpfen und vor allem zu untersuchen haben, ob die häufig mit Fortschreiten der Ontogenese zunehmende Einschränkung der Regenerationsfähigkeit doch für eine gewisse Lokalisation der ererbten Mneme spricht.

Graduelle Lokalisation der individuell erworbenen Engramme.

Wenn wir am Schlusse unserer bisherigen Ausführungen die Frage, ob jede Zelle oder besser jedes mnemische Protomer des sich entwickelnden wie des fertigen Organismus im Besitz der gesamten ererbten Mneme sei, vorläufig noch offen gelassen haben, so können wir unser jetziges Thema mit der Erklärung beginnen, daß sicherlich nicht jede Zelle oder jedes mnemische Protomer derjenigen Individuen, die wir in hervorragendem Maße zum individuellen Erwerbe von Mneme befähigt finden, im Vollbesitz der gesamten individuellen Mneme des ganzen Organismus ist.

Wir können dies deshalb mit solcher Bestimmtheit behaupten, weil wir ausnahmslos beobachten, daß die Keimzellen eines Organismus, welche sich ja stets im Vollbesitz derjenigen Mneme befinden, die der Organismus von seinen Vorfahren ererbt hat, von der Mneme, die er im individuellen Leben erworben hat, nichts oder doch nur verschwindend wenig in der nächsten Individualitätsphase manifest werden lassen. Weder Vater noch Mutter sind imstande, in manifestationsfähiger Stärke die Fülle der zahllosen Engramme, die ihr Organismus vom ersten Atemzug an in sich aufgenommen hat, auf ihre Nachkommen zu übertragen, oder alle die vielen Fertigkeiten, die sie im Laufe ihres Daseins erlernt haben, ihren Kindern mitzugeben. In einem früheren Kapitel (S. 73, 80) haben wir nun aber gesehen, daß die Übertragung individuell erworbener Engramme von der einen Generation auf die andere sich allerdings in einigen günstigen Fällen nachweisen läßt, besonders, wenn es sich um in verschiedenen Generationen wiederholte Eindrücke handelt. Unendlich viel häufiger sind wir aber nicht imstande, eine derartige Übertragung mit den uns zu Gebote stehenden Beobachtungsmitteln zu konstatieren, und aus beiden Tatsachenreihen zusammengenommen ergibt sich die Wahrscheinlichkeit einer zwar vorhandenen, aber in außerordentlicher Abschwächung wirkenden Übertragung von individuell erworbenen Engrammen auf die reizbare Substanz der Keimzellen und durch diese auf die Nachkommen.

Ganz besonders stark ist diese Differenz in der engraphischen Wirkung eines Reizes auf verschiedene Teile desselben Organismus, wenn wir bei höheren Wirbeltieren die Wirkung einmaliger, rasch vorübergehender, schwacher Reize auf die nervös differenzierte reizbare Substanz mit der Wirkung derselben Reize auf die reizbare Substanz der Keimzellen vergleichen. Da könnte es wohl den Anschein haben, als ob die engraphische Wirkung solcher Reize auf die reizbare Substanz der Keimzellen einfach gleich Null sei. Da aber andere Reize, so der komplexe Insolationsreiz beim Hühnermais, die thermischen Reize bei Schmetterlingen, nachweisbar engraphisch auf die reizbare Substanz der Keimzellen wirken, so haben wir keinesfalls das Recht, aus den negativen Ergebnissen anderer Versuche ohne weiteres die Abwesenheit jeder engraphischen Wirkung zu folgern.

Wir lassen aber diese Frage vorderhand beiseite und konstatieren zunächst nur die Grundtatsache: die reizbare Substanz der Keimzellen befindet sich zwar im Vollbesitz der ererbten Mneme eines Organismus und ist imstande, diese Mneme so auf ihre Teilungsprodukte, d. h. den sich entwickelnden und voll ausgebildeten Organismus, zu übertragen, daß sie in allen zugehörigen Reaktionen ungeschwächt zutage tritt; sie besitzt aber von der individuell erworbenen Mneme des Organismus verschwindend wenig, so daß in ihren Teilungsprodukten, d. h. dem sich entwickelnden und ausgebildeten Organismus, nahezu nichts von der erworbenen Mneme des elterlichen Organismus zutage tritt.

Gibt es nun abgesehen von der mangelnden oder doch jedenfalls stark abgeschwächten Übertragung der individuellen Mneme auf die reizbare Substanz der Keimzellen noch andere Tatsachen, die für eine lokal verschiedene Verteilung der individuell erworbenen Engramme auf die reizbare Substanz der Organismen sprechen? Es ist natürlich, daß wir uns zur Entscheidung dieser Frage an diejenigen Organismen wenden, die besonders befähigt sind, Reize engraphisch auf sich einwirken zu lassen und die dadurch bedingte Zustandsänderung durch Reaktionen zu manifestieren. Es sind dies in erster Linie die höheren Wirbeltiere, in der höchsten Steigerung der Mensch. In zweiter Linie auch manche Insekten, besonders eine Anzahl von Hymenopteren (Bienen, Wespen und Ameisen) und endlich auch einige Cephalopoden. Eine zirkumskripte Lokalisation der individuell erworbenen Engramme oder, wie die Physiologen oder Psychologen sich in diesem Falle meist auszudrücken pflegen, der »Erinnerungsbilder« wurde bisher von der Mehrzahl der Forscher als erwiesen angenommen und für den Menschen und die höheren Wirbeltiere in die Großhirnrinde verlegt. Die Haupttatsache, auf die sich diese Anschauung gründet, besteht in der immer aufs neue zu machenden Beobachtung, daß bei allen Krankheiten des »Gedächtnisses«, die uns in mannigfachen Formen beim Menschen entgegentreten, als einzige konstante körperliche Veränderung eine Herderkrankung oder ein sonstiger zirkumskripter Insult oder ein mehr diffuser Degenerationsprozeß der Großhirnrinde nachweisbar zu sein pflegt. Ja, wir sind wenigstens in einem Falle imstande, noch genauer zu lokalisieren, und können mit größter Bestimmtheit vorhersagen, daß, wenn sich ein rechtshändiger Mensch plötzlich der Erinnerung an einen großen Teil seines Wortschatzes beraubt zeigt (amnestische Aphasie), eine Läsion seines Großhirns in der Gegend der linken Insel mit den anstoßenden Partien des Stirn- und Schläfenlappens stattgefunden hat.

Die Hirnphysiologen und -pathologen gehen zum Teil noch erheblich weiter in einer Lokalisation der Erinnerungsbilder. Sie lokalisieren die optischen Erinnerungsbilder an einer bestimmten Stelle hinter der Fissura parietooccipitalis. Je in einem besonderen Felde befindet sich in konsequenter Weiterbildung dieser Auffassung der Speicher der Erinnerungsbilder von Landschaften, von Personen, von Zahlen und von Schriftzeichen. Ja schließlich hat jedes Buchstaben-, jedes Zahlzeichen, jeder einmalige Gesichtseindruck sein besonderes »Erinnerungsfeld« oder Schubfach, das man sich dann am bequemsten in Gestalt einer Zelle vorstellt. In ähnlichem Sinne wird das Zentrum für die akustischen Erinnerungsbilder, und zwar speziell für die Erinnerung an den Klang der Worte, in den ersten linken Temporallappen (3. und 4. Fünftel desselben) verlegt. Auch hier wieder stellt man sich die Zelle wie ein Schubfach vor, das die Erinnerung an den Klang eines bestimmten Wortes aufbewahrt. Geht diese spezielle Zelle zugrunde, so ist auch die Erinnerung an dieses spezielle Wort verloren. Eine weitere Konsequenz dieser ganzen Anschauung ist, daß man aus der Zahl der Großhirnzellen einen direkten Schluß auf die Zahl der Erinnerungsbilder machen zu können glaubt, deren der menschlische Organismus fähig ist.

Eine derartige Anschauungsweise hat von seiten ausgezeichneter Gehirnphysiologen allerdings auch lebhaften Widerspruch gefunden, und vor allem Goltz und seine Schüler haben besonders durch experimentelle Beobachtung ein Tatsachenmaterial zusammengebracht, das meiner Ansicht nach das Beharren auf den Anschauungen einer derartigen naiven Lokalisationslehre demjenigen, der ohne Voreingenommenheit an diese Fragen herantritt, unmöglich macht. Auch das eingehendere Studium der amnestischen Aphasie, wie es vor allem durch Rieger in seiner erschöpfenden Analyse eines besonders lehrreichen Falles angebahnt ist, hat Resultate geliefert, die den landläufigen Vorstellungen über Lokalisation wenig günstig sind und Rieger zu einer vollständigen Ablehnung solcher »mythologischer Betrachtungsweisen[1]« veranlaßt haben. Und doch waren es die klinischen und anatomischen Befunde gerade bei der Aphasie, die zuerst auf die Lokalisation der mnemischen Phänomene geführt hatten und immer als Paradebeispiele dieser Lehre gegolten haben.

Wir befinden uns also in dem Dilemma, die landläufige Lokalisationslehre[2], die sich jedes einzelne Engramm in einer Zelle oder in einem Zellkomplex des Großhirns wie in einem besonderen Schubfach verwahrt denkt, auf das entschiedenste ablehnen zu müssen, andererseits aber zu dem Zugeständnis

[1] Als solche charakterisiert Rieger eine Charcotsche Auslassung, die mit dem Satze beginnt: »Man muß mit Notwendigkeit daraus folgern, daß diese verschiedenen Erinnerungsvermögen in ganz bestimmten Gegenden des Hirns ihren Sitz haben«. Rieger, Beschreibung der Intelligenzstörungen infolge einer Hirnverletzung. Verhandlungen d. Physik.-med. Gesellschaft zu Würzburg. Bd. 22, 23. 1889, 1890.

[2] Ob man dabei annimmt, die Zentren, in denen man sich die Erinnerungsbilder lokalisiert denkt, fielen mit den »Sinneszentren« räumlich zusammen oder seien von ihnen geschieden, ist für die Beurteilung der orthodoxen Lokalisationslehre als solcher ohne Bedeutung.

gezwungen zu sein, daß im menschlichen Organismus ein besonderes Abhängigkeitsverhältnis besteht zwischen räumlich abgrenzbaren Teilen der Großhirnrinde und dem Vorhandensein oder vielleicht richtiger der Möglichkeit der Ekphorie von gewissen individuell erworbenen Engrammen. Letzteres Zugeständnis bedeutet aber doch immerhin die Anerkennung einer gewissen Lokalisation, wenngleich es nicht eine Lokalisation zu sein braucht, die in jeder Nervenzelle einer bestimmten Hirnregion ein Schubfach für ein besonderes Engramm erblickt.

Wir haben bei allen unsern bisherigen Untersuchungen vorausgeschickt und immer wieder betont, daß wir von dem innersten Wesen des Erregungsvorgangs ebensowenig eine Vorstellung haben können, die mehr wäre als ein trügerisches Gleichnis, wie über das Wesen irgendeines andern energetischen Vorgangs. Wir können aber unter Verzicht auf ein Eindringen in das Wesen der Erregung sehr wohl die Gesetze ihres Auftretens und Verschwindens, ihrer Fortleitung und ihrer Nachwirkungen feststellen oder, wenn man will, beschreiben. Und da ergibt sich sofort die für die uns jetzt beschäftigenden Fragen sehr wichtige Tatsache, daß der Erregungsvorgang den Organismus, am ausgeprägtesten den höheren, mit einem wohldifferenzierten Nervensystem ausgestatteten Organismus, nicht diffus, sondern auf dem Wege bestimmter, im ganzen gut isolierter Bahnen durchläuft. (Daß eine solche Erregung höchstwahrscheinlich kein einheitlicher Vorgang ist, sondern auf seinem Wege durch den Organismus regionär wechselnde Modalitäten besitzt, ist höchst wahrscheinlich, entzieht sich aber vorläufig jeder genaueren Analyse.)

Wir sehen also schon hierdurch den originalen Erregungsvorgang in gewisser Weise lokalisiert, und da die engraphische

Veränderung der reizbaren Substanz ein unmittelbares Produkt des synchronen Erregungszustandes ist, so ist eine gewisse Lokalisation der individuell erworbenen Engramme innerhalb der reizbaren Substanz eines Organismus von vornherein gegeben. Wäre die Isolation der einzelnen Bahnen, in denen die Erregungen verlaufen, eine vollkommene, so würden wir auch vollkommen scharfe Lokalisationen erwarten dürfen. Viele Erfahrungen lehren uns aber, daß die Isolation der Leitung zwar eine den funktionellen Bedürfnissen entsprechende, aber keineswegs absolute ist. Bei »Leitung« denke ich nicht etwa bloß an die Teilstrecken, die durch Nervenfasern repräsentiert werden, sondern an den ganzen Weg, den die synchrone Erregung von ihrem Auftreten bis zu ihrem Erlöschen zurücklegt, mag dieselbe durch Nervenzellen, -fasern oder -grau oder andere Formen von reizbarer Substanz führen. Ich bezeichne die ganze dabei von der Erregung durchlaufene Strecke von reizbarer Substanz als den primären Eigenbezirk einer bestimmten Erregung.

Auf ein Übergreifen der Erregung über die für gewöhnlich innegehaltenen Grenzen des Eigenbezirks hinaus hat man sogenannte Reflexkrämpfe zu deuten, die entweder bei erhöhter Irritabilität des Zentralnervensystems (Strychninvergiftung, Tetanus, Hydrophobie) durch gewöhnliche sensible Reize ausgelöst werden können oder auch bei normaler Irritabilität der Nerven durch Intensitätssteigerung der Reize. Man bezeichnet diese Krämpfe auch als ungeordnete Reflexe, eine nicht sehr glückliche Bezeichnung, denn wie Pflüger gezeigt hat, folgt das Übergreifen der Erregung im Zentralorgan einer durchaus bestimmten Ordnung. Zunächst manifestiert es sich in einer Kontraktion der Muskeln, deren motorische Nerven im Rückenmark auf derselben Seite und im gleichen Niveau entspringen wie diejenigen, die allein bei gewöhnlichem Reflex auf die Reizung einer bestimmten Hautstelle durch Zusammenziehung geantwortet hätten. Erst bei weiterer Ausdehnung des Übergreifens werden auch Nervenkomplexe der andern Seite ergriffen, aber stets nur solche, die symmetrisch sind mit ergriffenen Nerven der primären Seite, und nie stärker als diese. Weiterhin werden auch Nervenkomplexe anderer Niveaus affiziert, und zwar nach der Medulla oblongata hin fortschreitend.

In einem ganz ähnlichen Verhältnis wie die Reflexkrämpfe zu den gewöhnlichen Reflexen stehen manche der sogenannten »Mitbewegungen« zu den automatischen Bewegungen. Während es z. B. keine Mühe kostet, bei ruhigen Bewegungen des einen Arms den andern ruhig zu halten, so muß dies bei heftigen Bewegungen, wie man sich bei Beobachtung der studentischen Fechtübungen, besonders beim Hiebfechten überzeugen kann, von dem Anfänger erst allmählich gelernt werden, falls er den unbeschäftigten Arm frei herabhängen läßt und ihn nicht durch Anklammern an der Kleidung fixiert. Ein Mensch, dessen Irritabilität durch gewisse Einwirkungen (Affekte, Intoxikationen) erhöht worden ist, macht aber solche Mitbewegungen selbst bei schwachen Innervationen, bewegt z. B. den linken Arm auch bei schwachen Bewegungen des rechten Armes mit. Auch sonst läßt sich bei den automatischen Bewegungen für das Übergreifen der Erregung im allgemeinen die Geltung der für die Reflexkrämpfe angeführten Regeln nachweisen.

In der sensibeln Sphäre beruhen die sogenannten Irradiationen optischer und sensibler Erregungen ebenfalls auf einem Übergreifen der Erregung über ihren primären Eigenbezirk hinaus. Für eine besonders unvollkommene Isolation der Leitung spricht es, wenn bei Berührung des äußeren Gehörganges nahe dem Trommelfell ein Kitzel im Kehlkopf empfunden wird. (Bekanntlich werden beide Regionen von Vagusfasern versorgt.)

Wir sehen aus allen diesen Beispielen, daß die Isolierung aller nervöser Leitungen nur eine durchaus relative und von einer absoluten weit entfernte ist. Eine relative Isolierung findet ja insofern statt, als bei schwächeren Reizen und bei nicht gesteigerter Irritabilität das Übergreifen der Erregung über den Eigenbezirk hinaus nicht *manifest* wird. Sie wird es aber sofort bei Verstärkung des Reizes oder bei Steigerung der Irritabilität, und hieraus ist zu schließen, daß das Nichtmanifestwerden durchaus nicht mit einem Nichtvorhandensein identisch ist.

Es liegt überhaupt im Wesen des Erregungsvorganges, daß er erst eine gewisse Stärke (Schwellenwert) erreicht haben muß, ehe er sich durch Reaktionen für uns manifestiert. Die Erfahrungen bei der Reizsummation (vgl. S. 32, 33) lehren uns, daß ein äußerst schwacher Reiz sehr wohl Erregung hervorrufen kann, ohne daß die letztere sich für uns in einer Reaktion zu manifestieren braucht.

Die Erregung also, deren Wirkungskreis zwar in der Regel auf einen bestimmten, mit dem Reiz wechselnden primären Eigenbezirk beschränkt erscheint — wie das geschieht, ist besonders im Hinblick auf die graue Substanz, die nicht im entferntesten mit den Isoliervorrichtungen der weißen Substanz und peripherer Nerven ausgestattet ist, ganz unbekannt —, läßt den Rest der reizbaren Substanz des Organismus keineswegs unberührt, sondern verteilt sich zunächst über direkt anschließende, von dort über entlegenere Linien der den ganzen Körper durchziehenden reizbaren Substanz. Wie uns die Beobachtungen bei Reflexkrämpfen, bei gewissen Mitbewegungen und bei sensibeln Irradiationen belehren, erfolgt auch dieses Fortwirken der Erregung über ihren natürlich von Fall zu Fall verschiedenen primären Eigenbezirk hinaus in ganz bestimmten Bahnen unter fortdauernder Abschwächung der Erregung, und zwar ist die Abschwächung um so größer, je weiter sich die auf Nebenleitungen abströmende Erregung von ihrem primären Eigenbezirk entfernt. So setzt sich schließlich die Erregung auf die gesamte[1] reizbare Substanz des Organismus fort, in kontinuierlich abnehmender Stärke freilich, aber doch so, daß wohl auch die von dem Eigenbezirk der betreffenden Erregung am weitesten abliegenden oder mit ihr nur ganz indirekt verbundenen Teile der reizbaren Substanz von einem verklingenden Nachhall berührt werden können. Warum wir letztere Annahme machen müssen, wird weiter unten noch näher auseinandergesetzt werden.

Wir haben jetzt die Basis gewonnen, auf der sich ein Verständnis der mnemischen Lokalisationsphänomene gewinnen läßt, und vergegenwärtigen uns noch einmal die beiden Grundvoraussetzungen, die das Zustandekommen einer gewissen mnemischen Lokalisation innerhalb des Organismus bedingen.

Erste Voraussetzung ist natürlich die engraphische Wirkung der Erregung, d. h. die eigentümliche Veränderung, die nach Ablauf einer synchronen Reizwirkung in der reizbaren Substanz zurückbleibt. Der engraphische Effekt steht dabei in einem bestimmten Verhältnis zur Stärke der synchronen Erregung. Sehr schwache Erregungen hinterlassen scheinbar keine engraphischen Effekte. Aber nur scheinbar. Denn

[1] Bezüglich einer etwaigen Einschränkung vgl. Anmerkung S. 154.

da bei häufiger Wiederholung solcher schwacher Erregungen eine engraphische Wirkung manifest werden kann, ist bewiesen, daß jeder einzelne Faktor für sich nicht engraphisch wirkungslos gewesen ist.

Als zweite Voraussetzung hat sich uns ergeben, daß jede Originalerregung innerhalb eines höher differenzierten Organismus, speziell bei einem Wirbeltier mit hoch differenziertem Nervensystem, nicht die ganze reizbare Substanz dieses Organismus gleichmäßig beeinflußt, sondern seine größte Stärke in einem Ausschnitt derselben hat, den wir als den primären Eigenbezirk dieser Erregung bezeichnet haben. Von dort strahlt sie mit immer abnehmender Intensität, bestimmten Bahnen folgend, in immer entferntere Bezirke der reizbaren Substanz aus, wahrscheinlich auch die entferntesten noch als verklingender Nachhall berührend, und vielleicht nur von solchen ganz ausgeschlossen, die durch allzu spezifizierte Ausbildung für die betreffende Erregung sekundär unzugänglich gemacht sind.

Aus diesen beiden Voraussetzungen ergibt sich, daß jede im Organismus vor sich gehende Erregung jede Zelle oder besser jedes mnemische Protomer — mit der eben als möglich zugegebenen Ausnahme — engraphisch beeinflussen wird, aber entsprechend der Lage dieses Protomers innerhalb des Organismus in verschieden starker Weise. Ein Protomer, das in jenen Gebieten liegt, die die Eigenbezirke der Geschmackserregungen umfassen, wird von den eigentlichen Geschmacksreizen, die den Organismus treffen, sehr stark, von andersgearteten Reizen dagegen nur viel schwächer engraphisch beeinflußt werden[1].

[1] Natürlich ist Vorbedingung für diese Auffassung, daß man keine Gleichartigkeit des Erregungsprozesses in allen Nervenfasern voraus-

Wenn also in einem bestimmten Augenblick nicht ein einziger Reiz, sondern, wie das unter natürlichen Bedingungen fast immer der Fall ist, ein ganzer Komplex von an sich schon komplexen photischen, akustischen, sensibeln usw. Reizen auf den Organismus einwirkt, wird dieser Simultankomplex von Reizen zwar als solcher jede Zelle oder jedes mnemische Protomer (betreffs Einschränkungen vgl. die Anmerkung) beeinflussen, aber entsprechend der Topographie jedes einzelnen Protomers in sehr verschiedenem Grade.

Um dies noch anschaulicher zu machen, möchte ich mich eines Vergleichs bedienen. Ich betone dabei aber ausdrücklich, daß, wenn ich hier ausnahmsweise einmal die phono-

setzt, sondern die Möglichkeit qualitativ verschiedener Erregungszustände derselben Zelle und der aus ihr entspringenden Faser zugibt. Dazu aber ist man, wie Hering in seiner klassischen Abhandlung zur Theorie der Nerventätigkeit (Leipzig 1899) gezeigt hat, nicht bloß berechtigt, sondern geradezu genötigt. Hering nimmt gleichzeitig an, die Fähigheit, qualitativ verschiedene Erregungszustände durchzumachen, sei durch eine gewisse a n g e b o r e n e Spezifikation mehr oder weniger aller, besonders aber der Sinnesneurone, beschränkt, die sie verhindert, auf allzu heterogene Reize anzuklingen und mit allzu heterogenen Erregungen mitzuklingen (spezifische Energie). Dann wird also bei einem Erregungsvorgang in einem höheren Organismus immer ein gewisser, dieser Erregung spezifisch allzu entrückter Teil der reizbaren Substanz nicht mitklingen, also auch nicht engraphisch beeinflußt werden, und es wird nur der spezifisch prädisponierte und der überhaupt nicht ausgesprochen spezialisierte Rest der reizbaren Substanz synchron miterregt und engraphisch beeinflußt werden. Die Entscheidung, in welchem Umfange wir genötigt sind, diese Einschränkung zu machen, möchte ich einer späteren Untersuchung vorbehalten. Jedenfalls aber dürfen wir die Annahme einer angeborenen spezifischen Beschränkung der Resonanz der Neuronen nur insoweit durchführen, als sie den Spielraum des Anklingens für jedes Neuron nicht zu sehr einengen. Sonst kommen wir wieder auf die von Hering so erfolgreich bekämpfte Auffassung, daß der Erregungsprozeß in einer und derselben Faser immer qualitativ derselbe und nur nach Intensität und zeitlichem Verlauf verschieden sei.

graphische Reproduktion heranziehe, ich damit keine, auch nicht die entfernteste Analogie zwischen der Entstehung einer engraphischen Veränderung der organischen Substanz mit dem Zustandekommen eines Phonogramms andeuten will. Meiner Ansicht nach verhält sich ein organisches Engramm zu einem Phonogramm, wie ein Pferd, das einen Wagen zieht, zu einer Lokomotive, die das auch tut. Die Leistung kann unter Umständen eine gewisse Ähnlichkeit haben, die Mittel, durch die sie zustande kommt, sind fundamental verschieden. Wie es aber deshalb nichts Unstatthaftes hat, die Arbeitsleistung einer Maschine mit der eines Pferdes zu vergleichen, kann ich wohl auch, ohne Mißverständnisse befürchten zu müssen, die topographischen Eigentümlichkeiten der Wirkung komplexer Einflüsse auf organische Substanz an den topographischen Eigentümlichkeiten der Wirkung komplexer akustischer Einflüsse auf Phonographen anschaulich machen.

Denken wir uns in einem Opernhaus von der gewöhnlichen Bauart während des Spiels eines großen Orchesters eine größere Anzahl von möglichst gleichartigen Phonographen an verschiedenen Stellen des Parketts und der Ränge und Logen, ferner auf und hinter der Bühne, endlich im Orchesterraum zwischen den Sitzen der Orchestermitglieder verteilt. Läßt man nun nach Aufhören des Orchesterspiels die einzelnen Phonographen ihre Phonogramme reproduzieren, so wird sich ergeben, daß die Reproduktionen der einzelnen so ähnlichen Apparate keineswegs übereinstimmen. Nicht nur wird sich je nach dem Standort eine größere Deutlichkeit und Kraft der Gesamtwiedergabe unterscheiden lassen. Unter den Apparaten, die im Orchesterraum selbst verteilt gewesen sind, werden die, die in der Nähe der Bässe gestanden haben, die Leistungen dieser Stimmen mit solcher Macht wiedergeben, daß alle andern Stimmen dagegen ganz zurücktreten. Ebenso werden die Phonographen, die zwischen den Celli verteilt gewesen sind, durch ihre Reproduktion den Eindruck erwecken, die Celli hätten während der Vorführung immer die führenden Stimmen gehabt, und seien von den andern Instrumenten nur ganz pianissimo begleitet worden.

So himmelweit verschieden nun allerdings das Wesen der mnemischen Aufnahme und Wiedergabe von dem Wesen der phonographischen ist, so ist die Resultante zwischen Placierung und Aufnahme der komplexen Einflüsse bei Phonograph und mnemischem Protomer eine sehr ähnliche. Natürlich handelt es sich für das letztere nicht allein um die Einwirkung durch akustische Einflüsse, sondern auch durch photische, thermische, elektrische, kurz allen möglichen Energiearten angehörige Reizkomplexe.

Ein mnemisches Protomer nimmt naturgemäß nur von denjenigen Erregungen eines simultanen Engrammkomplexes kräftige Engramme in sich auf, in deren primärem Eigenbezirk es liegt. Von allen andern Erregungen, die gleichzeitig im Organismus vor sich gehen, empfängt es nur mehr oder weniger abgeschwächte Beiklänge und kann sie auch nur in dieser Abschwächung engraphisch aufbewahren.

Innerhalb des Eigenbezirks einer Erregung ist übrigens höchstwahrscheinlich die Intensität dieser Erregung regional ebenfalls recht verschieden. Bestimmte Daten darüber lassen sich aber zur Zeit noch nicht geben. Wenn wir wohl berechtigt sind, zu sagen, der Eigenbezirk einer bestimmten optischen Erregung dehne sich aus über Retina, Sehnerven, Chiasma, äußere Kniehöcker und Thalamus, obere Vierhügel nebst Verbindungen zu den Augenmuskelnerven, endlich bestimmte Rindenbezirke des Okzipitallappens des Großhirns, und dazu noch vieles addieren, was uns als in die engere Sehsphäre fallend zurzeit noch unbekannt ist, so haben wir zur Beantwortung der Frage, ob innerhalb dieses Eigenbezirks quantitative oder qualitative Verschiedenheiten des betreffenden Erregungsvorgangs angenommen werden dürfen oder müssen, nur sehr wenige tatsächliche Handhaben. Ich will nun nicht so vorgehen, daß ich aus einzelnen Beobachtungstatsachen die Wahrscheinlichkeit von lokalen Intensitätsdifferenzen einer Erregung innerhalb ihres Eigenbezirks nachzuweisen suche, sondern will gleich von einer bestimmten Annahme ausgehen und zeigen, daß bei ihrer Zugrundelegung die einschlägigen Beobachtungen eine vollkommene Erklärung finden.

Wenn wir die Annahme machen, daß die Intensität einer Erregung innerhalb ihres Eigenbezirks jedesmal in der reizbaren Substanz der Großhirnrinde ihr Maximum erreiche, so finden durch diese Annahme ganze Gruppen von Tatsachen eine neue Beleuchtung.

Unter Zugrundelegung der Auffassung, daß sich die Großhirnrinde in der Wirbeltierreihe allmählich zu einer Art von »Multiplikator« der Erregungen entwickelt hat, verstehen wir die Sonderstellung, die sie nach den Erfahrungen der vergleichenden Anatomie und vergleichenden Physiologie ebensowohl als der Pathologie in folgenden Beziehungen einnimmt:

1. Zum Bewußtsein oder, besser ausgedrückt, zum Oberbewußtsein. Nur die Erregungen, die in die Großhirnrinde eingetreten sind und dort ihre maximale Intensität erreicht haben, gelangen in das Oberbewußtsein.

2. Zur individuell erworbenen Mneme. In der Großhirnrinde, wo die Erregungen innerhalb ihres Eigenbezirks ihre maximale Intensität erreichen, hinterlassen sie auch die deutlichsten und am leichtesten ekphorierbaren Engramme.

Da also die Erregungen aus einem Sinnesgebiet entsprechend der aus den zugehörigen Sinnesorganen zuführenden Leitung in einer bestimmten Region der Großhirnrinde ihr Intensitätsmaximum erreichen, befinden sich in dieser Region auch die präzisesten Engramme aus diesem Sinnesgebiet. Entfernter[1] von dieser Region zeigen sich diese Engramme mehr und mehr abgeschwächt, während die Engramme aus andern Sinnesgebieten an Bestimmtheit zunehmen, ähnlich den Phonographen, die im Orchesterraum in der Nähe der Celli nur die Cellostimmen deutlich, die Stimmen der andern Instrumente bloß als schwache Beiklänge aufgenommen hatten.

Unsere Annahme erklärt auch durchaus das Verhältnis, das wir bei vergleichender Betrachtung der Wirbeltierreihe zwischen Entfaltung der Großhirnrinde einerseits, Zunahme der Aufnahmefähigkeit für Reize und der engraphischen Fixierung der Erregungen andererseits finden. Von der Vervollkommnung der letzteren beiden Faktoren ist im wesentlichen das bedingt, was wir als Zunahme der Intelligenz zu bezeichnen pflegen.

Auch die Art und Weise der Lokalisation der Engramme im Großhirn, wie sie sich als ein Postulat der soeben entwickelten Anschauungen ergibt, und die ich eine graduelle im Gegensatz zu der bisher meist angenommenen exklusiven

[1] »Entfernt« hier natürlich nicht im Sinne der Luftlinie, sondern im Sinne der Leitung, also des von der Erregung zurückzulegenden Weges.

bezeichnen möchte, harmoniert vorzüglich mit dem Bilde, das sich uns aus der empfangenen Würdigung des Tatsachenmaterials der Hirnpathologie ergibt. Dies des näheren zu beweisen, würde jedoch zu weit führen und sei der Zukunft überlassen. Ich möchte aber darauf hinweisen, daß nur bei der Annahme einer derartigen graduellen Lokalisation erklärlich erscheint, daß eine Partie der Großhirnrinde für die andere vikariierend eintreten kann, daß beim Hunde sogar eine ganze Hemisphäre fast symptomlos ausgeschaltet werden kann, und daß bei den Kaltblütern, besonders den Anamniern, in deren Biologie der individuelle Erwerb von Engrammen und deren Verwertung noch mehr zurücktritt, sogar das ganze Großhirn ohne sehr hervortretende Ausfälle entfernt werden kann. Wo aber in der Biologie der Tiere der individuelle Erwerb von Engrammen und deren Verwertung eine so große Rolle spielt wie bei den Warmblütern, und zwar in einer ihrer Großhirnentwicklung entsprechenden Proportion, da führt auch der völlige Verlust dieses »Multiplikators« der Erregungen und demzufolge Festhalters selbst flüchtiger Eindrücke zu einer je höher in der Reihe aufwärts um so merklicheren Schädigung der Persönlichkeit, wie die großhirnlosen Tauben und Falken Schraders[1], der Goltzsche[2] großhirnlose Hund beweisen.

Daß aber auch bei Warmblütern das individuell erworbene Gedächtnis zwar vorwiegend, aber keineswegs ausschließlich im Großhirn lokalisiert ist, wird ebenfalls durch jene großhirnlosen Tauben, Falken und Hunde bewiesen, die nach der

[1] M. E. G. Schrader, Zur Physiologie des Vogelhirns. Pflügers Archiv, Bd. 44, 1889.

[2] F. Goltz, Der Hund ohne Großhirn. Pflügers Archiv, Bd. 51, 1892.

Operation ihre Artgenossen, Pfleger, Feinde nicht mehr wiedererkennen, obwohl sie sie noch sehr gut sehen und hören können, die aber noch sehr wohl zu fliegen und zu laufen verstehen. Da letztere Fähigkeiten ihnen keineswegs angeboren sind, so haben wir sie als Reaktionen zu betrachten, die das Vorhandensein von individuell erworbenen Engrammen auch bei Abwesenheit des Großhirns beweisen.

In den letzterwähnten Fällen sind die individuell erworbenen Engramme, deren Ekphorie sich in den komplizierten Reaktionen des Fliegens und Laufens manifestiert, infolge der häufigen Wiederholung dieses Erregungskomplexes in subkortikalen Teilen des Zentralnervensystems mit hinreichender Schärfe fixiert, um auch bei Abwesenheit des Großhirns ekphoriert werden zu können und die zugehörigen Reaktionen zu liefern.

Die Frage, ob Erregungen von der Körperoberfläche zentripetal zum Zentralnervensystem, von dort aus zentrifugal über die gesamte reizbare Substanz des Individuums, auch die nicht nervös differenzierte, mit hinreichender Kraft fortgeleitet werden können, um selbst noch in den äußersten Endstationen Engramme zu liefern, die — eventuell durch häufige Wiederholung summiert — Manifestationsfähigkeit erreichen, ist eine sehr schwierige. Das beste Versuchs- und Beobachtungsobjekt werden für diese Frage wohl immer die Keimzellen sein. Nun läßt sich nach den schon erwähnten Experimenten von Fischer (s. S. 80) zwar nachweislich die reizbare Substanz der Keimzellen durch Reize engraphisch beeinflussen. Da bei den betreffenden Experimenten der Reiz aber in intermittierender Abkühlung der Organismen bestand, ist nicht auszuschließen, er habe d i r e k t auf die reizbare Substanz der Keimzellen, nicht erst durch Vermittlung irgendeiner nervösen oder sonstigen Reizleitung von der Körperoberfläche her gewirkt. Folglich sind diese Fälle nicht beweisend dafür, ob die Erregung bei ihrer Fortleitung auf dem Nervenwege bis zu den Keimzellen zu sehr abgeschwächt wird, um noch auf die reizbare Substanz der Keimzellen eine erkennbare engraphische Wirkung zu üben.

Ein experimenteller absolut zwingender Beweis für die engraphische Beeinflussung der Keimzellen auf dem Wege der indirekten Reizübertragung durch das Nervensystem liegt, soweit meine Kenntnisse reichen, zur Zeit noch nicht vor. Wohl aber gibt es eine große Anzahl indirekter Gründe, die uns zu dieser Annahme nötigen. Wenn wir überhaupt die Fähigkeit der Keimzellen, aus der Einzelzelle den komplizierten elterlichen Organismus zu reproduzieren, als mnemische auffassen, eine Auffassung, deren Berechtigung zu erweisen eine der Hauptaufgaben des vorliegenden Buches ist, und die noch in den folgenden Kapiteln weiter begründet werden soll, dann ist folgendes eine unabweisliche Konsequenz dieser Auffassung: Der einzige Weg, auf dem im ausgebildeten Organismus die Übertragung eines individuell erworbenen, zusammengesetzten Engrammkomplexes, dessen zugehörige Reaktion in einem komplizierten nervösen Reflex oder einer Gruppe von solchen Reflexen besteht, auf die Keimzellen erfolgen kann, führt vom Eigenbezirk der betreffenden Erregungen über immer weitere Bezirke des Nervensystems zu der reizbaren Substanz der Keimzellen. Freilich ist dabei die Abschwächung der Erregung auf diesem Wege zu groß, als daß selbst bei häufiger Wiederholung in einer einzigen Generation schon wirksame Engramme auf die Keimzellen übertragen werden könnten. Aus diesem Grunde sehen wir uns genötigt, mit dem Unterrichten unserer Kinder in Leibes- und Geistesübungen, mit der Dressur unserer Pferde und Hunde bei jeder neuen Generation immer wieder von neuem zu beginnen. Aber die engraphische Reizsummation, die sowohl durch die häufige Wiederholung bestimmter Erregungen im Leben jedes Individuums, als auch durch die Wiederholung dieser Wiederholung in der Folge der Generationen bedingt ist, macht sich doch allmählich geltend.

Zur Untersuchung solcher Einwirkungen bieten sich uns als geeignete Objekte die Jungen unserer domestizierten Tiere im Vergleich mit den Jungen von deren nicht domestizierten Artgenossen. Wenn wir auch, wie schon erwähnt, mit der Dressur im allgemeinen in jeder Generation neu beginnen müssen, zeigen sich doch gewisse unzweideutige Veränderungen in den Instinkten an domestizierten und nicht domestizierten Neugeborenen. Diese Unterschiede würden für die Summation der engraphisch wirksamen Ausstrahlung der Erregung vom Nervensystem auf die Keimzellen beweisender sein, wenn sich in allen Fällen diese engraphische Wirkung von der Wirkung der von den Menschen bewußt oder unbewußt geübten Zuchtwahl mit Sicherheit trennen ließe. So kann der angeborene Instinkt des festen Vorstehens vor Flugwild bei Vorstehhunden guter Rasse ebensogut als Produkt von lange geübter Zuchtwahl wie als ein Beweis für die Vererbung individuell erworbener, auf dem Nervenwege auf die Keimzellen übertragener Engramme angesehen werden. Ich könnte sogar sehr triftige Gründe dafür anführen, daß gerade in diesem Falle der Einfluß einer längere Zeit fortgesetzten Zuchtwahl der ausschlaggebende gewesen ist. Ähnlich verhält es sich mit der angeborenen Neigung zum Apportieren, die wir bei manchen Hunderassen finden.

Wenn wir beim Vergleich der Neugeborenen von domestizierten Tieren mit den Neugeborenen ihrer nicht domestizierten Artgenossen wohl ausnahmslos die Beobachtung machen, daß die ersteren viel leichter zähmbar sind und sich vor allen Dingen auch beim Heranwachsen und beim Eintritt der Geschlechtsreife und Brunst nicht der Obhut der Menschen zu entziehen suchen, so ist auch bei der Entstehung dieses anthropophilen Instinkts die Mitwirkung der Zuchtwahl, die dauernd den Ausschluß menschenflüchtiger Individuen von der Domestikation bewirkte, nicht auszuschließen. Mag dies aber immerhin für unsere Haushühner, die domestizierten Abkömmlinge des Gallus bankiva, oder unsere Haustauben, die domestizierten Abkömmlinge der Columba livia, gelten, von andern Haustieren, deren Artzugehörigkeit zu wilden Vertretern weniger sicher bekannt ist, ganz zu schweigen: beim zahmen Kaninchen aber, einem Tiere, das fast durchweg in strenger Gefangenschaft gehalten wird, ist nicht einzusehen, daß die Zuchtwahl auf die Veränderung dieses Instinkts in erheblicher Weise mitgewirkt hat. Darwin selbst, bei dem wir doch nicht die Neigung erwarten dürfen, die Wirksamkeit der Zuchtwahl herabzusetzen, sagt darüber[1]: »Kaum ist in der Regel ein Tier schwerer zu zähmen als das Junge des wilden Kaninchens, und kaum ein Tier zahmer als das Junge des zahmen Kaninchens; und doch kann ich kaum glauben, daß die Hauskaninchen nur der Zahmheit wegen gezüchtet worden sind, vielmehr haben wir wenigstens zum größeren Teile die erbliche Veränderung von äußerster Wildheit bis zu äußerster Zahmheit der Gewohnheit und lange fortgesetzten engen Gefangenschaft zuzuschreiben.« Noch beweisender aber für die behauptete erblich engraphische Wir-

[1] Ch. Darwin, The Origin of Species. London, John Murray 1897. S. 196.

kung der Gewohnheit als solche nachweisbaren Instinktänderungen bei domestizierten Tieren scheint mir das bloße Vorhandensein gewisser erblicher Engramme in solchen Fällen zu sein, in denen sich Zuchtwahl meinem Dafürhalten nach mit Sicherheit ausschließen läßt. Ich erinnere vor allem an den oben (S. 91) berichteten, von H. T. Charbonnier beobachteten Fall, in dem eine von klein auf in der Gefangenschaft aufgezogene Elster, als ihr Schnabel zum ersten Male mit Wasser in Berührung kam, sofort alle Zeremonien eines elaborierten Vogelbades durchnahm: Tauchen des Kopfes, Flattern mit Flügeln und Schwanz, Sichniederducken und -spreizen; und zwar geschah dies alles außerhalb des Näpfchens, dessen Wasser nur die Schnabeloberfläche genetzt und den ekphorischen Reiz für das Manifestwerden dieser ererbten Engrammkomplexe gegeben hatte. In diesem Fall, der übrigens durch ganz ähnliche Beobachtungen von C. Lloyd Morgan[1] an jungen Hähern bekräftigt und allgemeingültig gemacht wird, ist die Wirksamkeit von Zuchtwahl meiner Ansicht nach mit Sicherheit auszuschließen. Nichts aber widerstrebt seiner Deutung als Ausstrahlung einer Erregung über ihren nervösen Eigenbezirk hinaus auf das ganze Nervensystem und von dort bis in die reizbare Substanz der Keimzellen; die zunächst nur ganz schwache engraphische Wirkung daselbst summiert sich durch häufige Wiederholung bei jedem Individuum während vieler Generationen.

Ich gebe ohne weiteres zu, daß für diese Frage ein experimenteller Beweis, wie es der Standfuß-Fischersche für die erbliche engraphische Beeinflussung der Keimzellen durch direkt wirkende Temperaturreize ist, von noch viel zwingenderer

[1] C. Lloyd Morgan, Habit and Instinct. London, New York 1896.

Beweiskraft sein würde, als die bisher angeführten. Fischer[1] selbst hat in seinen höchst anregenden weiteren Untersuchungen über die Vererbung erworbener Eigenschaften zwar eine große Reihe interessanter Beobachtungen beigebracht, die sich im Sinne der von mir vertretenen Anschauungen verwerten lassen, und die Fischer auch zu Auffassungen geführt haben, die manche Berührungspunkte mit den meinigen haben, wenn auch im ganzen unsere Gedankengänge verschiedene sind. Da es sich dabei aber auch um keine experimentellen Beweise handelt, und da als nicht experimenteller Beweis die Anführung des Vogelbades im Trocknen auf den ekphorischen Reiz der Schnabelbenetzung hin meiner Meinung nach vollkommen genügt, gehe ich nicht weiter auf die Fischerschen Beispiele ein, die mir dem Skeptizismus eine größere Angriffsfläche zu bieten scheinen, als das von mir herangezogene. Ich zweifle nicht, daß auch auf experimentellem Wege eine engraphische Beeinflussung der Keimzellen durch Erregungen, die ihnen auf dem indirekten Wege über das Nervensystem mitgeteilt werden, zu demonstrieren sein wird, wie es für die direktere Beeinflussung durch Temperaturreize bereits geschehen ist[2].

Als Endresultat unserer Untersuchungen über die Lokalisation einerseits der erblich übertragenen, andererseits der individuell erworbenen Engramme innerhalb des Organismus

[1] E. Fischer, Weitere Untersuchungen über die Vererbung erworbener Eigenschaften. Allgem. Zeitschr. f. Entomologie, Bd. 7, 1902.

[2] Sicher auf indirektem Wege und höchstwahrscheinlich durch Vermittlung des Nervensystems erfolgt die erbliche Veränderung der Disposition, vom Wasserleben zum Landleben überzugehen, bei den Deszendenten der Axolotl, an denen Frl. v. Chauvin (Zeitschr. f. wiss. Zool. 1885) experimentiert hat. Näheres über diesen Fall vgl. unten im 12. Kapitel.

ergibt sich folgendes: Die Tatsachen der Regeneration und der experimentell beeinflußten Embryologie lehren uns, daß jede Zelle oder, besser noch, jedes mnemische Protomer eines sich entwickelnden sowie eines ausgebildeten Organismus sich im Besitz der gesamten ererbten Mneme, das heißt aller derjenigen Engramme befindet, die der Organismus als Ganzes von seinen Vorfahren ererbt hat. Natürlich ist damit nicht gegeben, daß jedes Teilstück oder mnemische Protomer imstande ist, jedes dieser erblichen Engramme jederzeit zur Ekphorie kommen zu lassen (d. h. jederzeit den zugehörigen Erregungszustand zu reproduzieren). Dazu ist der Eintritt einer ganz bestimmten energetischen Situation erforderlich.

Die engraphischen Einwirkungen, die den Organismus in seinem individuellen Leben treffen, wirken zwar auf jedes einzige Protomer des Körpers, aber sie wirken je nach der Art, wie der Reiz in den Organismus eintritt und wie sich die Erregung in diesem fortpflanzt, in verschiedener Stärke auf die verschiedenen Protomere entsprechend der topographischen Verteilung derselben. Die ausgeprägtesten Unterschiede in der lokal verschiedenen Beeinflussung der Protomere desselben Individuums ergeben sich dabei bei Organismen mit einem hochdifferenzierten Nervensystem, von dem gewisse Abschnitte bei Wirbeltieren, Insekten, Cephalopoden zu einer Art »Multiplikator« der Erregungen werden können. In diesen Regionen werden die Protomere auch besonders stark engraphisch beeinflußt. Wie sich auf dieser Basis die bei höheren Wirbeltieren und dem Menschen beobachteten mnemischen Lokalisationsphänomene erklären, ist oben ausführlicher auseinandergesetzt worden. Wir kommen zu dem Schlußergebnis, daß jedes Protomer des

Körpers in Besitz auch der meisten im individuellen Leben vom Organismus aufgenommenen Engramme gelangt, aber je nach seiner topographischen Lage die eine Gruppe von Engrammen stärker, die andere schwächer aufnimmt, als es die in andern Regionen des Körpers gelegenen Protomere tun. Besonders durch ihre Lage bevorzugt erweisen sich die Protomere, die bei den höheren Wirbeltieren in der Großhirnrinde gelegen sind. Auf mehr indirektem Wege können wir aus verschiedenen Tatsachen der vergleichenden Anatomie und Physiologie schließen, daß die Protomere der Rindenschicht des oberen Schlundganglions bei Insekten (besonders Hymenopteren) und der Rindenschicht der Zerebralganglien der Cephalopoden eine ähnliche bevorzugte Lage innehaben. Eine einmalige Erregung kann bei Protomeren, die sozusagen im jeweiligen Brennpunkt dieser Kondensoren liegen, schon ein kräftiges Engramm erzeugen. Ganz außerhalb dieser Brennpunkte liegt die reizbare Substanz der Keimzellen. Gerade die nervösen Erregungen gelangen nur auf vielerlei Umwegen und sehr stark abgeschwächt bis zu ihnen. Häufige Wiederholung im individuellen Leben und Wiederholung dieser Wiederholung in der Folge der Generationen ist aber imstande, schließlich aus dieser zunächst subliminalen engraphischen Wirkung supraliminale, d. h. manifestationsfähige erbliche Engramme zu erzeugen. Durch direktere Einwirkungen auf die Keimzellen (z. B. durch Einwirkung von Abkühlung bei Schmetterlingspuppen) können supraliminale erbliche Engramme sehr viel leichter, d. h. ohne die summierende Wirkung der häufigen Wiederholungen, erzeugt werden.

Meiner Ansicht nach stehen mit den so von uns gewonnenen Anschauungen über die Lokalisation der individuell erworbenen Engramme und über die Art, wie dieselben den Keimzellen mitgeteilt werden können, sowohl alle die zahlreichen Tatsachen der Hirnphysiologie und Hirnpathologie als auch alle die Erfahrungen in vollem Einklang, die über das Erblichwerden von erworbenen Eigenschaften gemacht worden sind. Im Plane der vorliegenden Arbeit liegt es aber, bloß dem mnemischen Lokalisationsproblem gegenüber einen Standpunkt zu gewinnen, der alle Seiten des Gebiets beherrscht. Dies ist uns, wie ich glaube, gelungen. Von diesem Standpunkt aus das ungeheure Tatsachenmaterial der zerebralen Lokalisation sowie der Vererbungsphänomene im einzelnen zu analysieren, würde zu einer zu großen Belastung des vorliegenden Buches führen. Da ich aber eine Durchführung dieser Aufgabe auf der von uns gewonnenen Basis für möglich halte, hoffe ich Gelegenheit zu haben, in einer späteren Arbeit ausführlicher darauf zurückzukommen.

Sechstes Kapitel.

Die Ekphorie der Engramme.

Unter Ekphorie eines Engramms verstehen wir die Versetzung eines Engramms aus seinem latenten in seinen manifesten Zustand oder, anders ausgedrückt, die Aktivierung einer Erregungsdisposition, die als bleibende, aber für gewöhnlich latente Veränderung im Organismus zurückgeblieben ist. Das manifest gewordene Engramm oder die Erregung, die sich auf dem Boden jener Erregungsdisposition entwickelt, haben wir als mnemische Erregung bezeichnet. Wir haben keinerlei Grund, anzunehmen, daß sich die mnemische Erregung als solche in ihrem Wesen von ihrer Vorläuferin und Vorarbeiterin, der Originalerregung, unterscheidet. Außer dem Umstand, daß die mnemische Erregung zu ihrem Zustandekommen überhaupt des Vorangehens der Originalerregung bedarf, zwischen beiden also das Verhältnis einer einseitigen, nicht reziproken Determinierung besteht, unterscheiden sich beide durch das, was zu ihrer Auslösung erforderlich ist.

Der originale Erregungskomplex wird ausgelöst und aufrechterhalten durch die mit der Erregung synchrone Einwirkung eines Reizkomplexes, den wir als originalen Reizkomplex bezeichnen. Der entsprechende mnemische Erregungkomplex bedarf zu seiner Auslösung und Aufrechterhaltung nicht der Wiederkehr dieses Reizkomplexes, sondern nur eines meist viel kleineren Anstoßes, den wir als den ekphorischen bezeichnet haben.

Derselbe besteht:

entweder in der Wiederkehr des originalen Erregungskomplexes, der engraphisch gewirkt hat, oder eines Bruchteils desselben; in letzterem Falle sprechen wir von einer Ekphorie auf dem Wege der simultanen Assoziation;

oder in der Wiederkehr und dem Ablauf eines originalen Erregungskomplexes, der dem engraphischen unmittelbar vorausging, oder eines Bruchteils desselben: Ekphorie auf dem Wege des sukzedenten Assoziation.

In deutlicher Weise werden diese Unterschiede in der Auslösung der originalen und der mnemischen Abläufe durch das folgende Schema illustriert, das zuerst einen originalen, dann (S. 172) einen entsprechenden mnemischen Ablauf in den drei Phasen *e*, *f* und *g* wiedergibt.

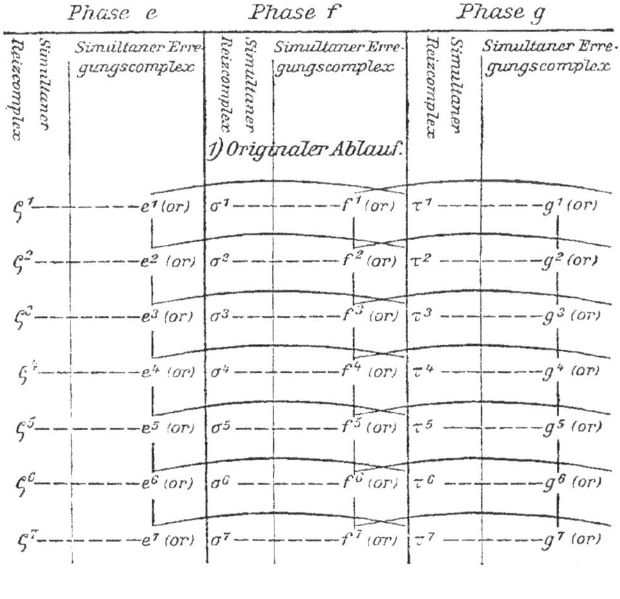

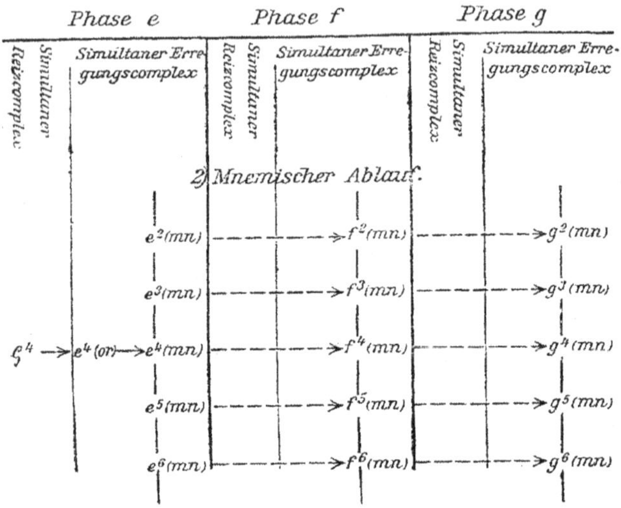

Bei dem originalen Ablauf löst in der Phase e der Reizkomplex ϱ^{1-7} den originalen Erregungskomplex e^{1-7} (or) aus; in der Phase f der Reizkomplex σ^{1-7} den originalen Erregungskomplex f^{1-7} (or); in der Phase g der Reizkomplex τ^{1-7} den originalen Erregungskomplex g^{1-7} (or). Nun nehmen wir an, daß von den drei sukzedenten Erregungskomplexen e^{1-7} (or), f^{1-7} (or), g^{1-7} (or) die Komponenten mit gleichen Vorzeichen wie e^1, f^1, g^1 oder e^2, f^2, g^2 oder e^3, f^3, g^3 usw. innigere Beziehungen zueinander haben, wie die mit ungleichen, also etwa e^1 zu f^2 oder f^4 zu g^5. Dann werden, wie wir S. 120 gesehen haben, die von den gleich vorgezeichneten Komponenten erzeugten Engramme fester untereinander assoziiert, d. h. wirken bei der Aktivierung stärker sukzedent ekphorisch aufeinander als die ungleich vorgezeichneten. Dies ist im Schema für den originalen Ablauf durch die horizontalen gebogenen

Bindungslinien angedeutet, während die Entstehung der simultanen Assoziation durch die vertikalen geraden Bindungslinien zum Ausdruck gebracht ist. Man könnte vielleicht die Anbringung dieser Verbindungslinien bei den Originalerregungen beanstanden und sagen, daß die Anwesenheit solcher Bindungen von uns bisher nur für die von den Originalerregungen erzeugten Engramme bewiesen worden sei.

Die Engramme sind indessen lediglich und ohne jede sonstige Zutat die Produkte der Originalerregungen, und deshalb sind auch die Eigentümlichkeiten ihrer Bindungen auf die entsprechenden Eigenschaften ihrer Erzeuger: der Originalerregungen zurückzuführen. Die Richtigkeit dieses logischen Schlusses findet durch die Beobachtung unmittelbare Bestätigung. Am deutlichsten ergibt die introspektive Methode die engere Bindung der originalen sukzedierenden Komponenten in genau derselben Weise, wie sie später bei Ekphorie der entsprechenden Engrammkomplexe zutage tritt. So nehmen wir z. B. bei Anhörung eines Musikstücks durch unmittelbaren Bewußtseinsvorgang die engere Bindung der sukzedierenden Erregungen innerhalb der einzelnen Stimmen wahr, oder bei melodramatischer Vorführung die engere Bindung der Worte einerseits, der Musik andererseits, oder endlich beim Anblick zweier gleichzeitig, aber getrennt voneinander tanzender Figuren die engere Bindung der Bewegungen der einen und der Bewegungen der andern Figur.

Nach Ablauf jeder einzelnen originalen Simultanphase verschwindet der betreffende Erregungskomplex, bzw. er tritt, soweit er engraphisch gewirkt hat, in ein Latenzstadium. Sind alle drei Phasen abgelaufen, so sind, wenn wir eine stärkere engraphische Wirkung aller Komponenten voraussetzen, folgende drei Engrammkomplexe in folgender Anordnung und Bindung zurückgeblieben:

Simultaner Engrammkomplex e	Simultaner Engrammkomplex f	Simultaner Engrammkomplex g
e^1 (engr.) — —	— — f^1 (engr.) — —	— — g^1 (engr.)
e^2 » — —	— — f^2 » — —	— — g^2 »
e^3 » — —	— — f^3 » — —	— — g^3 »
e^4 » — —	— — f^4 » — —	— — g^4 »
e^5 » — —	— — f^5 » — —	— — g^5 »
e^6 » — —	— — f^6 » — —	— — g^6 »
e^7 » — —	— — f^7 » — —	— — g^7 »

Ekphoriert werden können diese drei sukzedent assoziierten Engrammkomplexe vom Simultankomplex e aus durch Auftreten der originalen Erregungen e^{1-7} (or) oder eines Einzelkomponenten dieses Komplexes. Wir haben in unserem Schema S. 172 die Einzelkomponente e^4 (or) gewählt, und diese ihrerseits durch die Reizkomponente ϱ^4 ausgelöst sein lassen. Man könnte fragen, warum ich nicht einfach sage, die Ekphorie erfolge durch den Reiz ϱ^4. Die von mir gewählte Ausdrucksweise hat folgenden Grund. Wie die sukzedente Ekphorie (im Schema z. B. in Phase f und g) lehrt, bedarf es zur Aktivierung einer mnemischen Erregung gar nicht der Originalreize, auch nicht eines Bruchteils derselben, sondern bloß der den Reizen entsprechenden Erregungen. Bei der simultanen Ekphorie, wie ich sie im Schema des mnemischen Ablaufs in Phase e zum Ausdruck gebracht habe, ist jedenfalls, wie noch im nächsten Kapitel bei Besprechung der mnemischen Homophonie auseinandergesetzt werden wird, nach Eintritt des Reizes ϱ^4 nicht nur die mnemische Erregung e^4 (mn), sondern neben ihr und unvermischt mit ihr die Originalerregung e^4 (or) nachweisbar. Wir sind in Anbetracht des Umstandes, daß die Engramme e^2, e^3, e^5, e^6, f^{2-6} und g^{2-6} nicht durch die originalen Reizkomponenten, sondern durch die von diesen ausgelösten Erregungen ekphoriert werden, durchaus berechtigt, anzunehmen, daß auch das Engramm e^4 (engr) nicht direkt durch den Reiz ϱ^4, sondern durch die von diesem ausgelöste Originalerregung e^4 (or) ekphoriert wird.

Der im Schema S. 172 eingetragene mnemische Ablauf ist also folgender. Der Reiz ϱ^4 löst die Originalerregung e^4 (or) aus. Der Eintritt dieser Erregung wirkt ekphorisch zunächst auf das Engramm e^4 (engr) und aktiviert es zu der mnemischen Erregung e^4 (mn). Das Auftreten der Erregung e^4 wirkt aber weiter ekphorisch auf alle oder einen Teil der mit dem Engramm e^4 simultan assoziierten Engramme. Wir haben im Schema nur angenommen, daß er ekphorisch nur auf einen Teil, nämlich die Engramme e^2, e^3, e^5 und e^6, nicht aber auf e^1 und e^7 wirkt. An die Ekphorie des Teilkomplexes e^{2-6} schließt sich dann durch sukzedente Assoziation in der im Schema angedeuteten Weise die Ekphorie der Teilkomplexe f^{2-6} und g^{2-6}. Beim mnemischen Ablauf hat also in unserm Falle die Auslösung der Originalerregung e^4 durch den Reiz ϱ^4 dieselbe oder nahezu dieselbe Wirkung gehabt wie beim originalen Ablauf das Zusammenwirken der Reize ϱ^{2-6}, σ^{2-6}, τ^{2-6}.

In unsern bisherigen Ausführungen haben wir immer entweder von Wiederkehr eines Reizkomplexes oder von Wiederkehr eines Erregungskomplexes gesprochen. Ein Reizkomplex ist ein Komplex energetischer Vorgänge bestimmten

Charakters. Was die Erregungen anlangt, so wissen wir von ihrem Wesen wenig genug, das eine aber sicher, daß sie ihrerseits energetische Vorgänge sind, die sich innerhalb der organischen Substanz abspielen. In dem Ausdruck »energetische Situation« haben wir also einen passenden Ausdruck, um den Inbegriff der in einem gegebenen Moment auf einen Organismus einwirkenden Reize und der in ihm vor sich gehenden Erregungen zusammenzufassen.

Wenn wir uns also allgemein ausdrücken wollen, was in manchen Fällen von entschiedenem Vorteil ist, so kommen wir zu folgender Fassung der ekphorischen Wirkung:

1. Ekphorisch auf dem Wege der Simultanassoziation wirkt auf einen Engrammkomplex die Wiederkehr derjenigen energetischen Situation, die engraphisch gewirkt hat, oder eines Bruchteils derselben.

2. Ekphorisch auf dem Wege der sukzedenten Assoziation wirkt auf einen Engrammkomplex die vollkommene oder teilweise Wiederkehr der energetischen Situation, die derjenigen, die engraphisch gewirkt hat, unmittelbar voranging.

Wir haben nun zunächst noch eine besondere Eigentümlichkeit der Ekphorie zu erörtern, auf die in unserem Schema S. 172 beim mnemischen Ablauf bereits Rücksicht genommen worden ist. Die Wiederkehr eines Bruchteils derjenigen energetischen Situation, die engraphisch gewirkt hat, kann den ganzen oder doch den größten Teil des entsprechenden simultanen Engrammkomplexes ekphorieren, sie braucht es aber nicht zu tun. Tatsächlich ekphoriert sie sogar fast immer nur Bruchstücke, die zwar die ekphorisch wirkende Erregung an Menge der Komponenten weit übertreffen können, sich aber doch so gut wie nie auf alle Komponenten des Engrammkomplexes erstrecken. In unserem Schema ist dies so ausgedrückt, daß die durch ϱ^4 ausgelöste Originalerregung e^4 (or) zwar die mnemischen Erregungen e^{2-6} (mn) ekphoriert, aber nicht mehr die Fähigkeit hat, auch die Engramme e^1 (mn) und e^7 (mn) mit zu ekphorieren. Um ein Beispiel anzuführen, greife ich auf den im Kapitel über die Entstehung der Engramme (S. 115) erwähnten Fall zurück. Eine bestimmte, durch den Duft von siedendem Olivenöl ausgelöste Geruchserregung ekphoriert mit Sicherheit bei mir das assoziierte Engramm: Bild Capris von einem bestimmten Punkte Neapels aus gesehen. Dagegen vermochte diese Erregung nicht andere Teile des zugehörigen Simultankomplexes, z. B. das Engramm der Leierkastenmelodie, zu ekphorieren. Diese Ekphorie war nur dadurch möglich, daß mir die Melodie später wieder einmal vorgespielt wurde. Um in der Sprache unseres Schemas zu reden, war, wenn e^1 (mn) das Engramm des einleitenden Akkordes jenes Leierkastenliedes vorstellt, die Ekphorie dieses Engramms nur durch Wiederkehr der Originalerregung e^1 (or) möglich.

Wir können uns leicht überzeugen, daß dasjenige, was wir bei uns selbst und unseren Mitmenschen als gutes Gedächtnis bezeichnen, nur zum Teil auf der Leichtigkeit und Dauerhaftigkeit beruht, mit welcher die Reize auf den Organismus engraphisch wirken.

Fast ebenso wichtig als der Besitz zahlreicher und gut fixierter Engramme ist die leichte Ekphorierbarkeit derselben auf dem Wege der simultanen und sukzedenten Assoziation in all ihren mannigfachen Abarten und Kombinationen. Durch sie ist eine weit ausgiebigere Inbetriebnahme der Engramme ermöglicht, als wenn die Ekphorie bloß durch die Wiederkehr des Originalreizes, der früher zur Erzeugung dieses Engramms gedient hat, zu erzielen ist. Letzterem Fall entspricht das Vorspielen der Melodie, auf die man sich nicht besinnen kann, oder das Vorsagen des Wortes, das dem »Gedächtnisschwachen« nicht einfallen will. Erkennt er es auch dann nicht wieder[1], so liegt die Vermutung nahe, daß es überhaupt nicht engraphisch fixiert worden ist. Ganz sicher ist dieser Schluß aber auch nicht, denn wenn im übrigen die energetische Situation sehr verändert ist, in Aufregungszuständen, bei Intoxikationen, bei manchen vorübergehenden Amnesien genügt auch die Wiederkehr des Originalreizes noch nicht zur Ekphorie des zugehörigen Engramms. Das heißt: der Aufgeregte, Betrunkene, Geistesgestörte vermag nicht, ihm sonst wohlbekannte Dinge wiederzuerkennen. Sehr lehrreich sind in dieser Beziehung die sogenannten periodischen Amnesien, unter denen die Fälle von Bildung zweier selbständiger Gedächtnisse oder »doppelter Persönlichkeit« für uns besonders wichtig sind.

Ich zitiere hier den berühmten Fall von Macnish (Philosophy of Sleep) nach Ribot[2].

»Eine junge Amerikanerin verlor nach einem langen Schlafe die Erinnerung von allem, was sie gelernt hatte. Sie konnte weder buchstabieren, noch lesen, nicht schreiben, noch rechnen und erkannte auch die Gegenstände und Personen ihrer Umgebung nicht mehr. Einige Monate darauf fiel sie wieder in einen tiefen Schlaf, und als sie erwachte, war sie wieder im Besitz all ihrer Kenntnisse und Jugenderinnerungen, befand sich überhaupt so, wie sie vor ihrem ersten Schlaf gewesen war, hatte dagegen nun alle Vorfälle während ihres

[1] Auf die Reaktion des »Wiedererkennens« gehe ich erst im nächsten Kapitel näher ein.

[2] Th. Ribot, Das Gedächtnis und seine Störungen. Deutsche Übersetzung. Hamburg und Leipzig 1882.

ersten Anfalles vergessen. Vier Jahre und darüber ist sie abwechselnd von einem Zustand in den andern übergegangen, regelmäßig nach einem langen und tiefen Schlafe ... Von ihrer doppelten Persönlichkeit hat sie nicht das geringste Bewußtsein. In ihrem alten Zustand besitzt sie z. B. alle ihre ursprünglichen Kenntnisse, in dem neuen Zustand nur diejenigen, welche sie seit ihrer Krankheit hat erwerben können; im alten Zustand hat sie eine schöne Handschrift, im neuen schreibt sie schlecht und ungeschickt, da sie wenig Zeit zur Übung gehabt hat. Es genügt nicht, daß ihr Personen in einem der beiden Zustände vorgestellt sind; wenn sie dieselben hinlänglich kennen soll, so muß sie sie in beiden Zuständen gesehen haben. Dasselbe gilt für alle andern Sachen.«

Ganz ähnliche Zustände kommen bei manchen Fällen von Hysterie vor, und ein ähnliches »Alternieren des Gedächtnisses« beobachten wir bei Hypnotisierten, die sich der Vorgänge während einer Hypnose zwar nicht beim Wiedererwachen, wohl aber in der nächsten Hypnose zu erinnern vermögen. Auch durch Intoxikation, z. B. mit Alkohol, läßt sich unter Umständen eine energetische Situation schaffen, deren Engramme erst bei der nächsten Intoxikation, nicht im Zustande der Nüchternheit ekphorierbar sind. Sehr lehrreich ist in dieser Beziehung das von Ribot (a. a. O. S. 72) berichtete Beispiel von dem irischen Gepäckträger, der in der Betrunkenheit ein Paket verloren hatte, und sich erst während eines neuen Rausches zu erinnern vermochte, wo er es liegen gelassen hatte. In allen diesen Fällen ist im Zustande *b* (Zustand des Schlafes oder der pathologischen Störung oder der Hypnose oder der Intoxikation oder des Fiebers) eine vom Zustande *a* (Zustand des Wachseins, der Abwesenheit von Störungen, der Nüchternheit) so verschiedene energetische Situation geschaffen, daß die Ekphorie der im Zustande *a* erworbenen Engramme im Zustand *b* nur sehr lückenhaft, in ausgeprägten Fällen nur in bezug auf sehr leicht ekphorierbare Engramme gelingt und umgekehrt. Gut ekphorierbar pflegt dabei mit tief eingeprägt und häufig ekphoriert, weil von Jugend an in Gebrauch gewesen, gleichbedeutend zu sein.

Zu ganz ähnlichen Resultaten ist Ribot gekommen, der in bezug auf die periodischen Amnesien (a. a. O. S. 71) sagt: »In Summa, zwei physiologische Zustände bestimmen durch ihren Wechsel zwei Gemeingefühle, diese wieder bestimmen zwei Assoziationsformen und folglich zwei Gedächtnisse«.

Im allgemeinen werden wir nunmehr in bezug auf die simultane Ekphorie eines bestimmten Engramms wohl folgende Stufenleiter der ekphorisch wirkenden Einflüsse aufstellen dürfen:

1. Am stärksten ekphorisch wirkt die möglichst vollständige Wiederkehr der energetischen Situation, die sich bei der Erzeugung des Engramms vorfand.

2. Kehren nur Bruchteile dieser Situation wieder, so wirkt von diesen am stärksten ekphorisch die Wiederkehr der speziellen Originalerregung, die das betreffende Engramm erzeugt hat. Unter Umständen (bedeutende Änderung der sonstigen energetischen Situation) kann aber selbst diese Partialekphorie unwirksam bleiben.

3. Befindet sich diese Originalerregung nicht unter den wiederkehrenden Bruchstücken, so wirken von den übrigen simultan assoziierten Engrammen des gemeinsamen Komplexes nicht alle in gleicher Weise, sondern sie wirken in Abstufungen ekphorisch. Für diese Abstufungen vermag ich

bis jetzt eine allgemeine Formel nicht zu geben, sondern kann sie nur in jedem Einzelfalle empirisch bestimmen. Weitere Forschungen werden wahrscheinlich bald dazu führen, das Prinzip, nach dem sich diese Abstufungen bilden, zu durchschauen.

Auch die beiden besonderen Arten von Ekphorie, die wir bereits in unserer vorläufigen Orientierung kennen gelernt und mit den Namen chronogene und phasogene Ekphorie bezeichnet haben, sind im Grunde nur besondere Fälle, für die unsere allgemeine Definition des ekphorischen Einflusses ohne Einschränkung und Zusatz gilt.

In beiden Fällen wirkt die totale oder partielle Wiederkehr und der Ablauf einer bestimmten energetischen Situation ekphorisch, und zwar im Falle reiner chronogener wie reiner phasogener Ekphorie die Wiederkehr einer inneren energetischen Situation.

Chronogene Ekphorie beobachteten wir sowohl individuell erworbenen als auch ererbten Engrammen gegenüber in Wirksamkeit. Was individuell erworbene Engramme anlangt, so erinnere ich an die S. 57 erörterten Beispiele. Wenn wir gewohnt sind, täglich unsere erste Mahlzeit um 8 und unsere zweite um 1 Uhr einzunehmen, so verspüren wir in der Zwischenzeit keinen Hunger. Schieben wir aber aus irgendeinem Grunde einige Zeit lang um 11 eine Zwischenmahlzeit ein, so meldet sich, auch wenn wir mit ganz andern Dingen beschäftigt sind, bald regelmäßig und pünktlich um 11 Uhr ein aufdringlicher Appetit. Ebenso geht es uns mit unserem Schlafbedürfnis, wenn wir plötzlich anfangen, unser Tagewerk durch ein eingeschobenes Schlafstündchen zu unterbrechen; auch hier tritt nach einiger Zeit die Müdigkeit auf Grund rein chronogener Ekphorie auf. Als Beispiel der rein chronogenen Ekphorie eines ererbten Engramms haben wir das Öffnen und Zusammenfalten der Blätter bei Mimosen und Akazien in 12stündigem Turnus bei gleichbleibender Beleuchtung kennen gelernt; ebenso verhält es sich mit der Winterruhe unserer Buchen, kurz der Tages- und Jahresperiode vieler Pflanzen.

Die partielle Wiederkehr der inneren energetischen Situation erklärten wir uns in allen diesen Fällen mit dem Ablauf einer bestimmten Summe von Stoffwechselvorgängen, auf deren Zeitdauer, wie wir oben angeführt haben, die chronometrische Fähigkeit der Organismen beruht. Natürlich ist dieses Chronometer ebensowenig unfehlbar wie eine von Menschenhand gefertigte Uhr, und wird vorgehen oder nachgehen, sobald es gelingt durch äußere Einflüsse irgendwelcher Art das Tempo der betreffenden Stoffwechselabläufe zu verändern. Unter Umständen ist es aber sehr schwer auf dieses Tempo einzuwirken, wie z. B. das Verhalten der Buchen während ihrer Winterruhe beweist, deren Chronometer auch durch dauernde Erwärmung, die doch, wie man annehmen sollte, das Stoffwechseltempo beschleunigen müßte, nicht merklich zum Vorgehen zu bringen ist. Wahrscheinlich sind aber gerade die hier in Frage kommenden winterlichen Stoffwechselvorgänge von der Außentemperatur in hohem Grade unabhängig.

Auch phasogene Ekphorie ist im Grunde nichts anderes als der Wiedereintritt einer bestimmten inneren energetischen Situation, und zwar genügt gleichfalls, wie uns zahlreiche Tatsachen der experimentellen Entwicklungsgeschichte und der Statistik chronologischer Variationen (vgl. die von F. Keibel herausgegebenen Normentafeln) lehren, oft bloß der partielle Wiedereintritt derselben. Selbst so starke Alterationen der inneren energetischen Situation, wie sie z. B. durch die Rouxschen Anstichexperimente bei Froscheiern bedingt sind, beeinträchtigen nicht den ungestörten Ablauf der phasogenen Ekphorien mit der sich an sie anschließenden Wachstumsreaktion in der unverletzten Hälfte des sich entwickelnden Organismus. Da wir im folgenden Abschnitt auf die phasogene Ekphorie und ihre Besonderheiten noch ausführlich zurückkommen müssen, gehen wir an dieser Stelle, um Wiederholungen zu vermeiden, nicht näher auf diese Fragen ein.

Siebentes Kapitel.

Der mnemische Erregungszustand und die mnemische Homophonie.

Unter mnemischem Erregungszustand haben wir einen Erregungszustand verstanden, der die Wiederholung eines früheren originalen Erregungszustandes darstellt und zu seiner Hervorrufung nur eines Bruchteils derjenigen energetischen Situation bedarf, die zur Hervorrufung des originalen Erregungszustandes notwendig war. Der mnemische Erregungszustand folgt demnach zeitlich stets auf den originalen und verhält sich zu ihm wie eine Reproduktion zum Original. Er verhält sich dabei in den meisten Fällen wie eine abgeschwächte, nur die stärksten Lichter wiedergebende Reproduktion zum Original, und es bedarf eines besonders günstigen Zustandes des Individuums zur Zeit der Ekphorie, wenn der mnemische Erregungszustand dem originialen an Intensität gleichkommen oder ihn gar übertreffen soll.

Der mnemische Erregungszustand ist eine Wiederholung des originalen in allen seinen Wertverhältnissen, auch seinen zeitlichen. Dieser Grundsatz ergibt sich aus dem Studium mnemischer Sukzessionen, die, falls keine störenden Momente eingreifen, in genau demselben Rhythmus erfolgen wie die Sukzessionen der Originalerregungen, die engraphisch gewirkt haben.

Das Studium dieser Sukzessionen lehrt uns zunächst folgende wichtige Regel. Bei der sukzedenten Ekphorie wirkt nicht wie bei der simultanen der bloße Wiedereintritt einer Erregungsphase, sondern erst Wiedereintritt und voller Ablauf einer Erregungsphase ekphorisch auf einen Engrammkomplex. So erfolgt z. B. bei unsern Tänzen das Heben des einen Fußes nicht unmittelbar, nachdem der andere den Boden berührt hat, sondern erst, nachdem letzterer eine ganz bestimmte Zeit in dieser Stellung verweilt hat, die betreffende Erregungsphase also abgelaufen ist. Erst dann tritt die wirklich ekphorisch wirkende energetische Situation ein. Jener Ablauf aber entspricht genau dem Ablauf der ehemaligen Originalerregung. Hieraus ergibt sich, daß die mnemische Erregung, sofern sie als Glied einer Sukzession von mnemischen Erregungen auftritt, von vornherein zeitlich determiniert ist. Ihre Dauer ist durch die Dauer der vergangenen Originalerregung bestimmt, die ihrerseits in unmittelbarem Abhängigkeitsverhältnis von der Dauer des Originalreizes gestanden hat.

Die mnemische Erregung braucht nun nicht notwendig als Glied einer Sukzession aufzutreten, sondern kann, durch simultane Ekphorie ausgelöst, auch isoliert auftreten und, ohne sukzedent ekphorisch zu wirken, wieder erlöschen. Ich erinnere an das Bild einer Landschaft, das bei Wahrnehmung eines Ölgeruchs auftauchte und bald wieder verschwand, ohne notwendig immer in merklicher Weise eine Reihe weiterer mnemischer Erregungen auszulösen.

Ich glaube nun, daß auch in diesem Falle die mnemische Erregung von der Zeitdauer der Originalerregung in einem gewissen Abhängigkeitsverhältnis steht; denn der Umstand, daß sich an sie keine sukzedenten mnemischen Erregungen anschließen, ist doch nur mehr oder weniger ein Zufall, der durch verschiedenes bedingt sein kann: entweder dadurch, daß die späteren Engramme sehr viel weniger gut ausgeprägt sind als ihr ekphorierter Vorgänger, oder daß bei der Ekphorie neue Originalreize oder neuauftauchende Assoziationen den Ablauf der mnemischen Sukzession stören.

Derartige Störungen bewirken es auch, daß wir nur sehr selten längere Reihen von individuell erworbenen Engrammen durchlaufen, ohne, neuen synchronen Eindrücken folgend oder auf assoziative Seitenbahnen abgelenkt, abzuschweifen und immer wieder neue Reihen zu beginnen. Nur Sukzessionen von Tönen zu Melodien oder von Worten zu Gedichten, also gewisse Arten akustischer Reize, geben bei uns so fest verbundene Sukzessionen von Engrammen, daß bei ihrer Ekphorie das ungestörte Durchlaufen der ganzen Kette weit häufiger erfolgt als bei andern Arten von Engrammen.

Die erwähnten Störungen und Ablenkungen bewirken aber auch oft eine Abkürzung einer bestimmten mnemischen Erregung im Vergleich mit ihrer Originalerregung. Werden mnemische Erregungen retardiert, so findet die Retardation doch bei Sukzessionen von Erregungen so genau proportional für jedes Glied statt, daß stets der Rhythmus, in dem die Origninalerregungen aufeinander folgten, gewahrt bleibt.

Wenn wir oft eine mnemische Erregung beliebig lange als ununterbrochene Erregung festzuhalten meinen, so beruht dies wohl meistens auf einer Selbsttäuschung, und es handelt sich in Wirklichkeit um wiederholte Ekphorie desselben Engramms. Wenn z. B. ein Maler stundenlang ununterbrochen an einem Portrait malt, dessen Original ihm nicht leibhaftig vor Augen sitzt, sondern von ihm nur als ekphoriertes Engramm, als »Erinnerungsbild«, wahrgenommen wird, so ist offenbar dieses sein mnemisches Modell während der vielstündigen Arbeit nicht das Resultat einer einzigen, sondern einer vielfach wiederholten Ekphorie, die späterhin, nachdem seine Arbeit weiter fortgeschritten ist, von dieser selbst ausgeübt wird, und zwar um so leichter, je mehr sie dem Original, von dem der Originalreiz ausging, zu gleichen beginnt.

Hier kommen wir bereits auf ein äußerst häufig auftretendes Zusammentreffen, das die mnemischen Phänomene in eigentümlicher Weise beeinflußt und genauerer Analyse bedarf. Eine mnemische Erregung kann auftreten und ablaufen, ohne daß gleichzeitig der Originalreiz als Ganzes oder in irgendeinem Bruchteil wieder aufgetreten wäre. Dies geschieht immer dann, wenn die der Untersuchung unterzogene mnemische Erregung als ein zweites oder ntes Glied einer mnemischen Sukzession auftritt, und zwar einer Sukzession, bei der eine partielle Wiederkehr des Originalreizes nur in bezug auf das erste Glied der Reihe stattgefunden hat, während der Rest der Sukzession unter Abwesenheit der den Engrammen 2—n zugehörigen Originalreize abläuft (vgl. das Schema S. 172).

Dagegen ergibt sich bereits in diesen Fällen eine andere Kombination für das erste Glied der Engrammsukzession. Es wird simultan ekphoriert, und zwar durch totale oder partielle Wiederkehr des Originalreizes. Hierdurch sind in dem sehr häufigen Fall, daß der Originalreiz noch nach Eintritt der Ekphorie andauert, die Bedingungen für den gleichzeitigen Ablauf zweier Erregungen geschaffen: erstens der soeben ekphorierten mnemischen Erregung und zweitens einer dem neuen Originalreiz entsprechenden Originalerregung.

Wenn man nun auch das Vorhandensein dieser Bedingungen ohne weiteres zugeben muß, ist damit noch nicht bewiesen, daß bei dem Zusammenwirken beider Bedingungen jede ihre ungestörte selbständige Wirkung bewahrt. Ihre Wirkungen könnten zu einer einheitlichen Summe verschmelzen, sie könnten sich auch, sofern sie nicht ganz gleichartig sind, durch eine Art Interferenz teils schwächen, teils verstärken, aber dabei ein einheitliches Produkt liefern, sie könnten endlich zusammen nur denselben Effekt haben, als wenn jede einzeln für sich tätig wäre. An letzteres zu denken, liegt bei dem Auslösungscharakter der Reize den Erregungen gegenüber nahe. Manche Sprengmittel lassen sich sowohl durch Stoß als auch durch Feuer zur Explosion bringen. Wendet man beide Faktoren gleichzeitig an, so erhält man kein anderes Resultat, als wenn jeder allein gewirkt hätte.

Wie wir nun bei Untersuchung der originalen synchronen und der engraphischen Reizwirkung (S. 111—120) gesehen haben, liegt es schon an sich in der Natur der synchronen Reizwirkung auf organische Substanz, daß die aus verschiedenen Reizen resultierenden Erregungen sich nicht mischen, sondern selbständig nebeneinander bestehen und ablaufen. Nicht anders verhält sich aber der gleichzeitige Ablauf einer mnemischen und einer dieser verwandten, neuen Originalerregung.

Ohne weiteres können wir dies bei uns selbst durch Introspektion nachweisen, am deutlichsten in allen jenen äußerst zahlreichen Fällen, in denen der neue Originalreiz, der gleichzeitig mit der mnemischen Erregung einwirkt, nur ähnlich, aber nicht identisch ist mit dem früheren Originalreiz, der engraphisch gewirkt, den Boden für jene mnemische Erregung geschaffen hat. Die aus dieser Inkongruenz resultierenden Differenzen zwischen der mnemischen und der mit ihr gleichzeitigen neuen Originalerregung werden mit großer Schärfe, oft bis in die kleinsten Details von uns wahrgenommen. Erblicken wir eine uns bekannte Landschaft wieder, so reagieren wir auf kleine Veränderungen, die Abwesenheit eines mittlerweile abgeholzten Wäldchens, die Anwesenheit eines neuen Bauwerks mit großer Bestimmtheit. Ein guter Kapellmeister, der auswendig ein großes Orchesterwerk dirigiert, nimmt das Ausbleiben der einen Stimme, den zu frühen Einsatz einer andern, jede leichte Variante des Sängers, kurz jede Inkongruenz des mnemischen Prozesses mit dem gleichzeitig ablaufenden originalen mit erstaunlicher Schärfe wahr.

Für diesen Prozeß, bei dem mnemische Erregung und neue Originalerregung sozusagen zur Deckung gebracht wird und jede Inkongruenz eine Empfindungsreaktion erzeugt, weitere Beispiele aus den andern Sinnesgebieten vorzuführen, hat keinen Sinn. Dies sind Erfahrungen, die jeder täglich hundertfach an sich selbst macht. Unser ganzes Unterscheidungsvermögen beruht lediglich auf diesem Vorgang.

Aber selbst in dem Falle, daß die mnemische Erregung und die neue Originalerregung miteinander so übereinstimmen, daß keinerlei Unterschiedsreaktion auftritt, beweist eine andere Reaktion auf das unzweideutigste, daß beide Arten von Erregungen nebeneinander selbständig vorhanden sind und ablaufen, nicht etwa sich zu einem einheitlichen Ganzen summieren, also immer wie $f(a^1) + f(a^2)$ und nicht wie $f(2a)$. Diese andere Reaktion ist das Wiedererkennen. Im Fall vollkommener Übereinstimmung von mnemischer und neuer Originalerregung tritt sie rein, im Fall nicht vollkommener Übereinstimmung tritt sie gemischt mit der Reaktion des Unterschiedempfindens auf. Damit die Reaktion des Wiedererkennens bzw. Unterschiedempfindens als deutlicher Bewußtseinsvorgang eintritt, ist notwendig, daß die mnemische Erregung eine gewisse Intensität besitzt. Zwischen dem Gefühl beim ersten Auftritt einer Originalerregung, der unbestimmten Empfindung, etwas bereits Gesehenes wiederzusehen, wiederzuhören, wiederzufühlen bei schwacher mnemischer Miterregung, und dem bestimmten Wiedererkennen bei starker gibt es unzählige Übergänge. Für die uns hier beschäftigenden Grundfragen ist es von geringer Bedeutung, ob die Reaktion des Wiedererkennens eine mehr oder weniger kräftige ist.

Den gleichzeitigen selbständigen Ablauf der mnemischen und der neuen Originalerregung haben wir demnach auf dem Wege der Introspektion durch zwei sehr charakteristische Reaktionen erkannt: die Reaktion des Wiedererkennens und die Reaktion des Unterschiedempfindens. Bei der wichtigen Rolle, den die Erscheinung dieses gleichzeitigen selbständigen Ablaufs der beiden Erregungen in der Biologie der Organismen spielt, ist es zweckmäßig, sie mit einem besonderen Namen zu benennen. Reifliche Überlegung hat mich dazu geführt, für diesen Vorgang des Zusammenklingens einer mnemischen und einer neuen Originalerregung die Bezeichnung »mnemische Homophonie« zu wählen. Natürlich ist dieser Ausdruck nur dann buchstäblich zutreffend, wenn die Erregungen der akustischen Sphäre angehören. Für alle andern Erregungen, optische, sensible, olfaktorische usw. ist sie nur im übertragenen Sinne anwendbar. Aber eine Metapher, die sich deutlich als solche zu erkennen gibt und zweifellos unserer Vorstellungskraft zu Hilfe kommt, ist wohl dann auch in der wissenschaftlichen Terminologie berechtigt, wenn nicht ein ebenso sinnfälliger und dabei für alle Fälle buchstäblich zu nehmender Ausdruck zur Verfügung steht. Einen solchen zu finden, ist mir aber nicht gelungen.

Weit schwerer als durch Introspektion mittels der Empfindungsreaktion des Wiedererkennens oder des Unterschiedempfindens ist der Vorgang der Homophonie bei andern Geschöpfen aus objektiven Reaktionen zu erkennen. Die durch die menschliche Sprache sich ausdrückenden Reaktionen sind unzweideutig genug, um uns in bezug auf unsere Mitmenschen das Vorhandensein der mnemischen Homophonie ebenso unzweifelhaft zu demonstrieren, wie wir ihr Vorhandensein an uns selbst durch die besprochenen Bewußtseinsreaktionen erkennen.

Schwieriger ist dieser Nachweis dagegen bei allen den Organismen zu erbringen, die sich uns durch keine artikulierte Sprache verständlich machen können, und die uns bei aller Übereinstimmung in den Grundzügen ihres Baues und ihrer Lebensprozesse doch nicht so nahe stehen, um Beobachtungen an uns ohne weiteres auf sie zu übertragen. Vor allem gilt dies für die kritiklose Homologisierung unserer Bewußtseinszustände mit denen anderer Geschöpfe. Zwar bin ich natürlich der größte Gegner eines Standpunktes, der das Genus homo in dieser Beziehung den übrigen Organismen prinzipiell gegenüberzustellen strebt. Andererseits halte ich es beim gegenwärtigen Stande unserer Kenntnisse und Beobachtungsmittel methodisch für das einzig Richtige, in der Reizphysiologie sich bei andern Organismen möglichst ausschließlich an die Reaktionen zu halten, die der unmittelbaren Beobachtung zugänglich sind, und Analogieschlüsse auf die Bewußtseinsreaktionen zu vermeiden. Ich hoffe, daß mir dies in meinen bisherigen Ausführungen durchweg gelungen ist, und ich will versuchen, auf dieser Bahn fortzufahren.

Wir hatten durch Introspektion aus der Art unseres Wiedererkennens und Unterschiedserkennens auf den Vorgang der Homophonie, des Nebeneinanderbestehens der mnemischen Erregung und der neuen Originalerregung geschlossen. Wollten wir unvorsichtig vorgehen, so könnten wir sagen: der Hund, nachdem er einmal mit einer Peitsche gezüchtigt ist, »erkennt« das Strafinstrument »wieder« und äußert dies durch unzweideutige Reaktionen. Hierdurch wird das Vorhandensein von Homophonie durch objektive Reaktionen deutlich bewiesen. Dies wäre ganz falsch. Bewiesen wird in diesem Falle nur die Ekphorie von Engrammkomplexen durch einen bestimmten Reiz. Der Anblick der Peitsche wirkt ekphorisch auf einen Engrammkomplex, in dem das Engramm der Schmerzempfindung eine große Rolle spielt, wie aus dem Auftreten der zugehörigen Reaktionen mit Recht zu schließen ist. Ein mnemischer Vorgang liegt also allerdings vor, aber ob derselbe mit dem Bewußtseinsvorgang des Wiedererkennens verbunden ist, wie wir ihn durch Introspektion bei uns kennen, ist noch keineswegs ohne weiteres ausgemacht. Man müßte also erst die Identität der Bewußtseinsvorgänge beweisen, ehe man aus diesen auf das Vorhandenseins von mnemischer Homophonie auch bei niederen Geschöpfen schließen dürfte.

Indem wir aber wie gesagt auf diese Form der Beweisführung verzichten, suchen wir in den objektiv zu beobachtenden Reaktionen nach Kriterien, die für das Vorhandensein von Homophonie, d. h. ungemischtem Nebeneinanderklingen einer mnemischen und einer neuen Originalerregung, beweisend sind. Soweit ich das Tatsachenmaterial bis jetzt überschaue, ist es am leichtesten, auf solchem objektiven Wege die Homophonie in den Fällen nachzuweisen, in denen die mnemische Erregung und die neue Originalerregung sich nicht vollkommen decken. Es treten dann nämlich Reaktionen auf, die man nicht anders deuten kann, wie als Reaktionen auf die Inkongruenz der mnemischen und der Originalerregung. Spielen wir mit einem Hunde, dem das Apportieren großes Vergnügen macht — am besten eignen sich für diesen Versuch die temperamentvollen Foxterrier, die für das Apportierspiel eine wahre Leidenschaft haben —, und schleudern kleinere, beim raschen Fliegen nicht leicht erkennbare Gegenstände, z. B. Steinchen, mit kräftigem Schwunge in ziemliche Entfernung fort, so stellt sich der Hund mit gespannten Muskeln und erhobenem Kopfe vor uns auf und beobachtet genau jede Bewegung unseres Armes und unserer Hand. Sobald unsere Schleuderbewegung ausgeführt ist, und das Steinchen seinen Flug begonnen hat, dreht sich das Tier, so schnell es kann, um und stürzt in der Richtung des fliegenden Steines diesem nach. Haben wir dies einige Male wiederholt und führen dann die Schleuderbewegung aus, ohne den Stein fliegen zu lassen, so reagiert zunächst der Hund auf die bloß markierte Bewegung unseres Arms genau wie vorhin. Da aber in jener Richtung kein Stein auf den Boden fällt, den er aufnehmen und apportieren kann, verdoppelt er, nachdem er einige Male getäuscht worden ist, seine Aufmerksamkeit. Er fixiert noch genauer als vorher und dadurch wird das Detail des originalen Erregungskomplexes vervollständigt. Die Reaktion des Sichumdrehens und in der Wurfrichtung Fortstürzens erfolgt nur noch, wenn er das Steinchen wirklich fortfliegen gesehen hat, also nur bei vollkommener Kongruenz der Homophonie von mnemischem und neuem originalen Erregungskomplex. Bei Inkongruenz: Schleuderbewegung ohne Wurf reagiert er anders. Er bleibt entweder ruhig stehen oder antwortet in seiner Aufregung mit einem kurzen Zusammenfahren, das aber gleich wieder der früheren gespannten Ruhe Platz macht. Dies verschiedene Verhalten des Tieres in den beiden Fällen können wir geradezu als Reaktionen darauf bezeichnen, ob Kongruenz oder Inkongruenz bei der Homophonie der mnemischen und der neuen Originalerregung vorhanden gewesen ist.

Eine andere sehr deutliche Reaktion auf die Kongruenz oder Inkongruenz der Homophonie kann jeder Jäger beobachten, der es unternimmt, Tiere, besonders höhere Säugetiere, durch bestimmte Töne und Tonfolgen zu locken. Wer nicht ein besonderes Talent für die Nachahmung von Tierstimmen besitzt, bedient sich dazu besonderer Instrumente: der Hirschlocke, um durch den täuschend nachgeahmten Brunstschrei des Hirsches die Eifersucht der Brunsthirsche zu erregen und sie so in den Hinterhalt zu locken; der Rehblatte, die das lockende Fiepen des Schmalrehs wiedergibt, um den Rehbock zu betören; der Hasenquäke, um durch den Klageton des kranken oder in Not befindlichen Hasen die Gelüste seiner Feinde zu reizen und auf diese Weise selbst den vorsichtigen Fuchs in die Nähe des Jägers zu ziehen. In allen diesen Fällen ist ceteris paribus die Reaktion der anzulockenden Tiere eine verschiedene, wenn die Locktöne das Vorbild verhältnismäßig vollkommen nachahmen, oder wenn sie ihm nur im allgemeinen ähnlich sind. Auch im letzteren Falle verhält sich das Wild nicht indifferent gegen die Töne, reagiert auch auf sie nicht so, wie auf unbekannte Schrecktöne, die es zur Flucht reizen. Es interessiert sich vielmehr für diese Laute, reagiert auf sie ähnlich wie auf die wirklichen Lockrufe, zeigt also, daß der Ton auf bestimmte Engramme ekphorisch gewirkt hat, reagiert aber doch nur ähnlich, nicht genau so. Daß es einen Unterschied wahrgenommen hat, zeigt es dadurch, daß es sich nicht in größere Nähe des Ortes wagt, von dem die rätselhaften Laute herkommen. Natürlich ist hier immer vorausgesetzt, daß das Wild sonst keine Witterung vom Jäger hat. Nimmt dann der erfahrene Jäger dem Anfänger die Locke aus der Hand und bringt die Töne besser, d. h. naturwahrer zum Ausdruck, so ändert sich das Verhalten des Wildes, es reagiert dann oft auf die Nachahmung wie auf die Naturlaute, um so vollkommener, je weniger oft es die letzteren bis dahin gehört hat, je weniger bestimmt deshalb die mnemische Erregung bei ihm ist, mit einem Worte je jünger es ist. Ein sehr alter und erfahrener Rehbock, auch wenn seine Paschagelüste sich sonst noch nicht im mindesten verringert haben, reagiert auf die Inkongruenz, die bei der Homophonie der in diesem Falle sehr deutlichen mnemischen und der neuen Originalerregung auch bei bester Nachahmung vorhanden zu sein pflegt, meistenteils durch scheues Herumschleichen und Spionieren und benimmt sich überhaupt, wie man sich leicht durch Beobachtungen auf dem Anstand überzeugen kann, ganz anders, als wenn die echten Töne des Schmalrehs sein Gehör treffen.

Es wäre mir leicht, noch zahlreiche verwandte Beispiele von deutlichen Reaktionen auf die Inkongruenz der Homophonie von mnemischer und erneuter Originalerregung anzuführen. Ich begnüge mich aber mit Beibringung eines Beispiels, bei welchem es sich bei der mnemischen Erregung um ererbte, nicht wie in den bisher aufgeführten Beispielen um in der Hauptsache individuell erworbene Engramme handelt. Es ist bekennt, daß auch im Brutapparat erbrütete Vögel, die in ihrem individuellen Leben nie ein Vogelnest gesehen haben, wenn ihnen Gelegenheit zur Paarung gegeben wird, ein Nest zu bauen beginnen und dasselbe annähernd, wenn auch nicht ganz so vollkommen herstellen, wie Artgenossen, die bereits verschiedene Brutperioden hinter sich haben.

Die betreffende Reaktionsfolge, die wir als Manifestation eines bestimmten Komplexes von mnemischen Erregungen aufzufassen haben — sie tritt periodisch im Zusammenhang mit der Brunst ein und fehlt bei kastrierten Tieren —, gelangt mit der Fertigstellung des Nestes zum Abschluß. Man könnte nun denken, dieser Abschluß sei dadurch bedingt, daß die innere energetische Situation der Tiere in eine andere Phase getreten sei, oder daß die Erregung durch ihren natürlichen Ablauf, der sich durch den Ablauf der Reaktionen manifestiert, erschöpft sei. Dies ist aber nicht der Fall, wie leicht bewiesen werden kann. Es genügt den Tieren, das eben fertige Nest fortzunehmen, um dieselbe Reaktionsfolge zweimal, dreimal hervorzurufen. Anderseits kann man dieselbe aber auch schon oft im Beginn abschneiden, indem man den Tieren, ehe sie noch zu bauen angefangen haben, gleich ein fertiges Nest zur Verfügung stellt.

Diesen Einfluß auf die phasogenen ekphorischen Nestbaureaktionen übt aber nur die Verfügung über ein Nest von bestimmter Form, Größe und Konsistenz. Weicht die Form sehr erheblich von derjenigen ab, die der betreffenden Vogelart erbeigentümlich ist, ist das Ganze viel zu groß oder viel zu klein, besteht es aus zu harten oder nicht hinreichend trockenen Stoffen, so übt es, nachdem es eingehend von den brütelustigen Vögeln untersucht worden ist, entweder keinen weiteren Einfluß auf ihre Nestbaureaktionen; das zu ihrer Verfügung gestellte Gebilde wird dann nicht weiter beachtet und der Bau eines eigenen Nestes begonnen. Oder aber es wird gründlich umgebaut, das Unpassende entfernt, das Fehlende ergänzt. Und zwar dies in unserem Falle von Organismen, die in ihrem individuellen Leben niemals ein Nest ihrer Art erblickt haben und keine individuelle Erfahrung über die Eier und Jungen besitzen, die sie bald darauf zur Welt bringen, ausbrüten und großziehen werden. Ganz ähnlich verhalten sich auch Bienen, die selbst noch nie natürliche Waben gesehen oder an ihnen mitgebaut haben, angefangenen Kunstwaben gegenüber, die der Mensch ihnen zur Verfügung stellt. So korrigieren sie z. B. die künstliche Wabe, wo sie von der scharfen Senkrechten abweicht.

Das Charakteristische bei diesen Vorgängen ist, daß, um bei den Vögeln zu bleiben, der normale Gang der Reaktionen durch den originalen Reizkomplex, den die Verfügung über das dargebotene Nest ausübt, in einer Weise modifiziert wird, die zu der Differenz zwischen diesem originalen Reizkomplex und dem Endeffekt der mnemischen Erregung (Erzeugung einer bestimmten Art von Nest) in einem ganz bestimmten Verhältnis steht. Oder anders ausgedrückt: solange der originale Reizkomplex des zur Verfügung gestellten Nestes wesentliche Inkongruenzen zeigt mit dem normalerweise durch mnemische Reaktionen erzeugten Neste, erfolgen von seiten der Organismen allerlei Reaktionen, um diese Inkongruenz zu beseitigen. Ist das erfolgt, so hören alle hierher gehörigen Reaktionen auf, um sofort wieder aufzutreten, wenn die Kongruenz durch irgendeinen Eingriff gestört wird.

Vielleicht wird mir hier der Einwand gemacht werden, um Kongruenz oder Inkongruenz der mnemischen Homophonie könne es sich in diesem Falle nicht handeln, weil die mnemische Erregung hier sicher eine unbewußte sei oder, anders ausgedrückt, den zum ersten Male brütenden Vögeln beim Bau ihres Nestes mit allergrößter Wahrscheinlichkeit kein deutliches Bild des Endprodukts ihrer Handlungen vorschwebe. Ich gebe nun vollkommen zu, daß im gegebenen Falle höchstwahrscheinlich kein solches deutliches Bild oder sagen wir keine derartige Erregung im Oberbewußtsein auftritt. Zur sicheren Entscheidung derartiger Bewußtseinsfragen fehlen uns, wie schon mehrfach betont, alle Kriterien, weshalb wir sie nur da berücksichtigen, wo die introspektive Methode anwendbar ist. Zur Widerlegung des Einwandes genügt es aber nachzuweisen, daß auch bei uns selbst die Existenz und der Nachweis der mnemischen Homophonie von dem Eintritt der Erregungen in unser Oberbewußtsein unabhängig ist.

Wenn jemand, während wir intensiv geistig beschäftigt sind, im Nebenzimmer uns bekannte Stücke auf dem Klavier oder der Geige spielt, können wir oft wenigstens zeitweilig die schwierigsten Operationen in unserem Oberbewußtsein vornehmen, ohne den Klängen bewußt zu folgen. Wenigstens solange die Kongruenz der Homophonie nicht gestört wird, d. h. der Spieler sein Stück so spielt, daß seine Wiedergabe und unsere mnemische Kenntnis übereinstimmt. Tritt Inkongruenz ein, so reagieren wir bald durch ein Zusammenfahren, Stirnrunzeln, Reaktionen, die häufig noch unter der Schwelle des klaren Oberbewußtseins erfolgen können; bei längerer Dauer der Inkongruenz pflegt unser Oberbewußtsein dann endlich deutlich auf dieselbe zu reagieren.

Fälle von mnemischer Homophonie, ohne daß eine der beiden Erregungen, mnemische oder originale, im Oberbewußtsein zum Ausdruck kommt, sind unendlich häufig im täglichen Leben eines jeden Menschen. Wenn wir einen einmal gemachten Weg das zweite oder dritte Mal gehen, sind wir uns der dabei in Frage kommenden Homophonien meist klar bewußt. Bei häufigerer Wiederholung können dann die Homophonien ganz unbewußt ablaufen, wenn man jenen Weg z. B. in tiefe anderwärtige Gedanken versunken oder in eifrigem, alles absorbierendem Gespräch verfolgt. Das Vorhandensein der Homophonien auch in letzteren Fällen muß dann natürlich durch andere Reaktionen als durch Bewußtseinsreaktionen nachgewiesen werden. Dieser Nachweis ergibt sich leicht aus der Tatsache, daß der ganze Vorgang nur möglich ist, wenn mnemische und Originalerregungen wirklich übereinstimmen. Bei Auftreten von Inkongruenzen, etwa verursacht durch mittlerweile vorgekommene Straßenänderungen, hört die Fähigkeit auf, das Ziel ohne Mitwirkung des Oberbewußtseins zu erreichen. So spielt die unbewußte mnemische Homophonie eine mindestens ebenso große Rolle im Leben eines jeden menschlichen Organismus wie die bewußte, und die Frage, ob eine Homophonie im Oberbewußtsein eines Organismus zur Wahrnehmung gelangt oder nicht, ist keineswegs die wichtigste Frage, die wir bei Untersuchung der betreffenden Homophonie zu stellen haben, für uns überhaupt keine Hauptfrage.

Zusammenfassend können wir sagen: die Anwesenheit und Wirksamkeit von mnemischer Homophonie wird für uns durch besondere Reaktionen manifestiert. Experimentieren wir mit dem eigenen Ich und handelt es sich um mnemische und Originalerregungen, die auch in unserem Oberbewußtsein zur Wahrnehmung kommen, so manifestiert sich die Homophonie durch die Gefühlsreaktionen des bewußten Wiedererkennens und des bewußten Unterschiedempfindens. Kommen dagegen beim eigenen Ich die Erregungen nicht im Oberbewußtsein zur Wahrnehmung, so kann die Homophonie auf mehr indirektem Wege durch das Auftreten oder Ausbleiben objektiv wahrnehmbarer Reaktionen nachgewiesen werden, und dies gilt strenggenommen für den Nachweis jeglicher Homophonie bei einem andern Organismus als dem eigenen Ich. Hier können wir auf mnemische Homophonie nur aus dem Auftreten objektiv wahrnehmbarer Reaktionen schließen, deren Charakteristikum darin liegt, daß sie sich genau entsprechend der Kongruenz oder Inkongruenz des originalen Erregungszustandes mit einem früher einmal bei demselben Organismus (oder seinen direkten Vorfahren) vorhanden gewesenen Erregungszustand modifizieren, für dessen Ekphorie als mnemischer Erregungszustand jetzt wieder die Bedingungen vorhanden sind. Dieser letztere Erregungszustand kann sich bei der gleichzeitigen Gegenwart der entsprechenden Originalerregung dem außenstehenden Beobachter am leichtesten durch Reaktionen manifestieren, die an eine etwaige Inkongruenz anknüpfen. Von diesen Reaktionen sind am beweisendsten für die Anwesenheit und Wirksamkeit von Homophonie diejenigen, die bewirken, daß die Inkongruenz beseitigt wird.

Was die Natur der Reaktionen anlangt, so haben wir bisher bei der Erörterung der mnemischen Homophonie — außer den nur durch Introspektion wahrzunehmenden Empfindungsreaktionen — bloß solche als Beispiele herangezogen, die sich als Resultate von Muskelbewegungen ergaben. Es ist klar und von uns auch schon mehrfach hervorgehoben worden, daß die Reaktion für uns nur das Mittel ist, eine Erregung, ganz gleich ob eine originale oder eine mnemische, zu erkennen. Dieselbe Erregung kann sich oft durch Reaktionen in verschiedenen Gebieten biologischen Geschehens: Protoplasma- oder Muskelbewegung, Stoffwechsel, Wachstumsphänomene, äußern, die ich, die ersteren als motorische Reaktionen, die zweiten als Stoffwechselreaktionen, die dritten als plastische Reaktionen bezeichnen will. Nun liegt offenbar nicht der Schatten eines Grundes vor, die Erregungszustände, die sich uns vorwiegend oder ausschließlich durch motorische Reaktionen manifestieren, anders zu beurteilen und von denen abzusondern, die für uns durch plastische oder Stoffwechselreaktionen in Erscheinung treten. Ein Beispiel wird das klarmachen. Allgemein bekannt sind bei Pflanzen wie bei Tieren die Erscheinungen des Heliotropismus und der Heliotaxis, Phänomene, die sich auf die Reizwirkung zurückführen lassen, die das Licht auf die organische Substanz ausübt, und die sich unter durchaus einheitliche Gesichtspunkte für alle Organismen bringen lassen. Die Reaktionen aber, durch welche jene zusammengehörigen Reizwirkungen und Erregungen für uns manifest werden, können, um einmal nur das Pflanzenreich ins Auge zu fassen, sowohl motorische sein (amöboide Bewegung, Cilienbewegung), oder auf osmotischen Prozessen (Turgorschwankungen) in der Pflanze beruhen, oder endlich plastische Reaktionen sein (Wachstumskrümmungen). Es wird keinem Pflanzenphysiologen einfallen, hier bei seinen Studien der Reizwirkung des Lichts auf die organische Substanz der Pflanzen Erregungen, die sich durch osmotische Reaktionen manifestieren, als prinzipiell von denen verschieden anzusehen, die dies durch motorische oder plastische Reaktionen tun. Was aber den Originalerregungen recht ist, ist auch den mnemischen Erregungen billig, und dieser Gesichtspunkt ist auch für uns in den früheren Abschnitten dieses Werkes maßgebend gewesen, als wir die plastischen

Reaktionen des Laubabwurfs und der Wiederbegrünung usw. und die osmotischen der sogenannten Schlafbewegungen der Pflanzen ebensogut als Manifestationen mnemischer Erregungen auffaßten, wie irgendeine motorische Reaktion.

Sobald wir aber in einem bestimmten Falle das Vorhandensein mnemischer Erregungen anerkennen, ist jedesmal wenigstens die Möglichkeit des Auftretens von mnemischer Homophonie gegeben. Zu ihrem Nachweis gehört dann folgendes: Erstens die Darlegung, daß unter den in Frage stehenden Verhältnissen die Bedingungen für das Auftreten bestimmter mnemischer und gleichzeitig der ihnen entsprechenden Originalerregungen vorhanden sind. Zweitens der Nachweis des unter solchen Bedingungen erfolgenden regelmäßigen Auftretens von Reaktionen, die sich je nach der Kongruenz oder Inkongruenz dieser möglichen, aber erst zu beweisenden Homophonie modifizieren, ganz besonders das regelmäßige Auftreten von Reaktionen, die eine Beseitigung der Inkongruenz zur Folge haben.

Nun kennen wir eine große Gruppe von plastischen Reaktionen, die die Beseitigung einer bestimmten Inkongruenz zur Folge haben, ich will noch nicht sagen der Inkongruenz bei einer mnemischen Homophonie, sondern zunächst formulieren: einer Inkongruenz zwischen dem normalen Entwicklungszustande oder normalen ausgebildeten Zustande und eine in dem betreffenden Einzelfall erzeugten tatsächlichen plastischen Zustandes. Diese Reaktionen pflegen wir als Regenerationen im weitesten Sinne (d. h. mit Einschluß der Begriffe der Postgeneration, Reparation, Restitution usw.) und als Regulationen zu bezeichnen. Um aus diesen Reaktionen auf Homophonie schließen zu dürfen, müßte zunächst der Nachweis geführt werden, daß in den gegebenen Fällen die Bedingungen für das Auftreten bestimmter mnemischer und gleichzeitig der ihnen entsprechenden Originalerregungen gegeben sind, und daß die betreffende Reaktion eine Inkongruenz bei der Homophonie dieser beiden Erregungen beseitigt.

Diesen, wie ich gleich betonen will, nicht schwer zu erbringenden Nachweis verspare ich aber, um Wiederholungen zu vermeiden, auf die folgenden Abschnitte, die der Analyse des mnemischen Faktors bei der Ontogenese, Regeneration und den Regulationsvorgängen gewidmet sein sollen.

In unseren bisherigen Betrachtungen über die mnemische Homophonie haben wir den mnemischen Erregungszustand immer als etwas bei aller Kompliziertheit doch Einheitliches betrachtet. An dieser Anschauung wollen wir auch nichts ändern, wenn dieser Zustand der Reproduktion einer einmaligen vorhergegangenen Erregung entspricht. Wie aber, wenn er eine häufiger wiederholte Erregung reproduziert?

Zur Lösung dieser Frage bieten sich uns zwei Wege: Einmal können wir synthetisch untersuchen, wie sich bei der jedesmaligen Wiederholung der mnemische Besitz vermehrt. Zweitens können wir versuchen, eine auf mehrfacher Wiederholung basierende mnemische Erregung analytisch zu zergliedern.

Beschreiten wir zunächst den zweiten Weg, und suchen wir eine auf wiederholter engraphischer Einwirkung basierende mnemische Erregung zu analysieren. Wir wählen einen Fall von mnemischer Erregung, deren Vorhandensein wir an uns selbst durch Introspektion wahrnehmen können, und suchen uns einmal das körperliche Bild unseres nächsten Anverwandten in dessen Abwesenheit zu ekphorieren, haben damit also eine rein mnemische Erregung vor uns. Zunächst mag es uns wohl scheinen, daß ein bestimmtes, ganz konkretes Bild in uns manifest würde, aber gerade, wenn es sich um eine Person handelt, mit der wir immerfort verkehren, werden wir finden, daß das ekphorierte Bild etwas sozusagen Verallgemeinertes hat. Es gleicht ein wenig jenen amerikanischen Photographien, die das Allgemeine eines Typus dadurch hervorzubringen versuchen, daß sie eine große, sich deckende Anzahl von Aufnahmen verschiedener Köpfe auf einer Platte vereinigen.

In unserem Falle geschieht die Verallgemeinerung durch homophone Wirksamkeit verschiedener Bilder desselben Antlitzes, das uns in den verschiedensten Zuständen und Situationen, einmal bleich, das andere Mal gerötet, einmal heiter, das andere Mal ernst, einmal in dieser, das andere Mal in jener Beleuchtung entgegentritt. Sobald wir nicht die große Reihe von Wiederholungen gleichmäßig in uns erklingen lassen, sondern unter den vielen einen bestimmten Moment, der engraphisch gewirkt hat, bei der Ekphorie des Gesichtsengramms in den Brennpunkt unserer Aufmerksamkeit ziehen, überwiegt sogleich diese bestimmte mnemische Erregung ihre mitklingenden Vorgängerinnen und Nachfolgerinnen, und wir erblicken das betreffende Antlitz in konkreter Schärfe in dieser bestimmten Situation.

Im Falle, daß es sich um Personen handelt, mit denen wir fortdauernd zusammen sind, bewirkt gerade die Fülle der für gewöhnlich miteinander klingenden mnemischen Erregungen die sonderbare Unschärfe und Verallgemeinerung, mit denen sich ihre Züge in uns gewöhnlich mnemisch reproduzieren. Bei Personen, mit denen wir seltener zusammentreffen, wird häufig bei der mnemischen Reproduktion ihres Gesichtes ein einzelner Moment, in dem das Gesicht auf uns besonderen

Eindruck gemacht hat, und besonders stark engraphisch gewirkt hat, in den Brennpunkt der Aufmerksamkeit gerückt, und durch diese Hervorhebung erscheinen uns dann die Züge greifbarer, konkreter, als die viel häufiger und in den verschiedensten Situationen gesehenen unserer nächsten Verwandten.

In dem Fall, daß bei der Ekphorie eines häufig wiederholten Engramms kein Vorklingen einer einzelnen Komponente (einer einzigen der miteinanderklingenden mnemischen Erregungen) stattfindet, bemerkten wir, wie erwähnt, ein Verschwimmen, sozusagen Abstraktwerden des Erinnerungsbildes, ähnlich dem Verschwimmen der Konturen, wenn man eine Anzahl von einander nicht genau entsprechenden Pausen übereinander legt. Das Resultat ist — wenigstens beim Menschen, wahrscheinlich aber auch bei höheren Tieren — die Entstehung einer Art von physiologischer Abstraktion. Die mnemische Homophonie liefert uns ohne das Hinzutreten sonstiger Denkprozesse ein in gewissem Sinne abstraktes Bild unseres Freundes X, nicht das konkrete in irgendeiner Situation, sonder X losgelöst von einem bestimmten Zeitpunkt. Wird der Kreis der ekphorischen Engramme noch weiter gezogen, so treten abstrakte Bilder höherer Ordnung auf: etwa ein weißer Mann oder ein Neger. Meiner Ansicht nach basiert auf solchen abstrakten Bildern oder sinnlichen Vorstellungen die erste Bildung von abstrakten Begriffen. Die auf dem oben bezeichneten Wege zustande gekommene physiologische Abstraktion ist Vorläuferin der rein logischen. Sie ist durchaus kein Monopol des menschlichen Geschlechts, sondern manifestiert sich auf verschiedenartigem Wege auch bei allen höher organisierten Tieren.

Daß es sich bei den erwähnten mnemischen Homophonien

übrigens nie um wirkliche Verschmelzungen der mnemischen Erregungen handelt, wird durch den Umstand bewiesen, daß eine Zerlegung in alle oder doch viele der Einzelkomponenten durch verschiedene Einstellung der Aufmerksamkeit auf dieselben meist unschwer gelingt.

Wir wollen nunmehr die Richtigkeit unserer auf analytischem Wege gewonnenen Auffassungen prüfen, indem wir synthetisch das Ergebnis der mehrmaligen Wiederholung einer engraphischen Einwirkung unter Zugrundelegung der allgemeinen Gesetze konstruieren, die wir aus unseren früheren Untersuchungen gewonnen haben.

Für den Fall, daß eine erstmalige Ekphorie eines Engramms durch eine Wiederholung des Originalreizes stattfindet, haben unsere bisherigen Untersuchungen uns bereits eine Lösung gegeben. Bezeichne ich die mnemische Erregung bei ihrer ersten Ekphorie als $f\ (p_1)$ und die Originalerregung, die durch die erste Wiederholung des Originalreizes auftritt, als $f\,(p_2)$, so findet ein Miteinanderklingen oder eine Homophonie, nicht aber eine Verschmelzung dieser beiden Erregungen statt; das Resultat ist $f\ (p_1) + f\ (p_2)$. Wir haben nun schon früher (S. 110) als ein allgemeines mnemisches Gesetz erkannt, daß, wenn zwei Erregungen koordiniert in einem Organismus auftreten, sie auch koordiniert engraphisch aufgenommen und fixiert werden. Es ist selbstverständlich, daß die Erregungen $f\,(p_1)$ und $f\ (p_2)$ hiervon keine Ausnahme machen, wenn sie nach ihrem Ablauf als Engramme in das Latenzstadium ein- bzw. zurücktreten. Werden sie durch eine erneute Wiederholung des Originalreizes wiederum ekphoriert, so müssen sie natürlich auch wiederum koordiniert und nicht in eins verschmolzen als eine homophone mnemische Erregung $f\,(p_1) + f\,(p_2)$ manifest werden und sich in dieser Form zu der neu aufgetretenen Originalerregung $f(p_3)$ gesellen. Es findet also jetzt die dreifache Homophonie $f(p_1) + f(p_2) + f(p_3)$ statt. Dasselbe findet bei der dritten, vierten bis $n$ten Wiederholung statt. Bei der $n+1$ten Wiederholung findet dann z. B. eine mnemische Homophonie der mnemischen Erregungen $f(p_1) + f(p_2) + f(p_3)$ . . . . $f(p_n)$ mit der Originalerregung $f(p_{n+1})$ statt. Oder in Worten ausgedrückt: Bei der Ekphorie eines Engramms, das mehrfach wiederholten engraphischen Einwirkungen seine Entstehung verdankt, tritt keine unentwirrbar verschmolzene mnemische Erregung auf, keine »Verwachsung«, wie manche Psychologen das genannt haben, sondern es erfolgt ein entwirrbares Miteinanderklingen der einzelnen in ihrer zeitlichen Entstehung getrennten Komponenten dieses scheinbar einheitlichen Engramms.

Dabei ist auch noch zu berücksichtigen, daß in den meisten Fällen die einzelnen Komponenten gar nicht so unerheblich verschieden voneinander sein werden, und zwar aus folgenden Gründen. Erstens wird nur selten der Fall eintreten, daß ein Originalreiz bei seiner Wiederholung seinem Vorgänger vollkommen gleich ausfällt. Zweitens greift er nie in genau dieselbe, ja nur selten in eine durchaus ähnliche energetische Situation des Organismus, wie sein Vorgänger sie vorfand. Er wird deshalb stets mit andern Engrammkomplexen assoziiert, und ist daher simultan und sukzedent, also kurz gesagt zeitlich, anders determiniert als letzterer.

Analytische wie synthetische Untersuchung führt uns demnach zu dem übereinstimmenden Resultat, daß bei jeder Ekphorie eines auf wiederholter Reizwirkung beruhenden Engramms ein ungemischtes Miteinanderklingen der jeder einzelnen Reizung entsprechenden Einzelkomponenten stattfindet.

Von der jetzt gewonnenen Basis aus sind wir nun auch imstande, tiefer in das Wesen der nur alternativ ekphorierbaren Dichotomien von Engrammsukzessionen einzudringen, als dies vorher möglich war.

Wir gehen wieder aus von dem Falle der zwei Fassungen des Goetheschen

»Über allen Gipfeln ist Ruh, in allen ⟨ Wäldern hörest —« / Wipfeln spürest —«

und nehmen an, sowohl die erste wie die zweite Fassung sei uns dreimal vorgetragen worden. Bezeichnen wir dann die einzelnen, durch die gesprochenen Worte erzeugten Engramme mit Buchstaben und geben dem Buchstabenzeichen den der Nummer ihrer Wiederholung bezeichnenden Index, so erhalten wir, wenn wir nur die Sukzession der ersten 9 Engramme ins Auge fassen, folgendes Engrammschema:

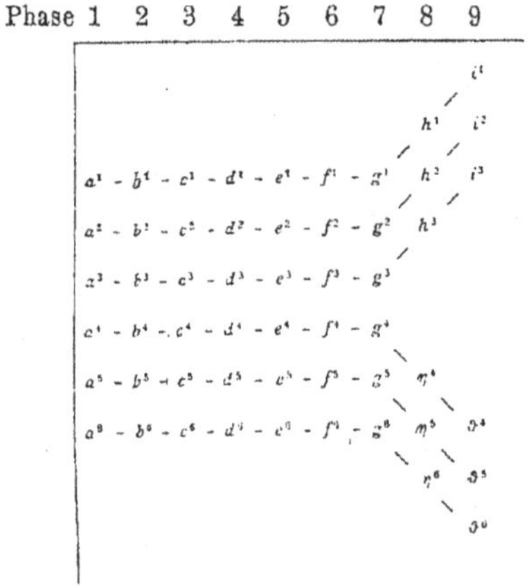

Tritt Ekphorie ein, so besteht die mnemische Erregung in Phase 1 aus der Homophonie der Erregungen a^{1-6} oder in Phase 7 aus der Homophonie der Erregungen g^{1-6}.

In Phase 8 aber tritt die Alternative ein: entweder werden die Engramme h^{1-3} oder die Engramme η^{4-6} ekphoriert. Warum aber die Alternative? Weil, wie wir schon früher (S. 135) erörtert haben, in diesem Falle simultane Manifestation der aus Wortengrammen bestehenden Äste der Dichotomie unmöglich ist.

Etwas ganz anderes als die gleichzeitige Ekphorie der beiden Äste einer nicht alternativ, sondern simultan ekphorierbaren Engrammdichotomie, wie wir es oben in dem zweistimmig werdenden Musikstück

Phase 1	2	3	4	5
c —	*d* —	*e* <	*g* —	*c* —
			d —	*e* —

kennen gelernt haben, ist bei einer nur alternativ ekphorierbaren Dichotomie das Überspringen der Ekphorie von einem Engrammast auf den andern. Im ersteren Fall ergeben sich einfache Summationsreaktionen, im zweiten dagegen alternierend kombinierte oder, wie wir sie abgekürzt nennen wollen, Mischreaktionen. Eine solche Mischreaktion haben wir z. B. vor uns, wenn wir, was ja sehr leicht geschehen kann, die beiden Alternativen folgendermaßen kombinieren: »Über allen Gipfeln ist Ruh, in allen Wipfeln hörest du kaum einen Hauch«. Solche Mischreaktionen sind weder bei den Äußerungen der individuell erworbenen Mneme eine Seltenheit, noch fehlen sie bei der Manifestation von ererbten dichotomischen Engrammsukzessionen. Wir kommen darauf noch ausführlicher in dem Kapitel über die Bedeutung der alternativen Dichotomie auf ontogenetischem Gebiet zurück. Immerhin folgt sowohl bei ererbten als auch bei individuell erworbenen alternativen Dichotomien in der Mehrzahl der Fälle an der Gabelungsstelle die Ekphorie nur entweder in der einen oder in der andern Bahn, in dem S. 208 erörterten Falle werden also entweder die homophonen Engramme h^{1-3} oder η^{4-6} ekphoriert. Wie diese mnemische Alternative beantwortet wird, hängt davon ab, ob der ekphorische Einfluß auf h^{1-3} oder η^{4-6} überwiegt, und Faktoren der mannigfaltigsten Art können die Wagschale nach der einen oder der andern Seite hin zum Sinken bringen. In der Mehrzahl der Fälle besteht schon von vornherein dadurch ein Übergewicht nach der einen Seite hin, daß die Zahl der Wiederholungen nicht für beide Gabeläste eine so ganz gleiche sein wird, wie wir sie in unserem Schema angenommen haben. Habe ich z. B. das Gedicht in der zweiten Fassung viel öfter gehört als in der ersten, so wird ceteris paribus die Ekphorie in der Richtung dieses Gabelastes vor der andern ein entschiedenes Übergewicht haben. Ein weiteres Übergewicht kommt derjenigen Seite zugute, auf der die zeitlich späteren, noch weniger verblaßten Wiederholungen liegen. Infolge dieses Moments wird auf morphogenetischem Gebiet, wie wir später sehen werden, das Einschlagen atavistischer Bahnen für gewöhnlich vermieden. Ferner können aber noch neu hinzutretende Originalreize aller Art der einen oder der andern Ekphorie ein Übergewicht verleihen und dadurch ein bereits bestehendes Übergewicht der Gegenseite überkompensieren. Wenn ich einem Rezitator, der zwei Fassungen seines Vortragsgedichts kennt, aber gewohnt ist, es in der zweiten Fassung vorzutragen, an der Gabelungsstelle das Stichwort der ersten Fassung souffliere, in unserm Goetheschen Gedicht also »Wäldern« statt »Wipfeln«, wird es zuweilen gelingen, durch Hinzufügung dieser Originalerregung ihn in die andere

Bahn zu lenken. Daß unter Umständen auch hemmende Einflüsse das Einschlagen oder Verfolgen des einen Astes der Weggabelung verhindern und dadurch die Bahn der Ekphorie nach der andern Seite lenken, wird später im Kapitel über die morphogenetischen Dichotomien noch ausführlicher erörtert werden.

Eine allgemeine Formel, durch deren Anwendung sich vorher bestimmen ließe, in welchem Sinne die mnemische Alternative in jedem einzelnen Falle beantwortet werden wird, läßt sich also nicht aufstellen. Wohl aber läßt sich in zahlreichen Fällen von Ekphorie dichotomischer Sukzessionen individuell erworbener Engramme und in manchen Fällen ebensolcher ererbter Engramme nachträglich erkennen, welche Einflüsse bei der Alternative einmal dieser, das andere Mal jener Ekphorie das Übergewicht verliehen haben.

Am Schlusse unserer Betrachtungen über die mnemische Homophonie möchte ich noch darauf aufmerksam machen, daß sich uns auf Grund der gewonnenen Resultate ein neuer Einblick eröffnet in das eigentümliche Verhältnis, in dem die Wiederholung eines Reizes zu seiner engraphischen Wirkung steht. Man sollte denken, und denkt wohl auch gewöhnlich, daß man durch einmalige, doppeltkräftige Reizwirkung ein genau ebenso wirksames Engramm erhalten müßte, wie durch zweimalige, halb so starke. Jeder von uns hat aber wohl schon an sich selbst erfahren, daß dies keineswegs immer der Fall ist, daß man z. B. beim Auswendiglernen durch häufigeres flüchtiges Überlesen oft sehr viel mehr erreicht als durch seltneres angespanntes und aufmerksames. Die Zauberkraft der Wiederholung auf mnemischem Gebiet könnte noch an vielen andern Beispielen demonstriert werden. Sie wird uns verständlich durch die

Einsicht, daß das engraphische Resultat bei wiederholter Reizwirkung grundsätzlich verschieden ist von dem durch einmalige entsprechend stärkere Reizung herbeigeführten. Der fundamentale Unterschied besteht darin, daß bei der Wiederholung eines Reizes nicht ein bereits vorhandenes Engramm verstärkt, sondern ein neues Engramm geschaffen wird, welches bei der Ekphorie als zweite homophone Erregung neben der ersten mitklingt. So schafft jede neue Wiederholung ein neues Engramm oder eine neue Engrammsukzession.

Dritter Teil

Die Wirksamkeit mnemischer Prozesse bei der Ontogenese

Achtes Kapitel.

Nachweis des mnemischen Faktors bei den ontogenetischen Reproduktionen.

Betrachten wir die normale Ontogenese eines beliebigen Organismus, so scheint zunächst kein Anlaß vorzuliegen, das ontogenetische Geschehen auf etwas anderes zurückzuführen, als auf die Wirkung von Originalreizen, die Originalerregungen hervorrufen. So könnte man z. B. sagen: die Befruchtung wirkt wie ein Originalreiz, der als Reaktion die erste Kern- und Zellteilung auslöst. Der Positionsreiz, den das Nebeneinanderliegen der beiden ersten Furchungszellen ausübt, wirkt original auslösend auf die nächste Teilung, usw. In einem gewissen Entwicklungsstadium kommt bei den Wirbeltieren das freie Ende der Augenblase mit dem Ektoderm in Berührung. Diese Berührung wirkt gleich einem Originalreiz (vielleicht mittels einer spezifischen Thigmomorphose), der eine plastische Reaktion, die Linseneinstülpung des Ektoderms, auslöst.

Alle diese Vorgänge sind als Wirkungen reiner Originalerregungen durchaus vorstellbar. Wenn wir auch natürlich noch weit entfernt sind, die Kette der inneren Veränderungen von der ersten durch den Reiz gesetzten Veränderung bis zur endlichen Reaktion analysieren zu können, scheint jedenfalls zunächst kein zwingender Grund vorzuliegen, der hier auf die Wirkung oder Mitwirkung mnemischer Erregungen hinwiese.

Denn die Wiederholung an sich, als die das ontogenetische Geschehen in den aufeinander folgenden Generationen sich darstellt, bedarf zu seiner Erklärung keineswegs der Heranziehung mnemischer Erklärungsprinzipien. Unsere gesamte Erfahrung basiert auf dem Satze, daß gleiche Ursachen gleiche Wirkungen hervorrufen, oder noch besser ausgedrückt, »daß bei Herstellung derselben Voraussetzungen auch derselbe Ablauf eintritt«[1]. Nach diesem Grundsatz lassen sich aber, zunächst im Groben betrachtet, die Wiederholungen des ontogenetischen Geschehens ebensogut verstehen, wie viele sich wiederholenden Erscheinungen in der unbelebten Natur, deren Erklärung ohne jede Heranziehung mnemischer Prozesse restlos durchgeführt werden kann. Ich brauche nur an den Wechsel der Jahreszeiten, an Ebbe und Flut, an die intermittierenden Eruptionen der Geiser und ähnliche Erscheinungen zu erinnern.

Für alle diese Wiederholungen ist aber eins charakteristisch: genau die gleichen oder doch in der Hauptsache die gleichen Voraussetzungen müssen auftreten, um die Wiederkehr der gleichen Abläufe zu ermöglichen. Allerdings sind auch in der unbelebten Natur leicht Fälle konstruierbar, in denen durch eine Gesamtheit von Ursachen keine andere Wirkung hervorgebracht wird, wie durch einen Bruchteil dieser Gesamtheit. Lasse ich einen Wagen mit 5 Pferdekräften nach vorn und mit 4 Pferdekräften nach hinten ziehen, so wirkt das ebenso, wie wenn ich ihn durch 4 Pferde nach vorn und durch 3 nach hinten ziehen ließe. In diesem Falle habe ich aber nur zwei sich ohnehin ausgleichende Ursachen eliminiert. Der Bruchteil der Ursachen wirkt nur dann ebenso wie die Gesamtheit, wenn die Wirkung des fortfallenden Restes sich gegenseitig kompensiert. Wo das nicht der Fall ist, hat

[1] W. Ostwald, Vorlesungen über Naturphilosophie, Leipzig 1902. S. 302.

eine Gesamtheit von Ursachen eben in der überwältigenden Mehrzahl der Fälle eine andere Wirkung als ein Bruchteil und besonders als ein beliebig herausgehobener Bruchteil.

Nur eine Gruppe von Erscheinungen sahen wir von dieser Regel eine Art Ausnahme machen: es sind dies die mnemischen Erregungen mit den aus ihnen resultierenden Reaktionen. Wir sind durch unsere früheren Untersuchungen zu dem Resultat geführt worden, daß ein wesentliches Unterscheidungsmerkmal zwischen originaler und entsprechender mnemischer Erregung darin besteht, daß die erstere nur durch einen ganz bestimmten originalen Reizkomplex ausgelöst werden kann, die letztere aber durch einen Teil, oft einen beliebig zu wählenden Teil desselben. So mußten, um auf unser altes Beispiel zurückzugreifen, der optische Reiz von Capri, der akustische des Leierkastens, der olfaktorische der Ölküche als Originalreize vorhanden sein und gleichzeitig einwirken, um den entsprechenden originalen Erregungskomplex hervorzurufen. Die Ekphorie des entsprechenden mnemischen Erregungskomplexes konnte hingegen beliebig durch Wiederkehr eines einzigen dieser Reize unter Fortfall der beiden andern herbeigeführt werden. Nachdem der komplexe Insolationsreiz von Christiania in wiederholter Einwirkung auf verschiedene Generationen von Hühnermais eine Abkürzung der Vegetationsdauer dieser Pflanzen (von Aussaat bis zur Reife) um 28 Tage bewirkt hat, kann, wie wir (S. 73) gesehen haben, die Gruppe von Voraussetzungen, die in der Verschiedenheit des komplexen Insolationsreizes von Christiania mit dem komplexen Insolationsreiz von Mitteleuropa besteht, wieder eliminiert werden, und doch bleibt der Ablauf derselbe. Denn auch in Mitteleuropa kultiviert brauchen die nächsten Generationen zu ihrer Reife eine ganz erheblich kürzere Zeit, als ihre durch Kultur in Christiania engraphisch nicht beeinflußten Voreltern.

In letzterem Beispiel haben wir bereits ein ontogenetisches Phänomen, das sich als ein zweifellos mnemisches erweisen läßt, und zwar durch das für diese Prozesse sicherste Kriterium: durch die experimentelle Prüfung der engraphischen Einwirkungen. Daß es sich dabei, was die Reaktionen anlangt, um das Tempo der sonst bereits festgelegten Reaktionen handelt, nicht um deren erste Erzeugung, ist prinzipiell für die uns beschäftigende Frage ohne Bedeutung.

Aber bei der ungeheuern Mehrzahl der ontogenetischen Erscheinungen, bei denen eine experimentelle Prüfung der etwaigen engraphischen Reizwirkungen nicht möglich ist, läßt sich doch experimentell ein anderer Nachweis erbringen, der uns bestimmen muß, diese Erscheinungen in die Klasse der mnemischen einzuordnen: wir können bei ihnen in ziemlich freier Weise bald diesen, bald jenen Teil der Voraussetzungen eliminieren, und dennoch wird der Ablauf zunächst nur insoweit verändert, als der Eingriff das Eintreten gewisser Reaktionen unmöglich macht — in dem Sinne, daß eine nicht vorhandene Zelle sich eben nicht mehr teilen kann —. Soweit die Organe für die Reaktionen überhaupt noch dasind, geht der Ablauf in ungestörter oder nahezu ungestörter Weise weiter, trotz sehr großer Beeinträchtigung der Voraussetzungen.

Dieser experimentelle Nachweis ist bereits für die Ontogenese aller möglichen Gruppen von Metazoen erbracht worden. Es ist klar, daß wir die Voraussetzungen eines Ablaufs in außerordentlich starker Weise verändern, wenn wir von dem System, in dem sich dieser Ablauf vollzieht, ansehnliche Teile, $^1/_2$ oder $^3/_4$ oder gar $^7/_8$ des Ganzen, entfernen. Und zwar ist diese Änderung der Voraussetzungen dann eine besonders große, wenn der Ablauf sich nicht auf Grund von äußerlich hinzutretenden Ursachen vollzieht, sondern lediglich oder doch ganz wesentlich durch innerhalb des Systems sich vollziehende Veränderungen bedingt ist.

Alles dies trifft zu, wenn wir die Bedingungen eines tierischen Keims während der Ontogenese durch operative Eingriffe verändern, wenn wir z. B. ein aus acht Zellen bestehendes Furchungsstadium einer Ctenophore halbieren, oder vierteilen oder gar achtteilen. Wir sehen dann den Ablauf in dem übriggebliebenen Rest des Systems fast genau so weitergehen, als hätte keine so außerordentliche Veränderung der Voraussetzungen, d. h. der den ganzen Ablauf bedingenden energetischen Situation, stattgefunden. Ich brauche den Leser wohl nicht erst darauf aufmerksam zu machen, daß, wenn man in solchen Fällen aussagt, der Rest entwickele sich durch »Selbstdifferenzierung« weiter, man die Tatsache nur von einem etwas andern Gesichtspunkt aus beschreibt, als wir es getan haben, ohne die Sache damit im mindesten erklärt zu haben. Auch wir betrachten es nicht als unsere Aufgabe, die Erscheinung zu erklären. Wir versuchen sie aber in eine größere Gruppe von Erscheinungen einzuordnen, und bei diesem Bestreben tun wir am besten, von Beschreibungen und Benennungen der Vorgänge, die von andern Gesichtspunkten aus geschaffen worden sind, vorläufig keine Notiz zu nehmen.

Auch an den sich entwickelnden Eiern der Echinodermen, Ascidien und Mollusken kann man in ähnlicher Weise wie an denen der Ctenophoren durch operative Eingriffe in ziemlich freier Weise außerordentlich starke Veränderungen der Voraussetzungen hervorrufen, ohne zunächst den Ablauf innerhalb des Restes des Systems in wesentlichen Punkten zu verändern. Daß dann später wesentliche Abweichungen von dem gewöhnlichen Ablauf eintreten, und zwar bei den letztgenannten Tierklassen früher als bei den Ctenophoren, beschäftigt uns vorläufig nicht. Wir haben auf diesen Umstand, dessen große Bedeutung wir noch erkennen werden, später ausführlich zurückzukommen.

Es wurde gesagt, daß man die Veränderung der Voraussetzungen, in unserem Falle das Verstümmeln der Systeme durch operative Eingriffe, in ziemlich freier Weise vornehmen könne, ohne den Ablauf innerhalb des Restes zu stören. Bei aller Freiheit, mit der wir bei unseren Eingriffen schalten, und nach Belieben bald diese, bald jene Teile des Systems entfernen können, hat dieses Belieben doch gewisse Grenzen, die je nach der Spezies, dem der untersuchte Organismus angehört, und dem Entwicklungsstadium, auf dem er sich befindet, verschieden ist. Ich komme hierauf im elften Kapitel noch ausführlicher zurück.

Wenn wir also früher gefunden haben, daß es ein Charakteristikum der mnemischen Phänomene (mnemische Erregungen manifestiert durch bestimmte Reaktionen) ist, daß sie zu ihrer Hervorrufung nur eines Teils und, mit gewissen Einschränkungen gesagt, nur eines beliebig zu wählenden Teils der Voraussetzungen bedürfen, der zur Hervorrufung der entsprechenden Originalerregungen erforderlich war, so ist es klar, daß die ontogenetischen Phänomene sich ihnen insofern angliedern, als bei ihrer Hervorrufung ebenfalls von den gewöhnlich vorhandenen Voraussetzungen große, bis zu einem gewissen Grade beliebig große Abstriche gemacht werden können. Es ist hervorzuheben, daß es sich hierbei um ein allgemeines Merkmal der ontogenetischen Prozesse bei allen Arten von Organismen und für alle Entwicklungsstadien handelt; nur das Maß der Veränderungen, die wir in den

Voraussetzungen anbringen dürfen, ohne den Ablauf unmöglich zu machen, schwankt nach Art und Entwicklungsstadium.

Allerdings geht nur bei einer Anzahl von Tierklassen — es dürfte sich allerdings wohl um die Majorität handeln — der Ablauf eine Weile nach Eintritt der Veränderung der Voraussetzungen ebenso weiter, wie bei ungestörten Voraussetzungen. Bei andern — hierher gehören die Hydromedusen, Amphioxus, Teleostier, Amphibien — wird zwar auch der Ablauf nicht unmöglich gemacht, aber er wird fast unmittelbar nach Eintritt der Änderung modifiziert. Die Art dieser Modifikation ist jedoch eine derartige, daß sie als weiteres starkes Argument für den mnemischen Charakter der Erregungen gelten kann, die sich in den plastischen Reaktionen der Ontogenese manifestieren.

Diese Modifikation des Ablaufs tritt übrigens auch gewöhnlich — wahrscheinlich immer, wenn auch manchmal erst sehr spät — in denjenigen Fällen auf, in denen der Ablauf zunächst noch eine Zeitlang ebenso weitergeht, als ob keine Veränderung der Voraussetzungen eingetreten wäre, also auch bei Echinodermen und Ascidien und vermutlich auch bei Ctenophoren. Höchstwahrscheinlich gehören auch die Mollusken und Anneliden hierher: doch sind die bisher an diesen Formen angestellten Experimente so lückenhaft, daß wir uns bei unseren Erörterungen lieber auf die weit vollständigeren Untersuchungsreihen bei den ersterwähnten Klassen beziehen.

Worin besteht nun diese Modifikation des Ablaufs?

Wir haben, wenn wir von ungestörtem Ablauf nach Elimination eines Teils der Voraussetzungen durch operativen Eingriff sprachen, dies »ungestört« immer nur in dem Sinne gebraucht, daß wir es in bezug auf die Reaktionen des zurückgebliebenen Restes des Systems, nicht aber in bezug auf die

Reaktionen der eliminierten Teile des Systems aufgefaßt haben. Daß mit jenen Teilen die auch an ihnen auftretenden Reaktionen fortfielen, ist ja selbstverständlich. Nun sehen wir aber an dem übriggebliebenen Rest entweder nach einiger Zeit oder in selteneren Fällen sogleich neben den gewöhnlichen Ablaufsreaktionen neue plastische Reaktionen auftreten, die bei aller von Fall zu Fall vorhandenen Verschiedenheit das eine Gemeinsame haben, daß sie schließlich eine Wiederherstellung der durch den Eingriff gestörten Voraussetzungen bewirken. Oder anders ausgedrückt, sie stellen eine Kongruenz her zwischen dem Zustand — zunächst denken wir dabei nur an den morphologischen Zustand — des operativ veränderten Restes des Systems und demjenigen Zustand, den das System erreicht haben würde, wenn kein Eingriff stattgefunden hätte.

Nun haben wir bereits im vorigen Kapitel (S. 197) bei Untersuchung der mnemischen Homophonie Reaktionen kennen gelernt, die bewirkten, daß eine Inkongruenz zwischen zwei Zuständen beseitigt wird. Es waren das zwei Erregungszustände, ein originaler und ein entsprechender mnemischer. In den uns jetzt beschäftigenden Fällen handelt es sich allerdings zunächst um morphologische Zustände. Wenn wir also die besprochenen ontogenetischen Beobachtungen mit unseren bei Untersuchung der mnemischen Homophonie gewonnenen Resultaten in irgendwelche direktere Beziehung bringen wollen, so müssen wir folgendes nachweisen. Erstens: auch bei den ontogenetischen Phänomenen werden wir von den zunächst der Beobachtung vorliegenden morphologischen Zuständen auf Erregungszustände geführt. Zweitens: in den betreffenden Fällen sind die Bedingungen gegeben sowohl für das Vorhandensein eines Originalerregungszustandes, als auch für das Vorhandensein eines entsprechenden mnemischen Erregungszustandes. Drittens: die beobachteten neu hinzutretenden Reaktionen bewirken ganz oder teilweise die Beseitigung von Inkongruenzen bei der Homophonie jener beiden Erregungszustände.

Die Frage, ob den morphologischen Zuständen, die in der Ontogenese als klare Beobachtungstatsachen vorliegen, Erregungszustände entsprechen, ist leicht zu beantworten. Dabei wollen wir aber die Frage weiter fassen und sie auf alle morphologischen Zustände, auch die des ausgebildeten Organismus nach Abschluß der Ontogenese, ausdehnen. Es ist klar, daß durch den morphologischen Zustand eines Systems seine energetische Situation, und zwar seine innere enregetische Situation mitbedingt ist. Nur mitbedingt! Denn außer dem morphologischen Zustand spielt natürlich auch der chemische, thermische, elektrische usw., der ja von ersterem nur teilweise abhängig zu sein braucht, eine gleich bedeutende Rolle. Alle diese Teile der energetischen Situation wirken neben dem morphologischen Zustand mitbestimmend auf den jeweiligen Erregungszustand eines Organismus, und zu diesen Originalerregungen kommen ferner noch die mnemischen, die im gegebenen Augenblicke gerade im Organismus ekphoriert sind. Somit bestimmt der morphologische Zustand eines Organismus nur zum Teil den äußerst komplexen Erregungszustand, der im gegebenen Augenblick im Organismus abläuft. Er ist einer von mehreren Faktoren, aber er ist ein sehr wichtiger und ein in keinem Augenblick außer Wirksamkeit tretender Faktor. Sowie er sich ändert, muß sich auch der Erregungszustand ändern. Ein Teil dieses komplexen Erregungszustandes befindet sich also stets in einem bestimmten Abhängigkeitsverhältnis vom jeweiligen morphologischen Zustande des Organismus. Wir wollen diesen in sich wieder komplexen Teil des Erregungszustandes als den morphogenen Teil des Erregungskomplexes bezeichnen.

Diese Abtrennung eines morphogenen Teils von der Gesamtheit eines simultanen Erregungskomplexes betrachte ich nicht als eine begrifflich tiefer begründete und schärfer durchführbare. Sie erleichtert uns aber die Verständigung und mag deshalb als ein provisorischer Notbehelf in der gegenwärtigen Phase unserer Untersuchung ihre Dienste tun. Wenn wir den morphogenen Teil eines simultanen Erregungskomplexes als die Summe derjenigen Erregungen betrachten, die durch die »Positionsreize« der Entwicklungsphysiologen ausgelöst werden, so dürfen wir nicht vergessen, daß damit sein Inhalt nur summarisch angedeutet, nicht erschöpfend definiert ist. Diese Positionsreize werden sich bei weiterer Analyse in Reize verschiedener Reizkategorien auflösen lassen. Für unsere gegenwärtigen Zwecke dürfte aber ein derartiger Sammelbegriff genügen.

Wir beantworten demnach die erste der von uns aufgeworfenen Fragen dahin, daß dem morphologischen Zustande eines sich entwickelnden oder ausgebildeten Organismus ein bestimmter Teil seines jeweiligen Erregungszustandes entspricht, den wir summarisch den morphogenen Teil dieses Erregungszustandes genannt haben.

Die zweite Frage, die wir zu beantworten hatten, lautete: Waren in den Fällen, in denen wir die Voraussetzungen durch einen operativen Eingriff verändert hatten und darauf einen eigentümlich modifizierten Ablauf eintreten sahen, die Bedingungen vorhanden nicht nur für das Vorhandensein eines originalen, sondern auch für das Vorhandensein eines entsprechenden mnemischen Erregungszustandes?

Die Bedingungen jedenfalls. Für den Eintritt einer mnemischen Erregung sind zwei Voraussetzungen erforderlich: das Vorhandensein eines Engramms und die Ekphorie desselben. Dieses Engramm müßte in den uns vorliegenden Fällen, da es eine dem morphogenen Erregungsteil entsprechende Erregung liefern soll, das Produkt der wiederholten Einwirkung einer ähnlichen morphogenen Erregung sein. Nun ist es klar, daß, wenn es sich um ontogenetische Vorgänge handelt, die Positionsreize eines vorübergehenden Stadiums für das vorliegende Individuum jedesmal zum erstenmal und nur einmal erregend einwirken. Wohl aber haben dieselben oder äußerst ähnliche Reizkomplexe auf unzählige Aszendenten dieses Individuums erregend gewirkt. Daß diese Einwirkungen auch engraphisch gewirkt und die Engramme sich auf die Nachkommen übertragen haben, ist das, was wir beweisen wollen. Wir können dies aber nicht durch direkte experimentelle Nachprüfung, d. h. experimentelle Neuschaffung dieser Engramme — etwa ähnlich den Experimenten beim Hühnermais — beweisen, sondern müssen an fest gegebenen Zuständen die mnemische Natur bestimmter Erregungen darlegen (vgl. S. 88). Wir wollen im gegenwärtigen Augenblick das zu Beweisende einmal als bewiesen ansehen und annehmen, die morphogenen Erregungen h ä t t e n in jeder Generation engraphisch gewirkt, und die Engramme h ä t t e n sich auf die Nachkommen übertragen. Unsere Frage lautet dann weiter: Sind die Voraussetzungen vorhanden, daß diese erblich übertragenen morphogenen Engramme im entsprechenden Augenblick auch bei den Nachkommen ekphoriert werden?

Eine einfache Überlegung zeigt, daß in jeder Generation die morphologischen Zustände, deren energetische Einwirkung jene morphogenen Engrammkomplexe hervorgebracht hat, eine kontinuierliche Sukzession bilden. Hieraus folgt ohne weiteres, daß die morphogenen Engrammkomplexe sukzedent assoziiert sein müssen, daß also die Ekphorie des ersten fortlaufend die Ekphorie der ganzen Engrammkette bewirken muß. Wird daher beim Beginn einer Ontogenese — und dies ist, wie wir später zeigen werden, der Fall — das erste Engramm ekphoriert, so ist damit eine Voraussetzung gegeben, daß mit der Zeit alle seine Nachfolger in einer Weise, deren Abhängigkeiten wir noch näher studieren werden, zur Ekphorie gelangen.

Zu dieser einen Voraussetzung tritt aber noch eine zweite, die auf einer Ekphorie der einzelnen Glieder der Engrammsukzession mittels Originalreize beruht. Auf diese zweite Voraussetzung wollen wir aber erst später eingehen, und uns jetzt den konkreten Fällen operativ gestörter ontogenetischer Entwicklung wieder zuwenden, von denen wir ausgegangen sind.

Wir sahen bei operativer Entfernung von Teilen des sich entwickelnden Organismus im Überbleibsel nach einiger Zeit oder in selteneren Fällen sofort neben den ihm zugehörigen Ablaufsreaktionen neue plastische Reaktionen auftreten, die bei aller von Fall zu Fall vorhandenen Verschiedenheit das eine Gemeinsame haben, daß sie schließlich eine Wiederherstellung der durch den Eingriff gestörten Voraussetzungen bewirken, d. h. eine Kongruenz herstellen zwischen dem morphologischen Zustand des operativ veränderten, dabei aber in der Entwicklung fortfahrenden Restes des Organismus und demjenigen morphologischen Zustand, den der Organismus erreicht haben würde, wenn kein Eingriff stattgefunden hätte. Letzterer Zustand ist uns aus dem Studium der normalen Ontogenese bekannt.

Nun haben wir erkannt, daß der morphologische Zustand des operativ veränderten Restes des Organismus ein bestimmender Faktor des jeweiligen originalen Erregungszustandes dieses Restes ist. Dem morphologischen Zustande aber, den der Organismus erreicht haben würde, wenn kein Eingriff stattgefunden hätte, entspricht als Erregungzustand der mnemische morphogene Erregungszustand, dessen Vorhandensein wir zwar bisher nur in hypothetischer Form angenommen haben, für dessen Zustandekommen aber, wie nunmehr gezeigt worden ist, alle Bedingungen vorhanden sind. Es ist selbstverständlich, daß dieser mnemische morphogene Erregungszustand durch den operativen Eingriff nicht verändert wird, da es sich ja um ererbte Mneme handelt, die, wie wir (S. 142) angedeutet haben und im elften Kapitel noch ausführlicher nachweisen werden, jedem mnemischen Protomer eines Individuums in gleicher Weise zukommt, also auch durch Fortnahme von morphologischen Teilen aus dem Verbande des Ganzen nicht angegriffen werden kann.

Der Ausdruck: »der morphologische Zustand, den der Organismus erreicht haben würde, wenn kein Eingriff stattgefunden hätte« gewinnt Realität erst dadurch, daß wir das Abhängigkeitsverhältnis dieses Zustandes von dem entsprechenden, im operierten wie nicht operierten Organismus real vorhandenen mnemischen Zustande feststellen.

Wenn wir also nicht mehr die beiden morphologischen Zustände, von denen der eine in den gegebenen Fällen keine Realität besitzen kann, sondern die realisierbaren Erregungszustände ins Auge fassen, so fallen die plastischen Ausgleichsreaktionen (plastischen Regulationen), die bei der Störung der Entwicklung neben den gewöhnlichen, die Entwicklung fortführenden Reaktionen auftreten, in eine

Kategorie uns bereits bekannter Reaktionen. Wir haben oben (S. 192) gezeigt, daß wir auf objektivem Wege auf mnemische Homophonie nur aus dem Auftreten objektiv wahrnehmbarer Reaktionen schließen können, deren Charakteristikum darin liegt, »daß sie sich entsprechend der Kongruenz oder Inkongruenz eines originalen Erregungszustandes mit einem früher einmal bei demselben Organismus oder bei seinen direkten Vorfahren vorhanden gewesenen Erregungszustand modifizieren, für dessen Ekphorie als mnemischer Erregungszustand jetzt wieder die Bedingungen vorhanden sind. Von diesen Reaktionen sind am beweisendsten für die Anwesenheit und Wirksamkeit von Homophonie diejenigen, die bewirken, daß die Inkongruenz beseitigt wird« (S. 200).

Wir können unsere Schlußfolgerung demnach jetzt folgendermaßen formulieren. Bei experimentellen oder zufälligen Störungen der Ontogenese treten Reaktionen auf, die sich entsprechend der Inkongruenz zwischen einer morphogenen Originalerregung und einer früher einmal bei den direkten Vorfahren des Organismus vorhanden gewesenen morphogenen Erregung modifizieren, und zwar in der Weise modifizieren, daß sie mit der Zeit diese Inkongruenz beseitigen. Aus diesen Reaktionen dürfen wir auf mnemische Homophonie schließen, d. h. es als bewiesen ansehen, daß gleichzeitig neben der morphogenen Originalerregung der früher einmal bei den Vorfahren vorhanden gewesene morphogene Erregungszustand jetzt als mnemische Erregung wieder aufgetreten ist.

Ehe wir uns nunmehr das ontogenetische Geschehen unter dem Einflusse dieser mnemischen Homophonie genauer in seinen einzelnen Phasen vor Augen führen, wollen wir noch auf einen vorher nur kurz berührten Punkt zurückkommen.

Wir hatten gesehen, daß die morphogenen Engrammkomplexe sukzedent assoziiert sind, daß also die Ekphorie des ersten fortlaufend die Ekphorie der ganzen Engrammkette bewirkt. Wir hatten aber gleich bemerkt, daß dazu eine zweite Möglichkeit der Ekphorie der einzelnen Glieder tritt, und zwar einer Ekphorie auf Grund von Originalreizen. Wir wollen diesen Punkt jetzt einer näheren Betrachtung unterziehen, und verfolgen dazu die Kette der Erregungen und morphologischen Veränderungen, die bei einem beliebigen ontogenetischen Ablauf tätig sind, indem wir als Ausgangspunkt den Eintritt eines mnemischen morphogenen Erregungskomplexes wählen. Dieser Erregungskomplex wird für uns durch den Eintritt eines Reaktionskomplexes manifest, und die dadurch geschaffene energetische Situation wirkt als Originalreiz und erzeugt als solcher einen originalen Erregungskomplex, der im Falle ungestörter Ontogenese dem mnemischen Erregungskomplex, von dem wir ausgegangen sind, im ganzen entspricht (Kongruenz der Homophonie). Es ist nun klar, daß in diesem Falle jeder der beiden homophonen Erregungskomplexe ekphorisch auf den nächsten sukzedent assoziierten Engrammkomplex wirken muß.

Von ihrer gemeinsamen Wirksamkeit können wir uns eine Vorstellung verschaffen, indem wir einen analogen, uns mittels Introspektion zugänglichen Fall untersuchen. Wenn uns eine altbekannte Melodie auf einem Instrument vorgespielt wird, so wirken auch mnemische und originale Erregungen zusammen ekphorisch auf die sukzedierenden Engrammkomplexe. Verstummt das Instrument plötzlich, so läuft doch der mnemische Vorgang noch eine Zeitlang weiter. Ist er dann nach einiger Zeit am Stillstehen, so kann er durch ein paar von neuem vorgespielte Takte wieder einen neuen Anstoß erhalten. Was das Tempo anlangt, in dem die Sukzessionen ablaufen, so dominieren in seiner Bestimmung entweder die mnemischen oder die originalen Erregungen. Jedenfalls wird auch darin mit der Zeit immer eine Kongruenz der Homophonien hergestellt. Bei einem Kapellmeister zum Beispiel, der sich durch ein zu lebhaftes Tempo, in das sein Orchester verfallen, ins Schlepptau nehmen läßt und einen Satz übermäßig schnell abdirigiert, überwiegen bei der Ekphorie die originalen Erregungen über die mnemischen. Ein anderer dagegen, dessen mnemische Erregungen eine größere Kraft besitzen, überwindet die Gewalt der originalen Einwirkungen und weiß dieselben durch sein hemmendes Taktieren der Herrschaft der mnemischen Gewalten unterzuordnen. Jedenfalls sieht man, daß in beiden Fällen beide Arten von Erregungen ekphorisch wirksam sind. Bei ihrer Wirksamkeit gilt auch wieder die Regel, daß, wenn keine Kongruenz bei der Homophonie vorhanden ist, dieselbe auf dem einen oder dem andern Wege mit der Zeit hergestellt wird.

Bei der Ontogenese wird nun wohl das Tempo der Abläufe der Sukzessionen ganz vorwiegend von dem Tempo der originalen Reizkomplexe beherrscht[1], die ihrerseits von dem Tempo abhängig sind, das die plastischen Reaktionen zu ihrem Ablauf brauchen. Denn das Tempo der mnemischen Abläufe kann akzeleriert und retardiert werden, das der von den plastischen Reaktionen abhängigen originalen Erregungen ist durch diese, die von vielen äußeren, besonders thermischen, Bedingungen abhängig sind, bestimmt.

An dem Satze, daß bei den ontogenetischen Abläufen die Ekphorie eines Engramms durch die gemeinsame Wirkung des präzedenten mnemischen und des mit ihm homophonen

[1] Diese Regel hat indessen auch Ausnahmen. Vgl. die Anmerkung S. 243.

originalen Erregungskomplexes erfolgt, wird in der Hauptsache nichts geändert, wenn infolge operativer Eingriffe der originale Erregungskomplex verkleinert, sozusagen verstümmelt wird. Denn, wie wir wissen, ist es ein allgemeines mnemisches Gesetz, daß schon die Wiederkehr eines bloßen Teiles eines Reizkomplexes ekphorisch auf einen Engrammkomplex wirkt.

Indem wir uns vorbehalten, später noch auf einige speziellere Fälle der Ekphorie der ontogenetischen Engramme zurückzukommen, geben wir in folgendem ein Schema, das die Abläufe bei der normalen Ontogenese, und ein zweites, das die Abläufe bei der experimentell gestörten Ontogenese darstellt, wobei wir zunächst nur die Abläufe solcher Erregungen ins Auge fassen, die sich in plastischen Reaktionen manifestieren.

Schema der Abläufe bei der normalen Morphogenese.

Phase *a*	Phase *b*	Phase *c*
	a (or) und *a* (mn) wirken gemeinsam sukzedent ekphorisch auf Engrammkomplex *b* (engr). Es resultiert der mnemische Erregungskomplex	*b* (or) und *b* (mn) wirken gemeinsam sukzedent ekphorisch auf Engrammkomplex *c* (engr). Es resultiert der mnemische Erregungskomplex
Mnemischer Erregungskomplex *a* (mn) →	*b* (mn) →	*c* (mn)
↓	↓	↓
Plastische Reaktionen: Morphologischer Zustand *a* (z)	Plastische Reaktionen: Morphologischer Zustand *b* (z)	Plastische Reaktionen: Morphologischer Zustand *c* (z)
↓	↓	↓
Originaler Erregungskomplex *a* (or) ↑	Originaler Erregungskomplex *b* (or) ↑	Originaler Erregungskomplex *c* (or)
[Homophonie zwischen *a* (mn) und *a* (or)]	[Homophonie zwischen *b* (mn) und *b* (or)]	[Homophonie zwischen *c* (mn) und *c* (or)]

Schema der Abläufe bei der gestörten Morphogenese.

(In Phase *a* sei durch einen Eingriff der morphologische Zustand *a* in den Zustand α verwandelt worden.)

Phase *a*	Phase *b*	Phase *c*
Mnemischer Erregungskomplex *a* (mn) →	α (or) und *a* (mn) wirken gemeinsam sukzedent ekphorisch auf Engrammkomplex *b* (engr). Es resultiert der mnemische Erregungskomplex *b* (mn) →	β (or) und *b* (mn) wirken gemeinsam sukzedent ekphorisch auf Engrammkomplex *c* (engr). Es resultiert der mnemische Erregungskomplex *c* (mn)
↓ Plastische Reaktionen: Morphologischer Zustand α (z), [welcher anstatt *a* (z) infolge einer Störung eingetreten ist]	↓ Plastische Reaktionen: Morphologischer Zustand β (z)	↓ Plastische Reaktionen: Morphologischer Zustand γ (z)
↓ Originaler Erregungskomplex α (or) - - - ↑ [Homophonie zwischen *a* (mn) und α (or)]	↓ Originaler Erregungskomplex β (or) - - - ↑ [Homophonie zwischen *b* (mn) und β (or)]	↓ Originaler Erregungskomplex γ (or) [Homophonie zwischen *c* (mn) und γ (or)]
↓ Eventuell: Plastische Reaktionen in der Richtung des Ausgleichs der Inkongruenz $a:\alpha$	↓ Eventuell: Plastische Reaktionen in der Richtung des Ausgleichs der Inkongruenz $b:\beta$	↓ Eventuell: Plastische Reaktionen in der Richtung des Ausgleichs der Inkongruenz $c:\gamma$.

In bezug auf die Phase *c* des zweiten Schemas bemerke ich noch, daß, wenn die plastische Reaktion in der Richtung des Ausgleichs der Inkongruenz zwischen *c* und γ diesen Ausgleich herbeiführt, die Ontogenese von da an als normale weiter verläuft, d. h. die dann folgende mnemische Erregung *d* ruft den morphologischen Zustand *d* (z), nicht δ (z) hervor.

Zu den beiden obenstehenden Schemata haben wir noch folgende Bemerkungen hinzuzufügen, die für ihre richtige Auffassung von Bedeutung sind. Es ist selbstverständlich, daß diese Schematisierungen nur dadurch ihrer Aufgabe gerecht werden können, uns den Überblick über das ungeheuer verwickelte Getriebe des Naturgeschehens zu erleichtern, daß sie durch mehr oder weniger willkürliche Trennung, Weglassung und Zusammenziehung eine Vereinfachung herbeiführen.

Eine willkürliche Trennung ist zunächst die Phaseneinteilung der Ontogenese, mögen wir die Dauer der Phase nun durch ein siderisches oder durch ein aus dem organischen Ablauf selbst gewonnenes Zeitmaß bemessen. Wählen wir z. B. bei einem bestimmten ontogenetischen Prozeß den Zeitraum, der zum vollständigen Ablauf einer Kernteilung erforderlich ist, als Zeiteinheit für die Phaseneinteilung, so finden wir uns doch gleich dadurch wieder in Verlegenheit, daß dieses Zeitmaß selbst für den gerade vorliegenden Organismus ein keineswegs konstantes ist, sondern je nach äußeren und inneren Bedingungen und zudem noch von Kern zu Kern innerhalb ziemlich weiter Grenzen schwankt. Immerhin wäre es vielleicht nicht unpraktisch, die mittlere Zeitdauer der Kernteilungen eines Organismus als Zeitmaß für die Phaseneinteilung der Ontogenese dieses Organismus zu verwenden, wenn man sich der Willkür dieser Kontinuitätstrennung bewußt bleibt und der Phaseneinteilung keine tiefere Bedeutung beilegt als etwa der Einteilung einer fortlaufenden Melodie in Takte. Wie in einem polyphonen Musikstück können sich innerhalb eines solchen Taktes sehr viele verschiedene Abläufe in sehr verschiedenen Einzeltempi vollziehen und die Kontinuität der Einzelkomponenten, hier

Töne, ebensowohl innerhalb der Takte unterbrochen werden als zwischen zwei Takten.

Somit ist es ferner auch als eine willkürliche Vereinfachung in unseren Schemata aufzufassen, wenn sich in denselben die komplizierten Abläufe in ihrer Totalität scheinbar genau in die Phaseneinteilung einordnen. In konkreten Fällen ist die Möglichkeit einer solchen glatten Einordnung wohl so gut wie ausgeschlossen. Auch ist die Ausdrucksweise, Erregungskomplex *a* wirke ekphorisch auf Engrammkomplex *b*, natürlich eine ganz summarische. Betreffs der Verbindung der Engrammkomplexe untereinander bitte ich die allgemeinen Ausführungen auf Seite 120 noch einmal durchzulesen und das Schema auf Seite 121 anzusehen. Die dortigen Ausführungen über die näheren und ferneren Verbindungen zwischen den einzelnen Komponenten der simultanen und sukzedenten Engrammkomplexe gelten auch durchaus für die Verbindungen der Komponenten morphogener Engrammkomplexe bei der Ontogenese.

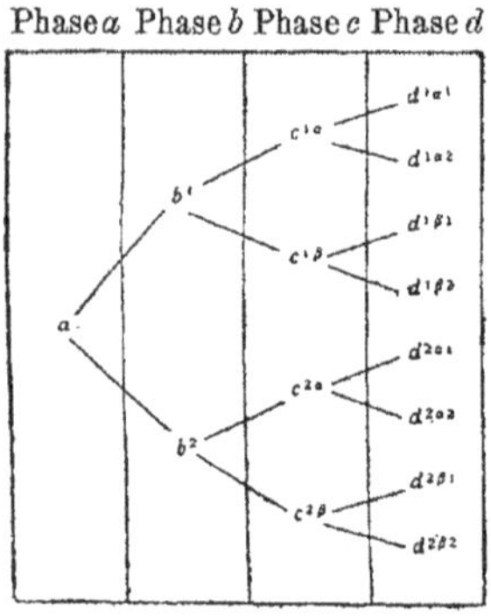

So würden in einem sehr vereinfachten Schema nach Art des auf S. 121 wiedergegebenen die Verbindungen der Komponenten, kürzer gesagt, die Komposition des morphogenen Engrammkomplexes bei einer äqualen Eifurchung sich wie nebenstehend gestalten.

Wie wir sehen, stellt sich uns aus diesem Schema der Charakter der Verknüpfung der Engramme als der einer simultan ekphorierbaren (weil in ihren Komponenten simultan assoziierten) Dichotomie dar (vgl. S. 134). Von den Verbindungen der Assoziationen der Engrammkomponenten sind im allgemeinen die sukzedenten inniger als die simultanen. Dies geht aus der Tatsache hervor, daß bei der Ontogenese die Simultan komplexe lange nicht so fest gebunden sind als die Komposition der Sukzessionen.

Die Ekphorie gewisser zusammengehörigen Komponenten eines simultanen Engrammkomplexes kann durch allerlei Einflüsse so beschleunigt oder verzögert werden, daß sie in einer früheren oder einer späteren Phase erfolgt, als die der mit ihnen simultan assoziierten Komponenten. Es ergibt sich dies schon aus der statistischen Tatsache, daß die Entwicklungshöhe der Organe in den einzelnen »Stadien« normalerweise innerhalb gewisser, meist allerdings relativ enger Grenzen schwankt. Gehen wir hiervon als von etwas von vornherein Gegebenem aus, so ergibt sich weiter, daß, da bei jeder Wiederholung in der Folge der Generationen die Zusammensetzung der Simultankomplexe eine innerhalb einer bestimmten Breite schwankende ist, dies auch mnemisch in einer gewissen Verwischung der ekphorischen Kraft der Simultanassoziationen zum Ausdruck kommen muß. Die ekphorische Bedeutung der sukzedenten Assoziationen dagegen, die bei jeder Wiederholung annähernd dieselben sind, steigert sich eben aus diesem Grunde durch jede neue Wiederholung, und übertrifft an Wirksamkeit weit die verwischteren Simultanassoziationen.

Wir können den ontogenetischen Ablauf in dieser Beziehung mit der ebenfalls unter der Herrschaft der Mneme ablaufenden Reproduktion eines Musikstücks vergleichen, bei dem zwar jede einzelne Stimme an sich korrekt durchgeführt wird, bei dem aber das Zusammenspiel der Stimmen leichten Schwankungen unterliegt, die sich gerade so weit in Schranken halten, daß der Totalablauf nicht zerstört wird. Menschen von geringer musikalischer Begabung produzieren auf dem Klavier besonders dann eine solche Musik, wenn die Baßstimme einem andern Rhythmus zu folgen hat als die Diskantstimme, oder wenn beim Selbstakkompagnement zum Gesang Gesangstimme und Begleitung verhältnismäßig selbständigen Bahnen zu folgen haben.

Größere Abweichungen in dieser Richtung werden freilich sowohl beim morphogenetischen Geschehen als auch bei der musikalischen Reproduktion durch regulierende Reaktionen zum Verschwinden gebracht, die sich einstellen, wenn die Inkongruenz zwischen den Originalerregungen und den mnemischen Erregungen ein gewisses Maß überschreitet.

Noch auf einen Punkt müssen wir schließlich eingehen, um einen naheliegenden Irrtum auszuschließen. Auf S. 234 haben wir ein Schema der Komposition der morphogenen Engramm- bzw. Erregungskomplexe bei einer äqualen Eifurchung gegeben. Entwerfe ich nun ein zweites Schema, das nicht die Verbindungen der Engramme bzw. Erregungen, sondern die Verbindungen der auseinander hervorgehenden Zellen wiedergibt, so könnte man aus den Übereinstimmungen dieser graphischen Darstellungen auf den Gedanken kommen, in jeder Phase entspräche je eine Engramm- bzw. Erregungskomponente derart eine bestimmten Zelle, daß diese Komponente nun auch in dieser Zelle lokalisiert sei. Die Unmöglichkeit dieser Vorstellung ergibt sich aber schon aus unsern Auseindersetzungen über das Ausstrahlen der Erregungen über den ganzen Organismus (S. 152) und wäre in der Tat nur denkbar, wenn jede Zelle gegen ihre Nachbarschaft in bezug auf Reizleitung isoliert wäre, wovon natürlich keine Rede sein kann. Der Ablauf der Erregungen vollzieht sich vielmehr im Organismus in der im folgenden Schema wiedergegebenen Weise, das zur Ergänzung des Schemas auf S. 234 dienen möge.

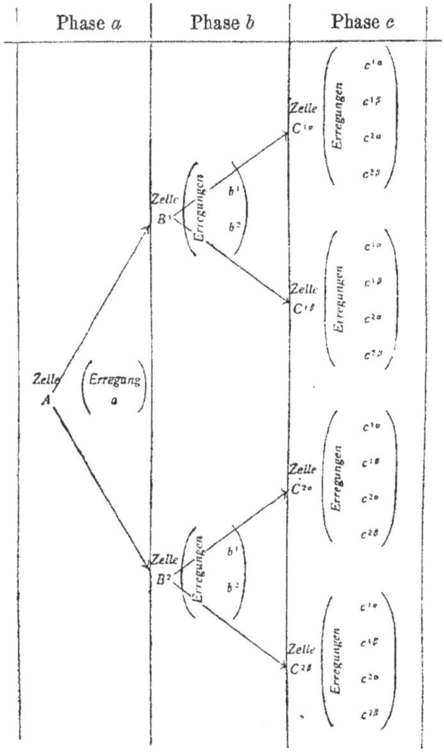

Jeder morphogene Erregungskomplex spielt sich also nicht innerhalb des Organismus in einer morphologisch streng lokalisierten Verteilung ab, dergestalt, daß die eine Erregungskomponente nur in dieser, die andere in jener Zelle abläuft (ähnlich jener von uns zurückgewiesenen Magazinlokalisation der Gehirnphysiologie), sondern sein Ablauf erfolgt als ein sich in jeder Zelle, ja in jedem mnemischen Protomer wiederholender.

Neuntes Kapitel.

Das ontogenetische Initialengramm und der ontogenetische Ablauf.

Die Entwicklung einer Organismenreihe stellt sich, wie wir S. 69 gesehen haben, als eine Kontinuität dar, die zeitlich und räumlich in Phasen verläuft. Jeder Zeitphase entspricht als räumliche Phase ein Individuum. Während die zeitliche Kontinuität eine absolut ununterbrochene ist, kann die räumliche Kontinuität insofern unterbrochen sein, als sich bei Beginn einer jeden solchen Individualitätsphase eine räumliche Kontinuitätstrennung auszubilden pflegt. Dieselbe ist bei geschlechtlicher Fortpflanzung die Regel; bei ungeschlechtlicher kann sie ganz ausbleiben oder sich doch erst sehr spät einstellen. Trotz dieser Kontinuitätstrennung dürfen wir nie vergessen, daß die eigentliche Entwicklung sich ausnahmslos als fortlaufende Linie darstellt, deren Unterbrechungen durchweg sekundärer Natur sind, d. h. an einem Punkte stattfinden, der von der Führungslinie bereits durchlaufen ist.

Die Kontinuitätstrennung ist für unsere jetzigen Betrachtungen deshalb noch von besonderer Bedeutung, weil durch dieselbe zwischen elterlichem und kindlichem Organismus auch mnemisch eine Trennung vollzogen wird. Erst nach Vollzug dieser Trennung ist für den kindlichen Organismus die Möglichkeit gegeben, Engramme zu erwerben, an denen der elterliche Organismus keinerlei Anteil hat; er erhält dadurch auch mnemisch seine eigene Individualität.

Wenn der kindliche Organismus sich vom elterlichen abgelöst hat, tritt nun in der überwiegenden Mehrzahl der Fälle der neue ontogenetische Ablauf nicht ohne weiteres ein. Wenn wir von den männlichen Keimen absehen, die aus äußeren Gründen unvermögend sind, nach ihrer Ablösung ohne weiteres den Entwicklungszyklus zu wiederholen, und nur die günstiger gestellten weiblichen Keime berücksichtigen, so finden wir auch diese nach Ablauf gewisser Veränderungen, die wir als Eireifung bezeichnen, meist unvermögend, den neuen Entwicklungszyklus zu beginnen, wenn nicht ein äußerer Anstoß hinzutritt. Ohne diesen verharrt gewöhnlich das Ei im Ruhezustand und stirbt, wenn der Anstoß sehr lange Zeit ausbleibt, endlich ab.

Wenn wir dieses Stadium als Ausgangspunkt der Ontogenese wählen, wie dies ja auch bisher von seiten der deskriptiven und experimentellen Entwicklungslehre stets gegeschehen ist, so bedarf es, um den Organismus in Phase *a* unseres Schemas S. 234 eintreten zu lassen, in den allermeisten Fällen eines besonderen, von außen hinzutretenden Reizes, um die Ekphorie des Engramms, das wir das ontogenetische Initialengramm nennen wollen, zu bewirken und die mnemische Erregung *a* zu aktivieren.

Der Reiz, der normalerweise ekphorisch auf das ontogenetische Initialengramm wirkt, ist ein mit dem Befruchtungsvorgange verbundener Reiz. Welcher von den zahlreichen energetischen Einflüssen, die beim Befruchtungsvorgang in Tätigkeit gesetzt werden, im speziellen die ekphorische Wirkung ausübt, wollen wir jetzt nicht untersuchen, so interessant und wichtig diese Frage an sich auch ist.

Es ist nun aber besonders lehrreich und spricht seinerseits sehr für den mnemischen Charakter der die Ontogenese eröffnenden Erregung, daß der auslösende Reiz gar kein spezifischer zu sein braucht, sondern daß an Stelle des normal auslösenden Reizes eine ganze Reihe anderer, ganz verschiedenen Reizkategorien angehörige Reize treten können. Ich verweise hier auf das über vikariierende Ekphorie S. 52 und 90 Gesagte. So vermag nicht nur ein aus dem Sperma der Echinodermen gewonnener Extraktivstoff den Teilungsvorgang des reifen, aber unbefruchteten Echinodermeneies in Gang zu setzen (Winkler). Auch andere chemische Reize (Reizung mittels konzentrierter Lösungen von NaCl, $MgCl_2$, ferner Sckwefelsäure, Rohrzucker, Harnstoff, Strychnin, Diphtherieserum) wirken ekphorisch auf das Initialengramm der weiblichen Keimzellen der verschiedensten tierischen Organismen. Daß sie gewöhnlich daneben eine schädigende Wirkung auf den zarten Keim ausüben, der sich in Unregelmäßigkeit der Teilungen und frühem Absterben des Keimlings äußert, ist für die Sache selbst ohne Bedeutung. Ob bei der durch Abkühlung des Seewassers bis zum Gefrieren angeregten Teilung unbefruchteter Seeigeleier (Morgan) der ekphorische Reiz ein thermischer oder chemischer (Veränderung der Konzentration der übrigbleibenden Lösung bei Ausbildung von Salzkristallen) ist, möge dahingestellt bleiben. Nach Tichomirow soll sich die Teilung des Eies von Bombyx mori auch durch mechanische Reize (längere Zeit hindurch fortgesetztes Bürsten der Eier) einleiten lassen.

Während wir bei diesen Fällen experimentell erzeugter Parthenogese den Reiz kennen, der ekphorisch auf das ontogenetische Initialengramm wirkt, befinden wir uns bis jetzt noch in Unkenntnis über die ekphorischen Reize in den seltenen Fällen, in denen die Parthenogenese als normale Erscheinung bei einer Organismengruppe auftritt, wie z. B. bei Rotatorien, Daphniden, Insekten. In manchen Fällen ist vielleicht ein äußerer Reiz chemischer oder mechanischer Natur bei der Ablage der Eier, die aus der Leibesflüssigkeit in die Luft oder das Wasser gelangen, wirksam. In andern Fällen aber, z. B. bei den parthenogenetisch viviparen Aphiden, kommt ein solcher äußerer Reiz nicht in Frage. An die Reifung des Eies schließt sich gleich seine Teilung an. Hier wirken höchstwahrscheinlich die Prozesse der Reifung ekphorisch auf das in diesem Falle sukzedent assoziierte ontogenetische Initialengramm.

Bei der asexuellen Entwicklung der aus den Sporen entstehenden Generation der Farne wirkt die Befeuchtung der Sporen ekphorisch auf das ontogenetische Initialengramm der letzteren.

Ist durch einen ekphorischen Reiz irgendwelcher Art das ontogenetische Initialengramm aktiviert, so findet der weitere Ablauf der Ontogenese in der Hauptsache nach den im vorigen Abschnitt entwickelten Prinzipien statt. Indessen ist der Ablauf auch von den äußeren Bedingungen abhängig, die dabei bald eine mehr passive, bald eine mehr aktive Rolle spielen.

Eine gewöhnlich mehr passive, dabei aber immer sehr wichtige Rolle spielt die Temperatur, in der die Entwicklung abläuft. Da das Tempo des ganzen Stoffwechsels und im Zusammenhang damit der plastischen Reaktionen von ihr abhängig ist, beherrscht sie das Tempo des Eintritts der Originalerregungen und damit auch, wie wir S. 230 auseinandergesetzt haben, das Tempo (nicht den Rhythmus) der ganzen Abläufe sowohl der originalen als auch der mnemischen Erregungen. Durch Herabsetzung der Temperatur können wir den ganzen Ablauf außerordentlich retardieren. Ob wir ihn zum vollständigen Stillstand bringen können, ohne den Organismus dauernd zu schädigen, ist durch neuere Untersuchungen von O. Schultze an Eiern von Rana fusca fraglich geworden[1]. Wie dem auch sei, nach Eintritt normaler Bedingungen, im vorliegenden Falle normaler Temperaturen, geht der Ablauf in gewöhnlichem Tempo weiter, ohne daß ein neuer, von außen herkommender Originalreiz erforderlich wäre, ihn wieder in Betrieb zu setzen.

Ähnliche, für gewöhnlich mehr passive Rolle spielen beim Ablauf der Ontogenesen Belichtung, Beschaffenheit des Mediums, Nahrungszufuhr. Doch kann jeder dieser Faktoren auch unter Umständen in einer bestimmten Phase einer Ontogenese eine aktive Bedeutung erlangen, indem die Ekphorie gewisser Engramme nicht auf dem gewöhnlichen Wege der sukzedenten Assoziation erfolgt, sondern ausbleibt, wenn nicht bestimmte äußere Reize als ekphorische hinzutreten.

So treten z. B. gewisse Veränderungen an Kiemen, Haut und Schwanz bei den Larven vieler Salamandrinen erst dann auf, wenn man den jungen Tieren Gelegenheit gibt, mit der atmosphärischen Luft auf irgendeine Weise in direkte Berührung zu kommen. Verhindert man diese Berührung,

[1] Bei der Entwicklung des Rehes tritt ebenfalls nicht, wie neuerdings von F. Keibel (Archiv f. Anat. u. Physiol. Anat. Abt. 1902) gegen Bischoff festgestellt worden ist, ein vollkommener Stillstand des Entwicklungsganges, sondern nur eine außerordentliche Verlangsamung seines Tempos ein. Diese Verlangsamung ist aber nicht, wie bei der sogenannten Kälteruhe, durch den äußeren Faktor der Temperatur bedingt. Höchstwahrscheinlich steht in diesem besonderen Falle das Tempo des Ablaufs unter der Vorherrschaft eines mnemisch fixierten Rhythmus.

beispielweise dadurch, daß man die Tiere durch ein unterhalb der Wasseroberfläche angebrachtes Drahtnetz ganz von der Luft absperrt, so können bei manchen Formen diese Veränderungen überhaupt völlig ausbleiben und die Tiere in diesem Zustande weiterleben, weiterwachsen und geschlechtsreif werden.

Es handelt sich in diesem und ähnlichen Fällen bei Ausbleiben der auf äußere Reize gestellten Ekphorien nicht um einen gänzlichen Stillstand der Entwicklung — die Tiere wachsen ja und werden unter Umständen geschlechtsreif —, sondern nur um Ausfall gewisser Teile der Erregungskomplexe, die einer stärkeren Ekphorie durch Originalreize bedürfen, um aktiviert zu werden. Eine nähere Untersuchung solcher nicht gerade häufigen Fälle lehrt uns, daß diese Abhängigkeit der Ekphorie von einem äußeren Reiz meist eine ganz besondere biologische Bedeutung hat, eine Bedeutung, die diese Ausnahmefälle als nützliche Anpassungen erscheinen läßt. Es erscheint uns »nützlich«, daß der Axolotl oder Salamander erst dann seine Kiemen verliert und sich zum Landtier umbildet, wenn er Gelegenheit hat, das trockene Land zu erreichen. Ich will an dieser Stelle nicht versuchen, in diese Fragen tiefer einzudringen, und mich nicht auf abseits führende Wege begeben, indem ich das große Problem, wie wir uns solche nützlichen Anpassungen entstanden zu denken haben, in irgendeiner Form diskutiere. Es wird Aufgabe einer besonderen Untersuchung sein, die Darwinsche Lehre im Lichte der allgemeinen, in dem vorliegenden Werke gewonnenen Anschauungen zu betrachten. Ich möchte hier nur vorwegnehmend bemerken, daß diese zukünftige Auseinandersetzung keineswegs zu einer Bekämpfung, höchstens in Einzelfällen zu einer Einschränkung der neuerdings so leidenschaftlich angegriffenen Selektionslehre führen wird.

Zurückkehrend zu den Fällen, in denen zur Ekphorie eines morphogenen Engramms der gewöhnliche, S. 231 gekennzeichnete Weg nicht zum Ziele führt, sondern das Hinzutreten eines äußeren Reizes erforderlich ist, wollen wir außer dem Hinweis, daß es sich in diesen Fällen um besondere Anpassungen handelt, noch hervorheben, daß wir in den meisten Fällen nachweisen können, daß dieser äußere ekphorische Reiz wenigstens ein Bruchteil eines ehemaligen engraphischen Reizes ist, der die Vorfahren der betreffenden Organismen in den entsprechenden Stadien beeinflußt hat. Tritonlarven verlieren gewöhnlich ihre Kiemen, wenn man ihnen nur gestattet, an die Oberfläche des Wassers zu kommen und Luft zu schlucken, auch wenn sie keine Gelegenheit haben, sich aufs Trockne zu begeben und die Kiemen selbst der atmosphärischen Luft zu exponieren. Phylogenetisch haben ohne Zweifel der gänzliche Verlust der Kiemen und die Umwandlungen an Haut und Schwanz unter viel direkterem und intensiverem Einfluß der atmosphärischen Luft und des Lebens im Trockenen stattgefunden. Jetzt genügt ontogenetisch ein Bruchteil dieser Reize, um bei den Nachkommen eine Ekphorie der auf jene zurückzuführenden Engramme zu erzielen.

Wir sagten vorhin, daß es sich bei Ausbleiben der durch äußere Reize repräsentierten Ekphorien nicht um einen gänzlichen Stillstand der Entwicklung, sondern nur um Ausfälle gewisser Teile der Erregungskomplexe handle. Hier müssen wir uns aber der Frage zuwenden, wie dieses möglich ist. Wird denn nicht immer ein ganzer simultaner Engrammkomplex in seiner Totalität ekphoriert, sondern bedarf es unter Umständen noch spezieller Ekphorien für seine einzelnen Teile? Wir greifen hier auf unsere die Ekphorie im allgemeinen behandelnden Ausführungen S. 177 zurück und erinnern uns, daß die Wiederkehr eines Bruchteils eines originalen Erregungskomplexes durchaus nicht immer imstande ist, den zugehörigen Engrammkomplex in toto zu ekphorieren (vgl. auch das Schema S. 172). In manchen, gar nicht besonders seltenen Fällen kann dies oder jenes Engramm eines Engrammkomplexes überhaupt nicht auf dem Wege simultaner Assoziation, sondern nur durch Wiederkehr der ihm entsprechenden Originalerregung ekphoriert werden. Der Reiz, der diese Wiederkehr auslöst, kann dabei ein außerordentlich abgeschwächter sein, wenn z. B. zwar keine Beschreibung, keine Zurückrufung von Situationen und Vorgängen, bei denen ein lange nicht gesehener Bekannter eine Rolle gespielt hat, dessen Züge in unserem Gedächtnis zu ekphorieren vermögen, während eine flüchtige Bleistiftskizze seines Gesichts dies sofort tut. Oder wenn ein nur gelegentlicher und kurzer Kontakt mit der atmosphärischen Luft bei den meisten Salamandrinen einen Erregungskomplex ekphoriert, der sich in Reaktionen wie: Abstoßung der Kiemen, Veränderungen an der Haut und am Schwanze manifestiert, eine Ekphorie, die bei den Larven mancher Gattungen, auch wenn sie darüber heranwachsen und geschlechtsreif werden, unterbleibt, falls jeder Kontakt mit der atmosphärischen Luft unmöglich gemacht wird.

In unserem Schema der Abläufe bei der normalen Morphogenese haben wir also noch für gewisse Ausnahmefälle folgenden Zusatz anzubringen:

Ergänzungsschema zu S. 231.

Phase r	Phase s
Mnemischer Erregungkomplex r (mn) ——→	r (or) + r (mn) vermögen in diesem Spezialfall nicht allein den vollen Engrammkomplex s (engr) auf dem Wege der sukzedenten Assoziation zu ekphorieren. Zur Ekphorie eines bestimmten Bruchteils, nämlich s^n (engr), dieses Komplexes bedarf es noch des Hinzutretens einer durch einen äußeren Reiz ausgelösten Originalerregung ϱ^n (or). Dann ekphorieren r (or) + r (mn) + ϱ^n (or) zusammen s (engr). Es resultiert der mnemische Erregungskomplex s (mn)
↓	↓
Plastische Reaktionen: Morphologischer Zustand r (z)	Plastische Reaktionen: Morphologischer Zustand s (z)
↓	↓
Originaler Erregungskomplex r (or) - - - - - - ↑	Originaler Erregungskomplex s (or)
[Homophonie zwischen r (mn) und r (or)]	[Homophonie zwischen s (mn) und s (or)].

In dem folgenden ergänzenden Schema wollen wir die Ekphorie eines Engrammkomplexes s (engr), den wir der Einfachheit halber bloß aus den Engrammen s^1 (engr), s^2 (engr), s^3 (engr), s^4 (engr), s^5 (engr) bestehen lassen, durch die morphogenen, sukzedent assoziierten Erregungen r^{1-4} und die durch einen äußeren Reiz ausgelöste Erregung ϱ^5 uns graphisch noch etwas anschaulicher vor Augen führen, wobei wir auf die Auseinandersetzungen über die spezielleren Bindungen zwischen den einzelnen Komponenten zweier sukzedierender Engrammkomplexe (S. 121) und auf die damit zusammenhängenden Eigentümlichkeiten der Ekphorie (S. 171) verweisen.

Phase r		Phase s	
Morphologischer Zustand r^{1-4} (z), Produkt der durch den mnemischen Erregungskomplex r^{1-4} (mn) bedingten plastischen Reaktionen	Oben: mnemischer Erregungskomplex r^{1-4}(mn) Mitte: originaler Erregungskomplex r^{1-4} (or) Unten: durch äußeren Reiz ausgelöste Originalerregung ϱ^5 (or)	Engrammkomplex s^{1-5} (engr)	Oben: mnemischer Erregungskomplex s^{1-5} (mn) Unten: originaler Erregungskomplex s^{1-5} (or)

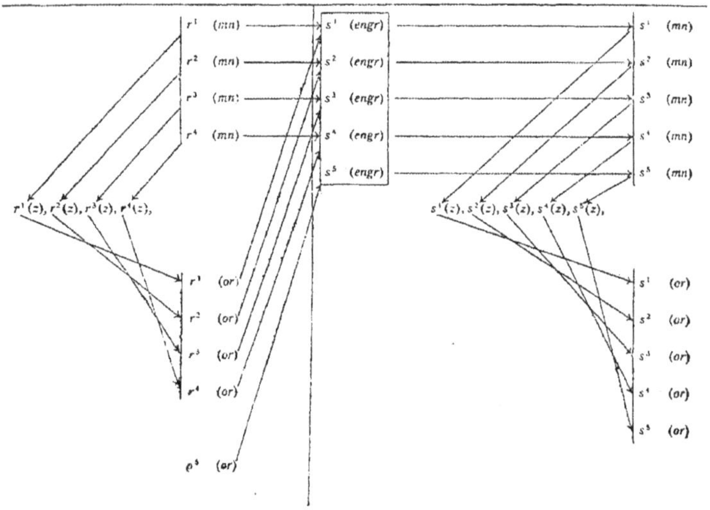

Man könnte bei oberflächlicher Musterung dieses letzteren Schemas zu der Ansicht gelangen, die in diesem Buche niedergelegten Untersuchungen hätten, was ihre Anwendung auf die Ontogenese anlangt, zu nichts Weiterem geführt, als zu einer neuen Umschreibung bekannter Vorgänge. Den Prozeß des Hervorgehens von Teil aus Teil, den wir direkt beobachten können, hätten wir dann nicht besser analysiert und tiefer erkannt als bisher, sondern nur bei der Beschreibung durch Verquickung mit einem Begriffsschematismus belastet. Solche umschreibende Theorien der Vererbung besitzen wir ja schon zur Genüge. Indessen lehrt genaueres Studium unseres Schemas unmittelbar die Ungerechtigkeit dieses Verdachts.

Infolge der Einführung unserer mnemischen Terminologie in unser Schema und der dadurch bedingten Unterordnung der ontogenetischen Verknüpfungen unter die mnemischen Gesetze besitzen nämlich diese Verknüpfungen einen andern, viel freieren Sinn als alle auf gewöhnliche Auslösung basierten Verknüpfungen. Wie unsere Schemata zeigen, erfolgen die ontogenetischen Verknüpfungen wenigstens an den Knotenpunkten durch Ekphorie von Engrammen und Engrammkomplexen. Diese Ekphorien unterscheiden sich aber von gewöhnlichen Auslösungen durch die Eigentümlichkeit, daß ein vollständiger Engrammkomplex auch durch einen Bruchteil des für gewöhnlich wirksamen Erregungskomplexes ekphoriert werden kann. So kann z. B., wenn in unserem Schema S. 248 das Zeichen ϱ^5 (or) eine vom Kontakt mit der äußeren Luft hervorgerufene Originalerregung bei Salamandrinenlarven bedeutet, bei gewissen Formen der Engrammkomponent s^5 (engr) auch ohne Hinzutritt von ϱ^5 (or) ekphoriert werden, entweder auf dem Wege der Simultanassoziation durch die Ekphorie von s^{1-4} (engr), oder auch erst später durch andere ekphorische Einflüsse. In andern Fällen dagegen ist die Ekphorie völlig vom Eintritt der Originalerregung ϱ^5 (or) abhängig. So erfolgt bei Salamandra die Ekphorie des Engramms s^5 (engr) ohne Hinzutreten der Originalerregung ϱ^5 (or) fast sicher, wenn auch nicht selten etwas verspätet, während sie bei Siredon ohne das Hinzutreten von ϱ^5 (or) ebenso sicher unterbleibt.

Unser Schema bedeutet also nur eine, allerdings die vollkommenste Möglichkeit der Verknüpfung bei dem dort dargestellten ontogenetischen Ablauf. Der Ablauf kann aber auch stattfinden und zu demselben Ziele führen, wenn verschiedene Einzelkomponenten nicht in Betrieb gesetzt werden. Bei der Darstellung der Abläufe ist es deshalb ein notwendiges Postulat, dieser Freiheit in den Verknüpfungen, Rechnung zu tragen, die neben einer vollkommenen noch vielen andern minder vollkommenen, aber zum gleichen Ziele führenden Raum gibt. Diesem Postulat aber genügt in ausgedehntestem Maße unsere auf die mnemische Grundlage gestellte Darstellung der Ontogenese.

Ein zweiter, ebenso wichtiger Vorzug ist aber ferner noch durch die Einführung des mnemischen Prinzips in die Verknüpfung der ontogenetischen Abläufe bedingt und geht unmittelbar aus unseren schematischen Darstellungen (S. 231, 232, 247, 248) hervor. Wir sehen den ganzen ontogenetischen Ablauf in Gegenwart und unter der Kontrolle von mnemischer Homophonie vor sich gehen, die sich von selbst als notwendige Folge der von uns beobachteten Verknüpfungen ergibt. In der Erkenntnis dieser Homophonie eröffnet sich uns aber ein Weg, auf dem wir tiefer in das Wesen der rätselhaften Regulations- und Regenerationserscheinungen einzudringen vermögen, als dies bisher möglich war. Natürlich bleiben auch hier noch die letzten Rätsel ungelöst. Jedenfalls aber ist auch in dieser Beziehung unsere Darstellung das Gegenteil von einer bloßen Umschreibung der Probleme.

Zehntes Kapitel.

Vorhandensein und Wirksamkeit morphogener mnemischer Erregungen im ausgebildeten Organismus.

Wenn wir das in der Kapitelüberschrift gestellte Thema behandeln wollen, so haben wir uns zunächst darüber klar zu werden, was unter »ausgebildetem« Organismus zu verstehen ist. Sollen wir ein Individuum dann ausgebildet nennen, wenn seine Keimprodukte sich zum ersten Male zur Reife entwickeln, oder sollen wir es tun, wenn der Organismus seine Wachstumsgrenze erreicht hat? Das letztgenannte Kriterium erweist sich als unbrauchbar bei allen Organismen mit unbegrenztem Wachstum, also bei den meisten Pflanzen, und auch bei Organismen mit begrenztem Wachstum ist es kaum durchführbar. Bei vielen findet ein Dickenwachstum, beim Menschen z. B. eine Volumenszunahme der Knochen, Muskeln und anderer Organe noch viele Jahre nach Aufhören des Längenwachstums statt und hört erst auf, wenn der Höhepunkt der Entwicklung in bezug auf andere Organe längst überschritten ist. Ebenso unbrauchbar zur Bestimmung des Zeitpunktes, wann wir von einem ausgebildeten Zustand des Organismus sprechen dürfen, erweist sich das Kriterium der ersten Produktion von Keimzellen. Es genügt, auf die zahlreichen Fälle hinzuweisen, in denen morphologisch noch ganz unentwickelte Jugendformen zur Geschlechtsreife gelangen (sogenante Pädogenese), um die Unzulänglichkeit auch dieses Merkmals bei allgemeinerer Anwendung zu erweisen.

Die Ontogenetiker pflegen einen Organismus dann ausgebildet zu nennen, wenn die überwiegende Mehrzahl seiner Organe so weit in der Entwicklung fortgeschritten ist, daß die noch eintretenden Veränderungen mehr eine bloße Volumenszunahme als eine weitere Differenzierung dieser Organe betreffen. Diese Definition erweist sich für deskriptive Zwecke im ganzen brauchbar. Aber schon in der von mir angedeuteten Fassung »Mehrzahl der Organe« und »mehr Volumenszunahme als Differenzierung« drückt sich das rein Konventionelle dieser Einteilung des Lebenslaufs eines Organismus klar genug aus, und es bedarf keiner weiteren Beweise, daß in zweifelhaften Fällen diese Definition ebenso versagen wird wie die auf einzelne Merkmale, Geschlechtsreife, Erreichung der Wachstumsgrenze, gegründeten Definitionen. Solange das Individuum lebt, treten in ihm unausgesetzt physiologische und morphologische Veränderungen auf, und wenn wir auch das Recht haben, den Lebensablauf in summarischer Weise in zwei Abschnitte zu teilen, in einen, in dem der Ablauf der morphologischen Veränderungen sehr lebhaft ist, und einen zweiten, in dem das Tempo sich außerordentlich verlangsamt, so gibt es doch keine scharfe Grenze zwischen den beiden Abschnitten. Der Übergang des einen in den andern ist ein ganz allmählicher.

Untersuchen wir nun den Ablauf in jener Übergangszeit, so ergibt sich, wenn wir wieder auf unser Schema S. 231 zurückgehen, als einziger Unterschied der, daß die Dauer der einzelnen Phasen sich sehr verlängert. Innerhalb jeder Phase verlangsamt sich dabei weniger das Tempo der plastischen Reaktionen als der Übergang von einer Phase zur andern, also die Ekphorie neuer Engrammkomplexe, bzw. Engramme. Immer länger währen die Zeitabschnitte, in denen nach Erreichung eines morphologischen Zustandes *t* (z) sowohl die mnemische Erregung *t*)mn) als auch die Originalerregung *t* (or) homophon wirksam sind, bis endlich die Ekphorie des nächsten morphogenen Engramms *u* zustande kommt. Für Organismen mit begrenztem Wachstum tritt dann endlich eine Zeit ein, in der es zur erstmaligen Ekphorie neuer morphogener Engramme überhaupt nicht mehr kommt, in der das Endglied der Sukzession ererbter morphogener Engramme ekphoriert ist. Nennen wir dieses Engramm *w* (engr), so führt seine Ekphorie zur mnemischen Erregung *w* (mn), deren zugehörige plastische Reaktionen den morphologischen Zustand *w* (z) herbeiführen. In diesem Zustand und der durch ihn bedingten Originalerregung *w* (or) wird dann der Organismus bis zu seinem Ende verharren. Der Organismus bleibt ganz einfach morphogenetisch jetzt in der Phase *w* stehen, innerhalb der er nur noch zyklische Veränderungen durchläuft. Es erhebt sich dabei eine Frage. Bei Beginn der Phase *w* herrscht, gleich nachdem der morphologische Zustand *w* (z) erreicht ist, die bekannte Homophonie zwischen der mnemischen Erregung *w* (mn) und der Originalerregung *w* (or). Die letztere Erregung dauert natürlich an, solange der morphologische Zustand *w* (z) andauert. Ist dasselbe aber auch mit der mnemischen Erregung *w* (mn) der Fall? Es wäre ja denkbar, daß, nachdem die ganze morphogene Sukzession mnemischer Erregungen durchlaufen ist, das Endglied mit der Zeit erlischt. Diese Annahme ist aber hinfällig, denn die Gegenwart der Originalerregung *w* (or) muß fort und fort ekphorisch auf die mnemische Erregung *w* (mn) wirken. Am sichersten wird aber die Andauer der mnemischen Homophonie $\frac{w\,(\mathrm{mn})}{w\,(\mathrm{or})}$ durch die Andauer der dieser Homophonie eigentümlichen Reaktionen bewiesen. Bei Kongruenz der Homophonie treten diese Reaktionen allerdings nicht hervor. Bei jeder Inkongruenz treten aber regelmäßig, wenn auch mit von Art zu Art verschiedenem Erfolge, die uns schon so gut bekannten Reaktionen auf, die die Inkongruenz entweder beseitigen oder doch abschwächen. Handelt es sich bei Herstellung der Homophonie um Ersatz operativ entfernter oder sonstwie verloren gegangener Teile, so bezeichnet man diese Reaktionen gewöhnlich als Regeneration. Viele Entwicklungsphysiologen wenden den Ausdruck Regeneration nur bei ausgebildeten Organismen an und belegen die entsprechenden Phänomene bei jüngeren Entwicklungsstadien mit andern Ausdrücken.

Zu den ausgebildeten Zuständen rechnen sie aber dabei allgemein die Zustände mit, in denen das Tempo des ontogenetischen Ablaufs sehr verlangsamt ist, in der aber die Sukzession morphogener Engramme noch keineswegs durchlaufen ist. Der Ausdruck »ausgebildeter Zustand« wird in diesem Zusammenhange also in einer sehr schwankenden und willkürlichen Weise gebraucht.

Aus diesem Grunde, und weil ein tieferes Bedürfnis für die Unterscheidung der Regenerationsprozesse in den verschiedenen ontogenetischen Phasen nicht vorzuliegen scheint, sehen wir von einer verschiedenen Bezeichnung ab und bezeichnen alle derartigen Ersatzreaktionen als Regeneration.

Wir behalten es uns vor, auf die Einschränkung der Regenerationsfähigkeit in den späteren Lebensstadien der Organismen im nächsten Abschnitt ausführlich zurückzukommen. Jetzt genügt uns der Hinweis, daß das bei allen Einschränkungen unzweifelhafte Vorhandensein der Regenerationsfähigkeit auch in den spätesten Stadien als eine Reaktion anzusehen ist, die die Wirksamkeit der morphogenen mnemischen Homophonie und mithin das Vorhandensein einer morphogenen mnemischen Erregung in allen Lebensstadien beweist.

Wir hatten vorhin von einem Zustand gesprochen, den man als »ausgebildeten« zu bezeichnen insofern berechtigt ist, als es, wenn er erreicht ist, zur erstmaligen Ekphorie ererbter morphogener Engramme überhaupt nicht mehr kommt. Dieser Zustand bedeutet deshalb aber noch kein Aufhören jeden morphogenetischen Ablaufs. Der dann eintretende, bzw. von früher her sich fortsetzende Ablauf ist aber ein zyklischer, dessen Phasen periodisch wiederkehren. Dabei zeigen sich die Phasen gewöhnlich in einer gewissen Abhängigkeit von dem periodischen Wechsel der siderischen Erscheinungen, von den Tages- und Jahreszeiten und selbst den Mondphasen (Palolowurm). Das periodische Reifen der männlichen und weiblichen Keimstoffe gehört vor allem hierher, das häufig noch von sekundären morphogenetischen Prozessen (periodisches Auftreten mancher sekundärer Sexualcharaktere) gefolgt ist. Noch zahlreicher finden sich bei den Pflanzen derartige zyklische morphogenetische Prozesse im Zusammenhang mit der Tages- und besonders der Jahresperiode. Daß diese periodischen Abläufe nicht lediglich durch die periodische Veränderung der Außenbedingungen ausgelöst und reguliert werden, sondern daß mnemischen Prozessen bei dieser Regulierung eine ebenbürtige Rolle zukommt, ließ sich leicht dadurch beweisen, daß ihre Periodizität noch lange Zeit andauert, nachdem man die periodische Veränderung der Außenbedingungen ausgeschaltet hat, indem man die Pflanzen unter künstlichen Bedingungen kultiviert.

Wir haben S. 64 auseinandergesetzt, wie wir uns das Zustandekommen der dann eintretenden »chronogenen« Ekphorie vorzustellen haben. Unter normalen Verhältnissen gesellt sich zu dieser chronogenen Ekphorie die ekphorische Wirkung der sich periodisch ändernden Außenbedingungen. Bei den Pflanzen, die sich schwer oder gar nicht »treiben« lassen, wirkt der erstere Faktor weit mächtiger als der zweite, bei andern ist das gerade umgekehrt. Ich komme hierauf an dieser Stelle nicht ausführlicher zurück, hielt es aber für angebracht, kurz diese zyklischen Prozesse zu erwähnen, die vielfach in die eigentliche Ontogenese hineinspielen und sie bei Organismen von begrenztem Wachstum, bei denen eine Möglichkeit vorliegt von ausgebildetem Zustand zu sprechen, um vieles überdauern.

Elftes Kapitel.

Spricht die Einschränkung des Regenerationsvermögens für eine Lokalisation der ererbten Mneme? Lokalisation der Ekphorie.

Wir sind in unseren einleitenden Betrachtungen über die Lokalisation der ererbten Mneme (S. 142) zu folgenden vorläufigen Resultaten gelangt: Die gesamte ererbte Mneme ist bei Beginn jeder sexuell eingeführten Individualitätsphase im Rahmen einer Zelle enthalten. Höchstwahrscheinlich ist das Element der Zelle (oder vielleicht auch nur des Kernes dieser Zelle) noch nicht die kleinste Einheit, die die gesamte ererbte Mneme zu umschließen imstande ist. Wir bezeichnen die kleinste morphologische Einheit, die dies zu tun vermag, als mnemisches Protomer, machen aber keinen Versuch, diese Einheit morphologisch schärfer zu umgrenzen. Als zweites Resultat hat sich uns ergeben: Im späteren Verlaufe einer Individualitätsphase, d. h. wenn das pflanzliche oder tierische Individuum mehr- oder vielzellig geworden ist, zeigen aus beliebigen Teilen der Organismen entnommene Ausschnitte sich in zahlreichen Fällen im Besitze der gesamten ererbten Mneme[1].

Schon in den einleitenden Betrachtungen habe ich aber erwähnt, daß die Regenerationsfähigkeit selbst bei besonders

[1] Über die Bedeutung des Ausdrucks »sich im Besitz der gesamten ererbten Mneme befinden« vgl. die Ausführungen S. 140.

regenerationsfähigen Formen wie z. B. Planaria und Hydra am Ende der Ontogenese im Vergleich mit dem Anfange derselben eine Einbuße erlitten hat. Bei Planaria bestand diese Einbuße darin, daß zwar Teilstücke vom ganzen übrigen Körper, nicht aber solche vom äußersten Vorderende vor den Augen oder Abschnitten der äußersten Seiten, die keine Spur der Seitennerven enthalten, das ganze Individuum regenerieren können. Bei Hydra vermag wohl jeder sonstige beliebige Körperabschnitt von mehr als $^1/_6$ mm Durchmesser die ganze Hydra zu regenerieren, aber nicht vermag dies ein ebenso großer oder selbst größerer Tentakelabschnitt. Die in diesen beiden Fällen beobachtete Einschränkung der Regenerationsfähigkeit ist eine sehr geringe, bei andern Formen ist sie aber schon ausgeprägter, und manche höhere Tiere, z. B. die warmblütigen Wirbeltiere, sind im ausgebildeten Zustande überhaupt nur noch in sehr beschränktem Maße zur Regeneration von ganzen Organen befähigt, während allerdings Gewebsregenerationen auch noch bei ihnen in ausgedehntem Maße stattfinden können.

Wir dürfen aber die Frage nicht auf sich beruhen lassen, ob diese Einschränkung des Regenerations- und Regulationsvermögens, die wir regelmäßig, wenn auch gradweise sehr verschieden während des Fortschreitens der Ontogenese beobachten, auf einer Veränderung bzw. besonderen Lokalisierung der mnemischen Eigenschaften der Organismen beruht, oder auf andere sich während der Ontogenese vollziehende Veränderungen zurückzuführen ist.

In dem Kapitel über die Lokalisation der individuell erworbenen Mneme habe ich gezeigt, wie beim Erwerb der individuellen Mneme eine gewisse graduelle Lokalisation derselben eintreten kann, die allerdings mit der Art und Weise der Lokalisation, wie wir sie in einem Magazin beobachten, nichts zu tun hat. Jene graduelle Lokalisation leitet sich her von der Art, in der sich eine bestimmte Erregung im Körper verbreitet, und je nachdem sie die erregbare Substanz dieser Region stärker ergreift, auf jene Region aber nur in abgeschwächter Weise wirkt, in gleicher Proportion hier eine stärkere, dort eine schwächere engraphische Wirkung ausübt.

Ich könnte nun den Weg wählen, nachzuweisen, daß eine derartige graduelle Lokalisation der ererbten Mneme genetisch undenkbar sei. Bei dieser Lokalisation würde es sich nicht um eine topographisch verschiedene Aufnahme der synchronen Wirkung von Reizen und eine entsprechende, d. h. auch topograpisch verschiedene engraphische Wirkung derselben handeln, sondern um eine lokalisierende Aufteilung von bereits vorhandenen zusammengehörigen Engrammkomplexen. Es wäre nicht schwer zu zeigen, daß eine solche Vorstellung selbst dann zu den größten Ungereimtheiten führen würde, wenn wir die an sich schon undurchführbare Annahme zugrunde legten, jeder Engrammkomponent sei in einem besonderen morphologischen Partikelchen lokalisiert, es bestehe also in bezug auf die ererbte Mneme Magazinlokalisation. Durch eine solche Annahme in bezug auf die ererbte Mneme würden wir also eine unzulängliche Vorstellungsweise wieder hereinlassen, die wir in bezug auf die individuell ererbte Mneme glücklich beseitigt haben.

Obwohl eine derartige Beweisführung, wie gesagt, nicht schwierig sein würde, müßte sie doch ziemlich weit ausholen und würde einen breiten Raum beanspruchen. Das möchte ich in Ansehung ihrer Unfruchtbarkeit als bloße Negation gern vermeiden. Um so mehr, als es, wie ich glaube, für denjenigen, der dem Gange unserer bisherigen Untersuchung gefolgt ist, und sich ihren Resultaten angeschlossen hat, einer solchen Widerlegung überhaupt nicht mehr bedarf. Sollte ich mich aber in diesem Glauben geirrt haben und bei der Aufnahme, die dieses Werk findet, erkennen, daß es keineswegs überflüssig ist, die Vorstellung einer lokalisierenden Aufteilung der ererbten Engramme während der Ontogenese in ihren Voraussetzungen und ihren Konsequenzen zu widerlegen, so werde ich mich nachträglich dieser Aufgabe unterziehen.

Im gegenwärtigen Zusammenhange wähle ich aber einen andern Weg und will zeigen, daß keinerlei Tatsachen, vor allem auch nicht die in manchen Fällen so auffallenden Einschränkungen des Regenerations- und Regulationsvermögens während der Ontogenese mit unserer Anschauung in Konflikt geraten, daß jede lebenskräftige Zelle, ja jedes mnemische Protomer, welchem Teile des sich entwickelnden ebenso wie des ausgebildeten Organismus es auch entnommen sein mag, sich im Besitz der gesamten ererbten Mneme befindet.

Von den hier in Betracht kommenden Fällen von Einschränkung des Regenerations- und Regulationsvermögens können wir gleich alle diejenigen ausschalten, in denen von seiten des Teilstücks eines Organismus die Regeneration zwar sehr verspätet eingeleitet wird, aber schließlich doch noch erfolgt. Denn in allen diesen Fällen steht das eine doch außer Zweifel, daß das Teilstück im Besitz der gesamten ererbten Mneme gewesen ist; sonst würde es nicht befähigt sein, den ganzen Organismus mit all seinen morphologischen und physiologischen Eigenschaften wiederherzustellen. Nachträgliche, häufig sehr verspätete Regulationen und Regenerationen sind nun etwas ungemein Häufiges bei Teilstücken von Eiern oder jungen Entwicklungsstadien von Echinodermen und Amphibien (vielleicht sogar selbst bei den Ctenophoren), während bei entsprechenden Teilstücken von Medusen, Amphioxus, Knochenfischen, die Regulation nicht zögernd, sondern unmittelbar einsetzt. Auch solche Fälle von Regeneration bei ausgewachsenen Tieren, wie die von Przibram, Archiv f. Entwicklungsmech. Bd. XI, 1901, S. 326, bei Crustaceen (Portunus, Porcellana, Galathea usw.) beobachteten gehören hierher, bei denen ein zunächst unvollkommenes Regenerat des dritten Kieferfußes nach jeder Häutung durch eine immer vollkommnere Neubildung ersetzt wurde. Wir brauchen auf alle diese Fälle nicht näher einzugehen, weil sie, wie gesagt, für die Gegenwart der gesamten ererbten Mneme in den regulationsfähigen Teilstücken beweisend sind, nicht für das Gegenteil.

Sie sind aber immerhin für die uns jetzt beschäftigenden Fragen aus dem Grunde interessant, weil sie zeigen, wie durch Eingriffe und Störungen, auch bei Vorhandensein der gesamten ererbten Mneme, den morphogenetischen Regulationsprozessen so ernste Hindernisse in den Weg gelegt werden können, daß sie erst sehr spät zum Ziele führen. Schon daraus geht hervor, daß, wenn in andern Fällen die Hindernisse noch ein wenig größer sind und die Regeneration oder Regulation überhaupt nicht ihr Ziel erreicht, der Schluß, ein mnemisches Manko sei schuld daran, ein voreiliger wäre.

Definieren wir nach unseren früheren Untersuchungen den Regenerations- oder Regulationsvorgang als eine Summe von plastischen Reaktionen, die den Ausgleich einer Inkongruenz bei einer mnemischen Homophonie bewirken, so kann offenbar das völlige Ausbleiben oder die unvollkommene Vollendung eines solchen Regenerationsvorganges ebensowohl dadurch bedingt sein, daß die plastischen Reaktionen in irgendeiner

Weise gehemmt oder unmöglich gemacht sind, als dadurch, daß die mnemische Homophonie infolge eines Mankos der entsprechenden Engrammkomplexe nicht vorhanden ist.

Die Sachlage ist in diesen Fällen ganz dieselbe, wie wenn wir ein Paar Webervögel in der Gefangenschaft keine Spur ihres gewöhnlichen Webevermögens betätigen sehen. Auf ein Erlöschen oder kongenitales Fehlen dieses Vermögens werden wir selbstverständlich erst dann schließen, wenn wir sicher sind, daß den Tieren das zu ihrer Webetätigkeit notwendige Material[1] zur Verfügung gestanden hat und auch die sonstigen Vorbedingungen (ausreichende Ernährung, Abwesenheit von Störungen, passender Raum) erfüllt gewesen sind.

[1] Ich möchte übrigens bei dieser Gelegenheit einem Einwande begegnen, den man gegen eine meiner früheren Ausführungen (S. 62) erheben könnte. Wir haben aus dem Umstand, daß die meisten mehrjährigen Pflanzen der temperierten und kalten Zonen, selbst bei Ausschaltung der winterlichen Abkühlung, eine Ruheperiode durchmachen und erst nach Ablauf eines bestimmten Zeitabschnitts in einen Zustand gelangen, in dem sie von neuem austreiben bzw. »getrieben« werden können, den Schluß gezogen, daß sich in dieser Erscheinung eine chronogene Ekphorie bestimmter Engramme manifestiert. Vielleicht läßt sich aber der ganze Vorgang einfach darauf zurückführen, daß vor einem bestimmten Zeitablauf die Bildung oder Umlagerung des Materials, das zur Knospenentfaltung notwendig ist, noch nicht weit genug gediehen ist? (Vgl. Alb. Fischer, Beiträge zur Physiologie der Holzgewächse, Pringsheims Jahrb. f. wiss. Botanik, Bd. 22, 1891, S. 126 u. 160). Aber in diesen Fällen ist doch das Rohmaterial, die Stärke, bereits im Organismus vorhanden, und eine im Dezember und Januar kühl gehaltene und dann im Februar und Anfang März auf natürlichem Wege getriebene Rotbuche Campaniens hätte an und für sich Zeit genug, die zur Knospenentfaltung notwendigen Stoffumlagerungen zu vollziehen, wenn der Zustand ihrer erregbaren Substanz das gestattete. Dennoch begrünen sich auch diese Buchen erst nach Ablauf der ersten Aprilwoche, also nur etwa zwei Wochen früher als ihre nordischen Artgenossen. Eben der Umstand, daß sich die Stoffumlagerung nicht früher zu vollziehen beginnt, kann nur mnemisch erklärt werden, und eine lediglich auf das Fehlen eines bestimmten Materials basierte Erklärung versagt in diesen Fällen bei jeder genaueren Prüfung.

Nun handelt es sich beim Ausbleiben von Regenerationen und Regulationen in einer großen Reihe von Fällen einfach um Mangel oder Unzugänglichkeit eines bestimmten Materials für die plastische Tätigkeit des Organismus; in einer zweiten Reihe von Fällen fällt die Abnahme des Regenerationsvermögens zusammen mit einer Abnahme der plastischen Fähigkeiten des Organismus im allgemeinen, d. h. mit Abnahme der plastischen Fähigkeit auch da, wo mnemische Prozesse gar nicht mit in Frage kommen. Auch diese Fälle scheiden natürlich als Beweise für ein Manko von ererbten Engrammen oder, anders ausgedrückt, für eine Lokalisation von ererbter Mneme aus. Nach ihrer Besprechung werden wir zu untersuchen haben, ob etwas übrigbleibt, was sich ohne die Annahme einer solchen Lokalisation nicht erklären läßt.

Was den Mangel oder die Unzugänglichkeit eines bestimmten Materials anlangt, die unter Umständen die Ausführung einer Regeneration oder Regulation unmöglich machen, so gehört die Mehrzahl der einschlägigen Fälle in die Kategorie der Anfangsstadien der betreffenden Individualitätsphasen. Wir machen nämlich die Beobachtung, daß das Material, das der kindliche Organismus von dem elterlichen Organismus mit auf den Lebensweg erhält, sehr häufig in einer Weise gesichtet und in ordnungsmäßiger Verteilung aufgespeichert ist, daß für die späteren Differenzierungsprozesse alles bequem bei der Hand ist. Würde es doch auch keinem menschlichen Baumeister einfallen, vor Beginn des Baues das Material beliebig durcheinandergewürfelt bereit zu stellen. Wie Boveri[1] sehr richtig bemerkt, ist es »eine Vereinfachung der Entwicklung, wenn schon im Ei eine solche Sonderung verschie-

[1] Th. Boveri, Über die Polarität des Seeigel-Eies. Verhandl. d. Phys.-Med. Ges. Würzburg. N. F. Bd. 34. 1901.

dener Substanzen eintritt, daß jedes Primitivorgan direkt gerade diejenigen erhält, die ihm zur Ausbildung seiner weiteren Differenzierung am dienlichsten sind«. Boveri fand am Ei von Strongylocentrotus lividus eine unmittelbar wahrnehmbare Schichtung des Eiplasmas zu mindestens drei differenten Zonen; die eine derselben dient — normale Entwicklung vorausgesetzt — zur Bildung des Mesenchyms, die zweite zur Bildung des Urdarms, der Rest wird zu Ektoderm.

Mindestens ebenso deutliche Sonderungen des Materials lassen sich bei den Eiern der Anneliden (besonders Myzostomiden) und Mollusken nachweisen. Auch hier sehen wir bei der normalen Entwicklung das verschiedene Material zu jeweilig bestimmten plastischen Aufgaben, also zu bestimmten plastischen Reaktionen verwendet. Entnahme gewisser Teile aus diesen Stadien ist also in vielen Fällen gleichbedeutend mit Kassierung eines bestimmten, sonst nicht mehr im Organismus enthaltenen und für gewisse Bauzwecke unabweislich notwendigen Materials. Es kann uns also nicht wundern, daß eine solche Entnahme bestimmte plastische Reaktionen entweder ganz unmöglich macht oder ihre Ausführung hinausschiebt, bis die Stoffwechselprozesse des Organismus den Stoff neu produziert haben. Vielfach scheint aber zu dieser Produktion nicht der sich entwickelnde jugendliche Organismus, sondern nur der ausgebildete mütterliche Organismus fähig zu sein.

So unterbleibt z. B. nach Crampton bei der Schnecke Ilyanassa die ganze Mesodermbildung, wenn man den sogenannten Dotterlappen vor Beginn der Furchung oder bald nach Eintritt derselben von dem übrigen Ei ablöst. In allen diesen Fällen liegt allerdings eine Lokalisation der »Anlagen« vor, aber offenbar bloß eine Lokalisation des Baumaterials für diese Anlagen, eine »cytoplasmic localisation«, um einen Wilsonschen Ausdruck zu gebrauchen, keine Lokalisation der bauführenden Kräfte, d. h. der ererbten Mneme. Einen ähnlichen Gedanken drückt in Beziehung auf einen bei Echiniden vorkommenden Spezialfall H. Driesch[1] aus, wenn er sagt: »Wenn wahrhaft animale Achter und Sechzehner so oft nicht gastrulieren, so liegt das offenbar — das eben auszusprechen erlauben uns Boveris Forschungen — an einem gewissen Mangel ihrer stofflichen Natur, nicht, wie ich früher vermutete, an einem Mangel ihrer Regulierbarkeit.«

Es ist nun durchaus nicht schwer, noch in einer großen Anzahl, vielleicht der Mehrzahl, von andern als »Einengung der prospektiven Potenz« beschriebenen Fällen die Abnahme der Regenerations- und Regulationsfähigkeit der Teilstücke auf eine Lokalisation des Baumaterials zurückzuführen. Daß in manchen Fällen diese Lokalisation, die in einer bestimmten plasmatischen Sonderung oder besonderen Schichtung bestehen kann, nicht optisch wahrnehmbar zu machen ist, gibt uns keineswegs das Recht, ihr Vorhandensein in Abrede zu stellen, und die Abnahme des Regulationsvermögens in solchen Fällen einfach einer Lokalisation der ererbten Mneme zuzuschreiben. Wir müssen uns vielmehr Boveri anschließen, wenn er (a. a. O. S. 161) sagt: »Wir können mit voller Bestimmtheit behaupten, daß diese Schichtung in allen Seeigeleiern mit gleichem Furchungstypus vorhanden ist, ohne daß wir eine Spur davon sehen. Dies führt natürlich auf den Gedanken, daß auch im Strongylocentrotusei eine noch feinere Schichtung besteht als die drei Zonen, die wir unterscheiden können —.«

[1] H. Driesch, Neue Ergänzungen zur Entwicklungsphysiologie des Echinidenkeimes. Archiv. f. Entwicklungsmechan. Bd. 14. 1902.

Daß bei den Ctenophoren die Dinge mutatis mutandis ebenso liegen, scheint mir schon aus dem zurzeit vorliegenden experimentellen Beobachtungsmaterial hervorzugehen, wenn schon der optische Nachweis einer Sonderung oder Schichtung des Baumaterials bisher nicht hat geführt werden können, vielleicht aber durch einen Sonderfall in Zukunft ebenso erbracht werden wird, wie durch Strongylocentrotus für die Echiniden.

Jedenfalls liegt auch heute nicht der Schatten eines Grundes vor, den Mangel des Regulationsvermögens unter Negierung der Lokalisation des Baumaterials bei diesen Formen als Beweis einer lokalisierten Verteilung der ererbten Mneme anzusehen. Widerlegt wäre letztere Anschauung natürlich ohne weiteres, wenn Chun mit seiner allerdings nicht unangefochtenen Behauptung recht hätte, daß bei den Ctenophoren die Defekte der Jugendstadien nachträglich (nach Rückbildung der Geschlechtsorgane) noch ausgeglichen würden, z. B. sich Halblarven zu vollständigen Tieren ergänzten.

Wir haben oben gesagt, in der Mehrzahl derjenigen Fälle, in denen in ersichtlicher Weise das Ausbleiben von Regenerationen oder Regulationen mit Defekten des Baumaterials zusammenhänge, handle es sich um ontogenetisch sehr junge Stadien. Immerhin kann derselbe Grund für das Ausbleiben von Regeneration auch dann in älteren Stadien oder bei erwachsenen Organismen wirksam sein, wenn man in diesen Fällen nicht die Regeneration eines Organs durch das Ganze, sondern die Regeneration des Ganzen durch ein Organ erwartet, also wenn man den Fall diskutiert, daß ein abgeschnittener Tentakel nicht eine ganze Hydra zu regenerieren imstande ist. In diesem Falle kann es sich sehr wohl um Abwesenheit gewisser Baustoffe im Tentakel handeln, die zum Aufbau des ganzen Tieres notwendig sind und die der isolierte, zur Nahrungsaufnahme nicht befähigte Tentakel auch nicht zu produzieren vermag. In der überwiegenden Mehrzahl der hierher gehörigen Fälle kommt aber nur die Regeneration eines kleineren Teils oder eines einzelnen Organs (Extremität, Auge usw.) durch den im übrigen intakten Hauptteil des Organismus in Frage, und da kann es sich beim Ausbleiben der Regeneration kaum um die Abwesenheit eines bestimmten Baumaterials handeln. Denn es ist nicht einzusehen, warum der sonst vollständige und in seinen Funktionen ungehemmte Organismus nicht imstande sein soll, die nötigen Baumaterialien zu produzieren, wenn sie nicht gleich vorrätig da sind.

Wir haben uns demnach mit folgender Frage zu beschäftigen. Es besteht bei allen Metazoen[1] eine zwar bei den verschiedenen Formen verschieden ausgeprägte, aber doch überall unverkennbare Abnahme des Regenerationsvermögens mit zunehmendem Alter des Individuums, und zwar eine Abnahme, die sich nicht auf den Mangel eines bestimmten Baumaterials zurückführen läßt, wie wir sie in den soeben besprochenen Fällen kennen gelernt haben. Haben wir nun das Recht, aus dieser Abnahme auf eine Hand in Hand mit dem Fortschreiten der Ontogenese vor sich gehende lokalisierende Aufteilung der ererbten Mneme zu schließen? Diese Frage dürfen wir, wie ich glaube, mit einem runden Nein beantworten, obwohl wir noch keineswegs in der Lage sind, alle Gründe für die Abnahme der Regenerationsfähigkeit im

[1] Bei den Pflanzen ist eine eigentliche Regeneration nur in seltenen Fällen zu beobachten. Regulationsvorgänge anderer Art (Adventivbildungen) führen hier zur Beseitigung von Inkongruenzen bei der mnemischen Homophonie, leisten also funktionell dasselbe, wie die Regenerationsprozesse bei den Tieren.

Verlaufe des individuellen Lebens zu übersehen. Denn vor allen Dingen erfolgt in sehr vielen Fällen die Abnahme der Regenerationsfähigkeit in bezug auf ein bestimmtes Organ gar nicht in gleichem Schritt mit der Entwicklung und geweblichen Differenzierung dieses selben Organs. Die eine Kaulquappe vermag, wie uns die Barfurthschen Untersuchungen gelehrt haben, nur die eben hervorsprossende Extremität, eine andere derselben Art eine bereits ziemlich differenzierte, eine dritte — allerdings ein seltener Fall — eine schon hoch differenzierte zu regenerieren, ja der sehr zuverlässige Spallanzani fand sogar in Ausnahmefällen die jungen Frösche und Kröten zu Regeneration abgeschnittener Gliedmaßen befähigt. Wir sehen hier also das Vermögen, die Extremitäten zu regenerieren, bei Individuen derselben Art zu ganz verschiedenen Zeiten und ohne eine konstante Beziehung zur geweblichen Differenzierung des Organs erlöschen. Ein Forellenembryo vermag vor Resorption des Dottersacks den zu dieser Zeit schon wohl entwickelten und differenzierten Schwanz mitsamt dem After und der sogenannten Urethra zu regenerieren; ein wenig später aber, zur Zeit, wenn der Dottersack resorbiert ist, vermag er dies nicht mehr.

Verfolgen wir das erstgenannte Beispiel noch etwas weiter und wenden wir uns von den Anuren, wo die Fähigkeit, eine Extremität zu regenerieren, im ausgebildeten Zustande stets erlischt, zu den Urodelen, wo diese Fähigkeit gewöhnlich auch dem geschlechtsreifen und ausgewachsenen Tier erhalten bleibt. Bei einigen wenigen Urodelen scheint sie übrigens auch verloren zu gehen, so bei Salamandrina perspicillata, oder nur sehr unvollkommene Resultate zu liefern, so bei Triton marmoratus. Andere Formen, wie Necturus und Proteus, brauchen in erwachsenem Zustande zur Regeneration eines Beins längere Zeit als ein Jahr. Vergleichen wir aber selbst bei Urodelen mit gut entwickelter Regenerationsfähigkeit das Verhalten der Individuen in verschiedenem Lebensalter, so finden wir regelmäßig mit dem Fortschreiten des Lebens eine Verlangsamung der Regenerationsprozesse. Ich habe über diesen Punkt, um greifbare Anhaltspunkte geben zu können, eine Anzahl von Versuchen angestellt, über die ich andern Orts ausführlicher berichten werde. Hier sei nur erwähnt, daß ältere Larven von Triton alpestris von 25—32 mm, die schon vollkommen ausgebildete Extremitäten besitzen, zur Regeneration eines abgeschnittenen Arms bis zur deutlichen Ausbildung aller vier Finger durchschnittlich 4 Wochen brauchen, unter gleichen Verhältnissen gehaltene ausgewachsene Tiere aber bis zum gleichen Stadium der Regeneration durchschnittlich $7^1/_2$ Wochen. Die Vollendung der Regeneration bis zur Ausgleichung jedes Größenunterschieds bedurfte bei den Larven 5 Wochen, bei den ausgewachsenen Tieren 4—5 Monate.

Wir haben also hier einen Faktor vor uns, der in einer mit zunehmendem Alter steigenden Progression hemmend auf die Ausführung von Regenerationen wirkt. Worin dieser Faktor im Grunde besteht, wollen wir vorläufig nicht untersuchen, und uns mit der negativen Bestimmung begnügen, daß er mit einem mnemischen Manko nichts zu tun hat. Ist nun aber dieser Faktor, der die Ausführung der Regenerationsreaktion so häufig verlangsamt, identisch mit demjenigen, der sie bei andern Formen gänzlich aufhebt und zum Verschwinden bringt? Wenn wir uns zunächst auf Betrachtung der Reihe Siredon, Triton (ausgenommen Triton marmoratus), Amphiuma, Salamandra, Necturus, Proteus, Salamandrina, Anuren beschränken, so werden wir wohl diese Frage unbedenklich bejahen. Und wenn wir bei weiterer Umschau ähnliche Verhältnisse bei allen möglichen andern Tiergruppen wiederfinden, so werden wir nicht zögern, dieser Bejahung eine allgemeinere Gültigkeit zuzusprechen, ohne damit die Behauptung zu vertreten, die Erschwerung und gänzliche Aufhebung der Regeneration sei immer und unter allen Umständen auf ein und dieselbe Grundursache zurückzuführen.

Überhaupt ist es ja hier nicht unsere Aufgabe, die Ursachen der Abnahme der Regenerationsfähigkeit während des individuellen Lebens aufzudecken — so wichtig und interessant eine solche Erklärung an sich auch sein würde —, sondern nur zu zeigen, daß sie nicht auf einer lokalisierenden Aufteilung der ererbten Engramme beruht. Erwähnen möchte ich aber doch im Vorübergehen, daß mir die Abnahme jener Fähigkeit, zum Teil wenigstens, auf einer im Laufe jedes individuellen Lebens zu beobachtenden allmählichen Erlahmung der Fähigkeit zu beruhen scheint, größere plastische Leistungen zu erfüllen. Wenigstens bei Organismen mit begrenztem Wachstum. Je höher organisiert und komplizierter gebaut ein solcher Organismus ist, um so deutlicher tritt dies zutage und erreicht einen Höhepunkt in der höchst auffallenden Tatsache, daß beim Genus Homo das Weib schon in der Mitte ihres normalen individuellen Daseins, also um die Mitte der vierziger Jahre, unfähig wird, eine Kardinalfunktion des Organismus, die Produktion von Keimzellen, weiter zu erfüllen. Und ebenso sehen wir die pathologischen Reaktionen der Geschwulstbildung mit zunehmendem Greisenalter progressiv gehemmt und schließlich nahezu aufgehoben (Karzinome von Greisen haben bekanntlich nur ein überaus langsames Wachstum).

Zu diesem Faktor, den wir als die Abnahme der Energie

der plastischen Prozesse mit fortschreitendem Alter bezeichnen können, mögen sich noch andere gesellen. Wenn wir also auch nicht behaupten, alle Gründe zu übersehen, die in jedem einzelnen Falle der Abnahme der Regenerationsfähigkeit bei zunehmendem Alter zugrunde liegen, so können wir doch behaupten, daß kein einziger Fall bekannt ist, der uns nötigte, den Grund in einer mit der Ontogenese fortschreitenden lokalisierenden Aufteilung der Engramme zu suchen.

Vielleicht wird man hier einwenden, aus dem Umstande, daß das Vorhandensein und die ungestörte Leitung des Zentralnervensystems für das Zustandekommen mancher Regenerationen notwendig sei, könne man folgern, gewisse ererbte Engramme würden im Laufe der Ontogenese im Zentralnervensystem deponiert. So erkläre es sich, daß bei Ausschaltung dieses Organs auch die Engramme ausgeschaltet würden, und die Regeneration nicht ausgeführt werden könne.

Dieser Einwand basiert auf einer falschen Vorstellung von der Stellung, die das Zentralnervensystem gegenüber den plastischen Reaktionen der andern Gewebe einnimmt.

Zunächst haben die bisherigen, auf diese Frage gerichteten Experimente, wie mir scheint, mit größter Klarheit ergeben, daß in frühen Entwicklungsstadien sich sämtliche Organe unabhängig vom bereits vorhandenen Zentralnervensystem entwickeln und auch gegebenenfalls regeneratorische Fähigkeiten entfalten (Versuche Loebs, anenzephale amyelitische Froschlarve Schapers, Versuche Raffaeles, Harrisons, Barfurths, Rubins, Fortführung der Schaperschen Untersuchungen durch Goldstein[1]). Selbst das Muskelsystem

[1] Vgl. die gute kritische Darstellung des gegenwärtigen Standes der Frage nach dem Einfluß des Zentralnervensystems auf die embryonale Entwicklung und die Regeneration in dem Aufsatz von K. Goldstein, Archiv f. Entwicklungsmech., Bd. 18, 1904, S. 57.

entwickelt sich und regeneriert sich in diesen jungen Stadien, wie die Versuche von Harrison und Schaper-Goldstein lehren, unabhängig von Zentralnervensystem und Spinalganglien. In älteren Stadien ändert sich dies allerdings insofern, als nach den neuesten, sehr eindringenden Untersuchungen von Rubin (Archiv für Entwicklungsmech. Bd. 16, 1903, S. 71) zwar »die Ausschaltung des Nervensystems bei Siredon pisciformis nicht den rechtzeitigen Eintritt und die ersten Stadien der Regeneration hindert. Später aber äußert sich der Mangel der Innervation oder auch der fehlenden Funktion in einer zunehmenden Verzögerung und in einem allmählich erfolgenden Stillstand der Regeneration.« Zum richtigen Verständnis ist diesem Satze allerdings noch hinzuzufügen, daß der Stillstand der Regeneration bei Ausschaltung des nervösen Einflusses in späteren Stadien zwar in der Gesamtgröße des Regenerats zum Ausdruck kommt, wie aber genauere Untersuchung lehrt, die verschiedenen Gewebe in sehr verschiedenem Maße betrifft. Wie Rubin fand, »trat am Muskelsystem der fehlende Einfluß des Zentralnervensystems am meisten hervor. Hier hörte die Regeneration schon am zehnten bis zwölften Tage vollständig auf, noch bevor es zur Bildung spezifischer Muskelsubstanz gekommen war.« Bleiben wir zunächst bei diesem Befund, so haben wir zu seiner Würdigung zunächst die Frage zu untersuchen: Wie verhält sich denn die Muskulatur bei Ausschaltung jedes Nerveneinflusses an einem Organ, dem nicht durch einen weiteren Eingriff eine regeneratorische Leistung zugeschoben ist? Die Antwort darauf lautet: sie wird atrophisch. Ob diese Atrophie lediglich eine Inaktivitätsatrophie ist, eine Ansicht, die sich trotz entgegenstehender Bedenken sehr wohl verfechten läßt, oder ob bei ihrem Zustandekommen auch noch der Fortfall einer »trophischen« Wirkung des Nervensystems eine Rolle spielt, dies zu untersuchen würde uns hier zu weit führen und ist auch für die uns beschäftigenden Fragen nicht von grundlegender Bedeutung. Die Tatsache an sich genügt aber, um uns darüber aufzuklären, warum eine gelähmte Muskulatur zu regeneratorischen Leistungen nicht befähigt ist. Ganz einfach, weil sie sich nach der Nervendurchschneidung in einem abnormen Zustande befindet, weil ihre energetische Situation in eingreifender Weise verändert ist.

Wenn hier etwas wunderbar ist, so ist es allein der Umstand, daß sich nach Rubin an einer solchen Muskulatur überhaupt Regenerationserscheinungen im allerersten Beginn beobachten lassen, nicht aber, daß sie bald aufhörten und zu nichts führten.

An den andern Geweben eines Regenerationsstumpfs, an dem durch Nervendurchschneidung der nervöse Einfluß ausgeschaltet ist, hören nach Rubins Untersuchungen die Regenerationserscheinungen erst viel später auf, als an der Muskulatur. Das Wachstum der Cutis dauerte noch längere Zeit an, bis der ganze Regenerationskegel umwachsen war, doch unterblieb ein weiteres Dickenwachstum. Das Bindegewebe zeigte nur noch ein geringes Wachstum. Die Regeneration des Knorpels begann zu einer Zeit, als die der Muskulatur bereits aufgehört hatte, blieb aber eine äußerst beschränkte. Am Gefäßsystem erweiterten sich die während der ersten zehn Tage gebildeten Kapillaren und füllten sich mit Blut. Eine Neubildung von Gefäßsprossen fand dann nicht mehr statt.

Was hier die Regenerationsfähigkeit auch der übrigen Gewebe allmählich zum Stillstand bringt, ist nicht die

Abwesenheit des Nerveneinflusses, sondern höchstwahrscheinlich die durch das Aufhören der Muskelregeneration gesetzte allgemeine Störung der energetischen Situation.

Durch die Unmöglichkeit, die Muskelregeneration durchzuführen, ist es ja überhaupt ausgeschlossen, die Inkongruenz der mnemischen Homophonie in den gegebenen Fällen wirklich zu beseitigen, was nur geschehen kann, wenn der komplizierte Ersatzbau in einigermaßen harmonischer Weise ausgeführt wird. Die dahin zielenden Reaktionen erlahmen dehalb sehr verständlicher Weise nach einiger Zeit. Daß die Abwesenheit des Nerveneinflusses kein Hindernis für die Regeneration kleinerer, bald diese bald jene Gewebsart betreffender Defekte ist, ist eine durch zahlreiche Beobachtungen und Experimente festgestellte Tatsache. Wunden aller Art heilen ebensogut an dem Nerveneinfluß entzogenen Gliedern als an solchen mit intakten Nerven; bei Knochenbrüchen tritt eine ebenso vollkommene Regeneration an gelähmten als an ungelähmten Extremitäten ein.

Kürzer kann ich mich über die bekannten Herbstschen Versuche an Crustaceen fassen, die ergaben, daß eine Regeneration des Auges nur dann stattfindet, wenn die Augenganglien des amputierten Auges nicht mit entfernt worden waren. Es scheint mir, daß man in diese an sich gewiß sehr interessanten Versuche mehr hineingetragen hat, als in ihnen liegt[1]. Es herrscht unter den deskriptiven Embryologen darüber Übereinstimmung, daß bei der Entwicklung der paarigen zusammengesetzten Augen der Crustaceen das eigentliche Auge und das Ganglion opticum aus einer gemeinsamen Ektodermanlage hervorgehen. Daraus folgt, daß

[1] Ähnlich urteilt, wie ich sehe, auch O. Maas, Einführung in die experimentelle Entwicklungsgeschichte, 1903, S. 122.

man also das ganze Organ nur dann radikal exstirpiert, wenn man auch das Ganglion opticum mit fortnimmt. Nebensächlich ist dabei, daß dieser Teil des Sehorgans durch sekundäre Wachstumsprozesse bei manchen Formen räumlich eine gewisse Sonderstellung erlangt, dem naiven Beschauer sich also als etwas Selbständiges präsentiert. Daß nun ein Organ leichter regeneriert wird, wenn ich noch Teile davon im Organismus zurücklasse, als wenn ich es radikal entferne, daß in letzterem Falle bei Formen mit nur mäßig erhaltenem Regenerationsvermögen oft überhaupt keine Regeneration erfolgt, ist eine der bekanntesten Tatsachen der Regenerationslehre. So regenerieren z. B. nach Philipeaux die so regenerationsfähigen Urodelen nur dann ihre Extremitäten, wenn wenigstens Teile des Schulterblatts bzw. Beckens am Körper zurückgeblieben sind. Auch vermögen sie nur kleinere Defekte am Auge durch Regeneration auszugleichen, nicht aber den ganzen Bulbus zu regenerieren. In alledem spricht sich doch nur die allgemeine Regel aus, daß das Regenerationsvermögen besonders der höheren Tiere und bei diesen besonders in späteren Lebensstadien ein mehr und mehr begrenztes wird. Daß die Crustaceen einen Teil des Sehorgans, d. h. das Auge abzüglich des Ganglion opticum, regenerieren können, ist schon eine im Vergleich mit andern hochorganisierten Tieren sehr respektable Leistung. Daß sie nicht das radikal, d. h. zusammen mit dem ontogenetisch zugehörigen Ganglion opticum exstirpierte Auge regenerieren können, beweist nur, daß auch ihr Regenerationsvermögen seine Grenzen hat, beweist aber nichts für eine dominierende Stellung dieses Ganglions gegenüber der Augenregeneration. Eine solche wird durch die Herbstschen Experimente, die naturgemäß an diesen chitingepanzerten

Organismen summarisch sein mußten und keine feinere Abstufung zuließen, in keiner Weise erwiesen, ja wird nicht einmal durch sie wahrscheinlich gemacht.

Herbst hat festgestellt, daß eine große Anzahl Crustaceen bei nicht radikaler Fortnahme des Auges (Zurücklassung des Ganglion opticum) das Organ regenerieren, bei radikaler Fortnahme dies aber niemals tun. Daß sie in letzterem Falle, also im Unvermögensfalle, das Auge zu regenerieren, manchmal an der Amputationsstelle ein antennenähnliches Organ hervorsprossen lassen, ist ja an sich äußerst interessant, beweist aber nur, daß bei Unmöglichkeit, unter bestimmten Umständen das Auge zu regenerieren, unter denselben Umständen noch keine Unmöglichkeit zu bestehen braucht, ein weit einfacheres Organ zu bilden. Dies harmoniert auch mit den Untersuchungsresultaten von Przibram[1], der fand, daß die Crustaceen sehr wohl imstande sind, auch radikal exstirpierte Antennen und andere Gliedmaßen zu regenerieren. Und die Tatsache der Heteromorphose, d. h. der Regeneration eines nicht dahingehörigen Organs, einer Antenne an Stelle eines Auges, beweist natürlich an sich durchaus nichts für die Herbstsche Anschauung eines dominierenden Einflusses des Zentralnervensystems bei der Regeneration. Heteromorphosen treten, zumal bei Crustaceen, unter allen möglichen Verhältnissen auf, ohne daß dabei irgendeine besondere Abhängigkeit vom Zentralnervensystem nachzuweisen gewesen wäre[2].

[1] H. Przibram, Experimentelle Studien über Regeneration. Archiv f. Entwicklungsmech. Bd. 11, 1901.

[2] Auf die Frage der Bedeutung der Heteromorphosen im Lichte der von mir vertretenen mnemischen Auffassung der Ontogenese und Regeneration wollte ich ursprünglich auch in dem vorliegenden Buche eingehen, und zwar in einem Kapitel über die Pathologie der Mneme.

Ich ziehe aus dem vorliegenden Tatsachenmaterial, von dem ich die markantesten Beispiele oben näher besprochen habe, folgenden Schluß: Das Zentralnervensystem des Organismus übt weder während der Ontogenese, noch bei Regenerationsprozessen des ausgebildeten Organismus einen andern »gestaltenden« Einfluß auf die sich entwickelnden oder regenerierenden Nachbargewebe, als es andere Gewebsysteme tun, die durch ihr bloßes Vorhandensein als Faktoren der originalen Erregungskomplexe von Bedeutung sind und als solche in der mnemischen Homophonie, der Quelle aller Regulationen und Regenerationen, zum Ausdruck kommen. Außerdem kommt dem Nervensystem bei Regeneration natürlich noch eine histogenetische Rolle zu, insofern sich das Nervengewebe des Regenerats viel leichter aus präexistierendem Nervengewebe ergänzt als aus indifferentem Ektoderm. Doch erfolgt unter Umständen, z. B. bei der Neubildung des Kopfes von Anneliden (Lumbriculus, Tubifex), auch eine vollkommene Neubildung des Zentralnervensystems aus indifferentem Ektoderm. Auch diese rein histogenetische Rolle teilt das Nervensystem mit dem Muskelgewebe, Drüsengewebe, Stützgewebe. Ausgezeichnet vor andern Gewebsystemen als morphogenetischer Faktor scheint mir das Nervensystem nur auf indirektem Wege dadurch zu sein, daß die Muskulatur im ausgebildeten Zustand, wenn sie nicht atrophieren soll, des Zusammenhangs mit dem Nervensystem bedarf. Wird dieser dauernd aufgehoben, so ist die unter ganz abnormen Be-

Schließlich habe ich es aber für besser gehalten, mich hier zunächst auf die Bearbeitung der Physiologie der Mneme zu beschränken, und habe deshalb das kurze, die Pathologie behandelnde Kapitel nachträglich wieder entfernt, um es später in ausführlicherer Bearbeitung als selbständige Untersuchung zu bringen. Bei dieser Gelegenheit werde ich auch auf die Heteromorphosen zurückkommen.

dingungen befindliche Muskulatur zu größeren regeneratorischen Leistungen nicht mehr befähigt, und hierdurch können überhaupt allmählich Störungen in kompliziert ineinandergreifenden Regenerationsprozessen (Regeneration ganzer Extremitäten) erfolgen. Daß die andern Organsysteme in ihrer regeneratorischen Tätigkeit nicht durch die Ausschaltung des Nervensystems beeinträchtigt werden, dafür liegen, wie oben auseinandergesetzt, zahlreiche Beobachtungen vor.

Ich glaube in dem vorliegenden Kapitel gezeigt zu haben, erstens: Die im Laufe der Ontogenese auftretenden Beschränkungen des Regulations- und Regenerationsvermögens finden nicht ihre Erklärung in einer lokalisierenden Aufteilung der ererbten Mneme während der Ontogenese. Zweitens: die Tatsachen, aus denen manche Autoren auf einen besonderen gestaltenden oder formativen Einfluß von Teilen des Zentralnervensystems auf die Regeneration schließen, erfordern diese Deutung nicht und finden ihre Erklärung ebenfalls nicht in einer lokalisierenden Aufteilung der ererbten Mneme.

Wir werden demnach allen Tatsachen gerecht, wenn wir annehmen, daß sich jede Zelle, ja jedes mnemische Protomer im Besitz der gesamten ererbten Mneme des betreffenden Organismus befindet. Andererseits aber möchte ich doch noch einmal, um ja keine Mißverständnisse aufkommen zu lassen, daran erinnern, daß die Ekphorie eines jeden ererbten Engramms, wie die eines jeden individuell erworbenen, an ganz bestimmte lokale Bedingungen geknüpft, also sozusagen lokalisiert ist.

Die Reaktion des Pickens nach Körnern und andern kleinen Partikeln bei eben ausgekrochenen Kücken ist als Manifestation der Ekphorie eines ererbten Engramms aufzufassen. Diese Ekphorie ist aber nur bei Anwesenheit wenigstens eines intakten Auges und seiner nervösen Verbindungen möglich. Der photische Reiz des Korns löst zunächst eine Erregung in der reizbaren Substanz der Retina, diese fortstrahlend eine Erregung in andern Teilen des Zentralnervensystems aus, die zuerst in diesen Teilen, den Eigenbezirken dieser Erregung, auch ekphorisch wirkt, also, wenn man will, hier in einen gewissem Sinne lokalisiert ist. Aber diese Lokalisation der Ekphorie, das Vorhandensein eines Eigenbezirks der ekphorischen Reizwirkung, von dem aus sie über den übrigen Organismus ausstrahlt, hat nichts mit einer lokalisierenden Aufteilung oder, kürzer ausgedrückt, mit einer Lokalisation der ererbten Engramme zu tun. Denn die dominierende Stellung des »Eigenbezirks« bei der Ekphorie erklärt sich ganz einfach daraus, daß hier zuerst der zur Ekphorie notwendige Zustand der energetischen Situation realisiert wird, und daß dieser Zustand überhaupt nicht realisiert werden kann, wenn der Eigenbezirk fehlt oder schwer geschäoigt ist.

Zwölftes Kapitel.

Die Bedeutung der alternativ ekphorierbaren Dichotomien auf ontogenetischem Gebiet.

Wir sind schon an verschiedenen Stellen (S. 134, 208, 235) bei unsern Betrachtungen der Tatsache begegnet, daß die Engrammsukzessionen, die durch eine stetige, einreihige und einsinnige Anordnung charakterisiert sind, doch auch hie und da eine gablige Teilung (Dichotomie, Trichotomie usw.) dieser einreihigen Anordnung zeigen können. Wir unterschieden nach der Ekphorierbarkeit zwei Arten solcher Dichotomien: simultan ekphorierbare und alternativ ekphorierbare. Simultan ekphorierbare Dichotomien sind sehr häufige Vorkommnisse bei der Gruppierung von ontogenetischen Engrammsukzessionen. Ich verweise z. B. auf die Gruppierung der Engramme bei einem teilungsfähigen Ei (S. 234). Näher haben wir aber hier noch auf die nur alternativ ekphorierbaren Dichotomien in bezug auf ontogenetische Engrammreihen einzugehen.

Das Konstruktionschema solch einer alternativen Dichotomie haben wir ausgehend von dem konkreten Fall der zwei Fassungen des Goetheschen Gedichts: »Über allen Wipfeln ist Ruh« graphisch wiedergegeben (S. 208). Im wesentlichen hat dieses Schema für jede alternative Dichotomie Geltung, auch für eine alternative Dichotomie von Sukzessionen solcher Engramme, deren Reaktionen auf plastischem Gebiete liegen. Natürlich ist es nicht möglich, bei derartigen Engrammen, die durch Wiederholung einer Erregung durch Tausende von Generationen entstanden sind, die ganze Homophonie zu überblicken und darzustellen. Hierauf müssen wir verzichten und wählen den Weg, die Homophonie der Engramme, wie sie sich für drei sukzedente Generationen darstellt, unter Ignorierung der früheren Aszendenz aufzuzeichnen. Wir gehen dabei von dem konkreten Falle der Entwicklung unserer Honigbiene, Apis mellifica, aus und stellen die im Enkel homophon erklingenden, von den drei voraufgehenden Generationen aufgenommenen Engramme im Schema dar, wobei wir der Einfachheit halber voraussetzen, daß in diesen drei Generationen strenge Inzucht geherrscht hat.

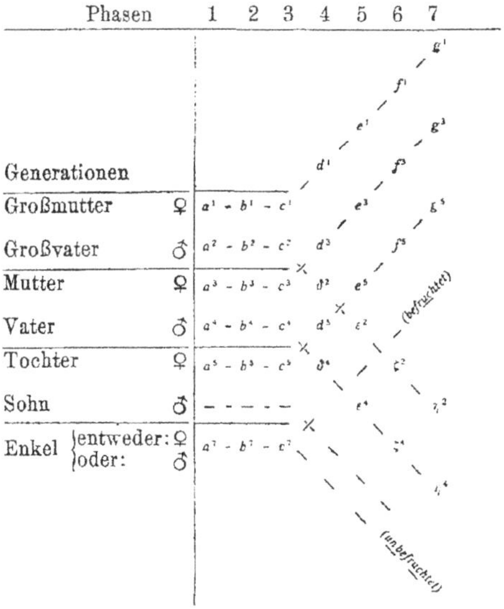

Unser Engrammschema ist nun so gemeint, daß die Phasen 1—3 den Ablauf der Entwicklung von der Bildung der Oocyte bis zur vollen Reife und Ablegung des Eies darstellen.

Wir wollen jetzt den ontogenetischen Ablauf bei dem Enkel in bezug auf die homophonen mnemischen Erregungen und die durch die morphogenen Originalerregungen neu entstehenden Engramme unter Zuhilfenahme des Schemas der Abläufe bei der normalen Morphogenese S. 231 genauer verfolgen.

Bei Ekphorie der Engramme von Phase 1 herrscht demnach beim Enkel Homophonie zwischen mnemischer und Originalerregung a, d. h. im konkreten Fall des uns gegenwärtig vorliegenden Engrammschemas Homophonie zwischen den mnemischen Erregungen a^{1-5} und der morphogenen Originalerregung a^7. Daß in der mnemischen Erregung a^{1-5} ihrerseits noch Homophonie der Einzelkomponenten a^1, a^2, a^3, a^4, a^5 herrscht, wird schon durch die Bezeichnung ausgedrückt. Ebenso verhält es sich in allen Phasen bis zur dritten, in der Homophonie zwischen der mnemischen Erregung c^{1-5} und der morphogenen Originalerregung c^7 vorhanden ist. In dieser Phase tritt nun, wenn wir das Engrammschema mustern, im Gegensatz zu dem im Schema S. 231 dargestellten Fall eine doppelte Möglichkeit der Ekphorie ein; es findet sich eine mnemische Alternative auf Grund einer Dichotomie der Sukzessionen. Entweder werden die sukzedenten homophonen Engrammkomplexe d^1, d^3, d^5 oder aber die sukzedenten homophonen Engrammkomplexe δ^2 und δ^4 ekphoriert, und je nachdem dies geschieht, folgen entsprechende plastische Reaktionen und die Ekphorie fernerer sukzedenter Engrammkomplexe e—f—g— oder ε—ζ—η—. In dem vorliegenden Falle der Honigbiene sind wir in der glücklichen Lage, das bestimmende Moment genauer definieren zu können[1], das der einen Ekphorie vor der andern das Übergewicht verleiht. Erfolgt am Ende von Phase 3 keine Befruchtung, greift also kein Originalreiz ein, so wird die Sukzession δ—ε—ζ—η— ekphoriert, die ganze Entwicklung läuft in einer eigentümlich bestimmten Richtung ab, die ein männlich differenziertes Bienenindividuum hervorgehen läßt. Stellt sich dagegen in Phase *g* am Ende von Phase 3 der Originalreiz der Befruchtung ein — vielleicht ließe er sich auch durch andere Originalreize ersetzen —, so wird die Sukzession *d*—*e*—*f*—*g*—

[1] Allerdings ist gerade in letzter Zeit von verschiedenen Seiten der Versuch gemacht worden, die Dzierzonsche Lehre von der geschlechtsbestimmenden Wirkung der Befruchtung bei der Honigbiene umzustoßen. Beard (Zool. Jahrb., Abt. f. Anat., Bd. 4, 1902), Lenhossék (Das Problem der geschlechtsbestimmenden Ursachen, Jena 1903), O. Schultze (Archiv f. mikr. Anat., Bd. 63, 1903) machen diesen Versuch auf Grund allgemeiner Erwägungen. Der Schluß, weil bei andern Organismen die Geschlechtsbestimmung sicher nicht durch die Befruchtung erfolgt, und bei gewissen Formen (z. B. Hydatina senta) die Alternative schon während der Reifung des Eies im Ovarium, nicht erst später entschieden wird, müsse sich dies bei den Bienen ebenso verhalten, entbehrt aber nach meiner Ansicht jeglicher Beweiskraft. Ich halte es sogar für direkt unwahrscheinlich, daß in dieser Beziehung in der Welt der Organismen Uniformität herrscht. Handelt es sich doch dabei um mnemische Prozesse, für die die Möglichkeit der Ekphorie durch verschiedenartige Einflüsse geradezu charakteristisch ist, oder genauer auf unsern Fall zugespitzt: es vermögen nicht einer, sondern verschiedenartige Einflüsse den Ausschlag zu geben, in welcher Richtung die Ekphorie einer alternativ dichotomischen Bahn zu erfolgen hat. Eine von dem Bienenzüchter Dickel aufgestellte und von einigen Biologen angenommene Auffassung, die bei der Entscheidung der Alternative nicht den Befruchtungsprozeß, sondern die Behandlung der Eier durch die Arbeitsbienen (verschiedenartige Einspeichelung) als das Ausschlaggebende ansieht, erscheint mir so künstlich und so wenig in Harmonie mit der klaren Sprache der Tatsachen, daß ich sie nur erwähne und im übrigen auf ihre Widerlegung in dem vorzüglichen Vortrag von v. Buttel-Reepen (Über den gegenwärtigen Stand der Kenntnisse von den geschlechtsbestimmenden Ursachen bei der Honigbiene. Verhandl. d. Deutsch. Zool. Ges. Leipzig 1904) hinweise.

ekphoriert, die ganze Entwicklung läuft in einer andern eigentümlich bestimmten Richtung ab, die ein weiblich differenziertes Bienenindividuum (Königin oder Arbeiterin) hervorgehen läßt.

Erläuternd möchte ich noch hinzufügen, daß der Engrammkomplex *d* durchaus nicht in der Mehrzahl seiner Komponenten vom Engrammkomplex δ verschieden ist, sondern nur bei sonstiger großer Übereinstimmung in einer kleinen Minderzahl der Komponenten. Dasselbe gilt vom Verhältnis *e* zu ε, *f* zu ζ usw. Es handelt sich, wenn wir hier einmal zur Veranschaulichung der schwer darstellbaren Vorgänge einen Vergleich brauchen dürfen, in dem vieltausendstimmigen Orchestralwerk der Entwicklung bei fast allen mnemischen Alternativen nur um Varianten einzelner Stimmen, sehr selten um Variation der Gesamtkomposition. In dem dem Schema S. 281 zugrunde gelegten Falle der Alternative: männliche oder weibliche Entwicklung bei der Biene, scheint, wenn einmal die eine Bahn der dichotomischen Sukzession eingeschlagen ist, bei normaler Entwicklung ein Überspringen auf die andere unterhalb der Gablungsstelle nicht mehr möglich. Ich sage ausdrücklich »scheint«, denn wer wollte mit Sicherheit die Möglichkeit ausschließen, daß durch nachträgliche Beeinflussungen irgendwelcher Art ein Einlenken in die andere Engrammsukzession und damit eine andere Geschlechtsbestimmung herbeizuführen ist?

Da wir bei den meisten übrigen Organismen nichts Sicheres wissen über das, was bei der mnemischen Alternative der Geschlechtsbestimmung den Ausschlag für den einen oder den andern Sukzessionsast der Dichotomie gibt, können wir auch nicht sagen, ob bei denselben die Alternative auch zeitlich so scharf determiniert ist, wie bei der Biene. Zeitlich determiniert heißt natürlich in dem gegenwärtigen Zusammenhang: an eine bestimmte Phase gebunden.

Durchaus nicht selten begegnen wir aber alternativen Dichotomien, bei denen die endgültige Entscheidung der Alternative nicht an die Phase gebunden ist, in welcher die Ekphorie die Gablungsstelle der beiden Äste durchläuft, sondern bei denen die dort getroffene Entscheidung nachträglich geändert werden kann. In einem Engrammschema läßt sich dies folgendermaßen ausdrücken.

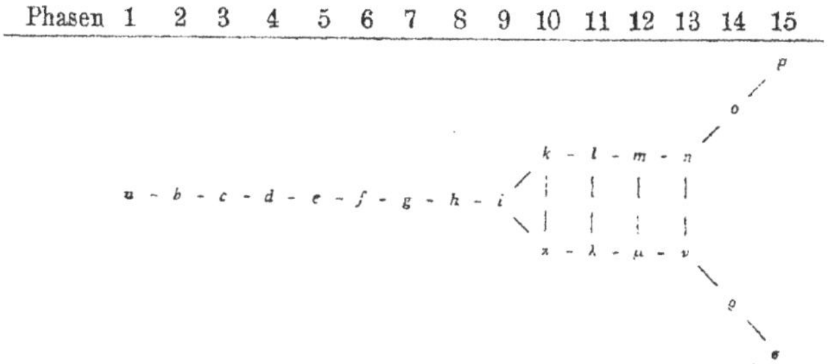

Strenggenommen liegt auch in diesem Falle die eigentliche Alternative in Phase 9. Während der folgenden Phasen 10—13 besteht aber immer noch infolge des sehr vielen Gemeinsamen, das Engrammkomplex k mit $\varkappa$, l mit λ, m mit μ und n mit ν verbindet, die Möglichkeit, daß die Ekphorie von dem einen dieser Engrammkomplexe zum andern überspringt und dann in dessen Sukzession weiter abläuft, statt bei seiner Alternative zu beharren.

Mit dieser Ausdehnung der Entscheidungsmöglichkeit einer Alternative über verschiedene Phasen, die wir als normale Erscheinung, z. B. bei der Entscheidung, ob aus einem befruchteten Bienenei eine Königin oer eine Arbeiterin werden soll, beobachten, ist nicht zu verwechseln ein fortgesetztes

Pendeln der Ekphorie zwischen den beiden Asten einer dichotomischen Engrammsukzession. Manifest wird für uns dieser Vorgang durch das Auftreten von Reaktionen, die bald für die eine, bald für die andere Engrammreihe charakteristisch sind und die sich in allen denkbaren Variationen von Mischungen beider Reaktionsreihen zeigen können (vgl. auch S. 209).

Das Auftreten solcher Mischreaktionen beobachten wir als gelegentliches Vorkommnis überall da, wo in den Sukzessionsreihen der ontogenetischen Engramme alternative Dichotomien auftreten. Das Produkt der morphogenen Mischreaktionen, die bei Schwanken zwischen den beiden Ästen der alternativen Dichotomie der Sexualität auftreten, bezeichnet man als teratologischen Hermaphroditismus. Ein solcher wird wohl bei allen Tieren und Pflanzen in allen möglichen Abstufungen als gelegentliches Vorkommnis beobachtet und manifestiert sich natürlich nicht nur in den Produkten der plastischen, sondern auch der motorischen Reaktionen, nicht nur als ein Hermaphroditismus des Körperbaues (Keimdrüsen und sekundäre Sexualcharaktere), sondern auch der Instinkte. Seine Abstufungen entsprechen dem größeren oder geringeren Übergewicht, das die Reaktionen des einen Engrammastes vor denen des andern während der Ontogenese des Individuums gehabt haben.

Aber auch jeder ausgebildete, scheinbar abgeschlossene Organismus befindet sich ebensogut wie der seine Entwicklung erst beginnende Keim nach wie vor im Besitz beider divergierender Engrammreihen. Davon legt er Zeugnis dadurch ab, daß er unter Umständen noch in viel späteren Daseinsphasen Teile des divergierenden Astes von Engrammsukzessionen ekphoriert und die Ekphorie durch Reaktionen manifest werden läßt. Dieses Manifestwerden besteht meistens im Auftreten von sekundären Sexualcharakteren des andern Geschlechts bei Individuen, deren Keimdrüsen regressive Metamorphosen eingegangen sind oder operativ geschädigt wurden. Ich erinnere an die Hahnenfedrigkeit sehr alter, nicht mehr fortpflanzungsfähiger Haus-, Reb-, Fasanen- und Pfauhennen, an das Auftreten von schwachen Gehörnen bei gelten Rehgeißen oder von Geweihen bei gelten Alttieren anderer Cerviden, an die stärkere Bartentwicklung bei manchen Frauen nach Eintritt des Klimakteriums, an die hennenähnliche Befiederung der Kapaune, an die Kampflust und das kriegerische Gebaren, das wir oft bei hahnenfedrigen Hennen auftreten sehen, an das Auftreten des Brutinstinkts bei Kapaunen (das wir übrigens auch bei unfruchtbaren männlichen Bastarden von Fasan und Huhn beobachten). Das Auftreten dieser plastischen und motorischen Reaktionen, die der bei dem betreffenden Individuum nicht ekphorierten Engrammreihe angehören, ist häufig[1] an die mehr oder weniger

[1] Häufig, aber doch durchaus nicht immer. Dies wird durch ein seltsames, beim Menschen zu beobachtendes Instinktphänomen bewiesen, die homosexuelle Liebe, d. h. die Liebe zwischen zwei Individuen desselben Geschlechts. Normalerweise werden bei jedem menschlichen Individuum mit Eintritt der Geschlechtsreife nur die Engramme ekphoriert, deren Affekts- und sonstige Reaktionen wir als intersexuelle Liebe, Liebe zum andern Geschlecht, bezeichnen können. Nun besitzt aber jedes Individuum die ganze Fülle der Engrammkomplexe des andern Geschlechts, die nur bei ihm normalerweise nicht ekphoriert werden, nachdem die Alternative, welchen Ast der geschlechtlichen Dichotomie er durchlaufen wird, einmal entschieden ist. Da jedes Individuum somit die Instinktengramme des andern Geschlechts, wenn auch zunächst eben nur als Engramme, besitzt, ist es vielleicht nicht so wunderbar, als es zunächst scheinen möchte, daß sie unter Umständen auch ekphoriert werden können. Das Faktum, daß die Verführung zu homosexueller Liebe besonders bei demjenigen Individuum, in dem die divergierenden Engramme der normalen, intersexuellen Liebe noch nicht ekphoriert sind, verhältnismäßig leicht erfolgen kann, und daß nach der ersten Ekphorie dieser Engramme spätere Ekphorien sehr erleichtert

vollständige Ausschaltung der der divergierenden Reihe angehörigen Keimdrüsen geknüpft. Offenbar wirkt die Anwesenheit bzw. Funktion der letzteren in der energetischen Situation des Individuums hemmend auf die Ekphorie der Engramme, deren plastische und motorische Reaktionen wir als sekundäre Sexualcharaktere bezeichnen.

Wir sehen aus diesen der geschlechtlichen Dichotomie entnommenen Beispielen, daß durch ein Schwanken der Ekphorie von dem einen Engrammast zum andern sowohl simultane Mischreaktionen entstehen können (Hermaphroditismus), als auch die Engramme der beiden Reihen in längeren Intervallen alternierend ekphoriert und durch Reaktionen manifest werden können, wenn durch physiologische Vorgänge oder äußeren Eingriff die innere energetische Situation der Individuen in entscheidender Weise geändert wird.

Ein ähnliches zeitliches Alternieren zwischen den beiden divergierenden Engrammreihen statt eines Auftretens von Mischformen beobachten wir zuweilen auch bei Dichotomien, die wir als Kreuzungsdichotomien bezeichnen können. So nehmen aus Kreuzung zwischen verschieden gefärbten Eltern hervorgegangene Hühner, Tauben und Hunde nicht selten zuerst die Färbung des einen Erzeugers, nach ein oder zwei Jahren aber die des andern an.

Bei diesem zeitlichen Alternieren der Ekphorie handelt es sich wohl sicher um ein wirkliches Schwanken der Ekphorie von einem Aste der Dichotomie zum andern. Beim Entstehen von simultanen Mischreaktionen ließe sich auch an eine

sind, daß es sich also bei aller Schädlichkeit für die Erhaltung der Art doch um eine generelle, in allen Individuen schlummernde Disposition handelt, wird durch Einführung des Begriffs der mnemischen Dichotomie verständlich gemacht.

gleichzeitige parallel laufende Ekphorie beider Engrammäste denken, die, da jedenfalls ihre voll ausgebildeten Reaktionen alternative sind, d. h. unmöglich gleichzeitig bei demselben Organismus auftreten können — kein Geschöpf kann gleichzeitig rein weiß und rein schwarz sein —, Mischreaktionen bewirken können. Vielleicht beruht das Auftreten von Mischreaktion in einer Anzahl von Fällen auf einem Schwanken der Ekphorie von einem Engrammast zum andern, in einer andern auf gleichzeitiger Ekphorie der divergierenden Engrammäste.

Als Produkte eines Schwankens zwischen den Engrammreihen einer dichotomischen Sukzession oder eventuell ihrer gleichzeitigen Ekphorie und den daraus resultierenden Mischreaktionen fasse ich auch die zahlreichen Zwischenstufen zwischen den extremen Individuen solcher Spezies auf, deren Individuen außer der geschlechtlichen Verschiedenheit noch anderweitigen Dimorphismus und Polymorphismus besitzen (Saisondimorphismus und anderweitiger Polymorphismus der Schmetterlinge, Polymorphismus der Termiten, Ameisen, Bienen usw.). Ich glaube, alle diese Erscheinungen lassen sich im Lichte der in diesem und in den vorhergehenden Kapiteln entwickelten mnemischen Prinzipien so klar übersehen, daß ich mir vorläufig, d. h. im Laufe dieser Arbeit, ein Eingehen auf dieses weit ausgedehnte Gebiet erspare. Sollte sich die Notwendigkeit ergeben, so werde ich auf dieses Thema später in einer besonderen Untersuchung zurückkommen.

Nur einer Schwierigkeit möchte ich gleich jetzt einige Worte widmen. Sowohl bei Termiten wie bei Ameisen und Bienen finden sich Fälle, in denen der eine Ast der Dichotomie zur Ausbildung von Individuen führt, die nicht fortpflanzungsfähig sind. Dürfen wir trotzdem diesen Ast der Sukzession von Erregungsdispositionen als eine Sukzession von ererbten Engrammen ansehen, obwohl diejenigen Individuen, in denen diese Erregungsdispositionen aktiviert werden, niemals zur Fortpflanzung gelangen? Diese Frage wäre für alle diejenigen Fälle zu verneinen, in denen angenommen werden müßte, daß der ausgeprägte Dimorphismus oder Polymorphismus erst nach Auftreten der vollkommenen Sterilität der einen Reihe zur Ausbildung gelangt sei. Es sprechen aber starke Gründe dafür, daß für die Ausbildung der Hauptdivergenzen der Reihen gerade das umgekehrte Zeitverhältnis bestanden hat. Ferner läßt sich nachweisen, daß manche scheinbar erst von den sterilen Formen erworbene Körper- und Instinktmerkmale ursprünglich ein gemeinsamer Besitz aller Weibchen waren, und von den Königinnen nachträglich verloren, nicht aber von den sterilen Arbeiterinnen hinzugewonnen worden sind. Unzweifelhaft ist dies bei den Bienen[1] der Fall gewesen.

[1] So finden sich in der Gruppe der Hummeln, Meliponen, Bienen zwar fast durchgehend zwei verschiedene Formen von Weibchen, von verschiedenem morphologischen Charakter und einer verschiedenen Instinktentwicklung. Die Alternative, nach welcher Seite hin ein befruchtetes Hummel-, Meliponen- oder Bienenei sich entwickeln soll, scheint immer durch die quantitativ und wahrscheinlich auch qualitativ verschiedene Ernährung im Larvenstadium entschieden zu werden. Während die eine Form ihre volle Sexualität behält, sehen wir bei der andern zunächst die Begattungsfähigkeit eingeschränkt, so daß nur unbefruchtete Eier (Drohneneier) gelegt werden. Ich brauche wohl nicht besonders hervorzuheben, daß es vollkommen genügt, daß Arbeiterinnen Drohneneier legen, um ihnen die Möglichkeit der Übermittlung von neu bei ihnen auftretenden Engrammen auf ihre weiblichen Enkel und Urenkel durch Vermittlung ihrer Söhne, der Drohnen, offen zu halten. Daneben finden sich ganz sterile Individuen. Ausnahmslose Sterilität dieser Formen (Arbeiterformen) herrscht aber nur bei der Apis mellifica, unserer Honigbiene, und selbst bei ihr finden sich

Auch bei den Ameisen und Termiten dürfte der Eintritt der vollkommenen Sterilität der Arbeiter- und Soldatenformen gegen das Ende, nicht an den Anfang ihrer divergenten Entwicklung zu setzen sein. Ist doch auch bei ihnen die Sterilität der Arbeitsformen keineswegs etwas so Durchgreifendes, daß man nicht auch ab und zu eierlegende Arbeiterinnen fände.

Neuerdings hat Reichenbach[1] sogar entdeckt, daß typische Arbeiter der Ameisenspezies Lasius niger unbefruchtete Eier legen, aus denen nicht nur Männchen (was schon seit längerer Zeit bekannt), sondern auch typische Arbeiter hervorgehen. Sollte ein solches Vorkommen bei Ameisen und Termiten eine weitere Verbreitung haben, was durchaus nicht unmöglich ist, so würden die uns eben beschäftigenden Schwierigkeiten noch eine weitere beträchtliche Verringerung erfahren. Denn dann würde die erbliche Übertragung von Arbeiter auf Arbeiter nicht durch das Zwischenglied des Männchens,

bei der ägyptischen Varietät (A. fasciata) gewöhnlich noch in jedem Stock neben der Königin eierlegende Arbeiterinnen. Vgl. die sehr belehrende Übersicht von v. Buttel-Reepen: Die phylogenetische Entstehung des Bienenstaates. Biol. Zentralbl. Bd. 23, 1903 (auch separat mit Zusätzen erschienen bei H. Thieme, Leipzig 1903). Sehr bezeichnend ist, was v. Buttel über die Verschiedenheit der Instinktentwicklung bei Königin- und Arbeiterinform sagt: »Die Hauptveränderung liegt auf seiten der Königin, die von ihrer Höhe herabsinkt, fast alle die ihr eigentümlichen Instinkte verliert und nur noch Eierlegmaschine ist, während die Arbeiterinnen alle Instinkte ihres früheren Weibchentums behalten, also die Bau- und Fütter- resp. Sammelinstinkte usw., und nur den Begattungstrieb einbüßen, dafür aber einige neue Instinkte hinzugewinnen, z. B. die ‚sogenannte Anhänglichkeit‘ an die Stockmutter und die ganz besondere abweichende Pflege derselben.«

[1] H. Reichenbach, Über Parthenogenese bei Ameisen und andere Beobachtungen an Ameisenkolonien in künstlichen Nestern. Biol. Zentralbl. Bd. 22, 1902.

sondern es könnte direkt von Arbeitergeneration auf Arbeitergeneration erfolgen.

Übrigens halte ich vollkommen die Möglichkeit offen, daß auch nach Eintritt der Sterilität eine Weiterbildung in der sterilen Reihe dergestalt stattfinden kann, daß der ganze Stock oder Staat als solcher, nicht sein einzelnes Mitglied als Zuchteinheit bei der natürlichen Auslese figuriert, wie dies von Darwin am Ende des Kapitels über den Instinkt in der Entstehung der Arten so einleuchtend auseinandergesetzt worden ist. Ich betone dies ausdrücklich, da ich durchaus auf dem Boden der Zuchtwahllehre in der Darwinschen (nicht in der Weismannschen) Fassung stehe und der Ansicht bin, daß die Wirksamkeit der Mneme allein ohne die Beihilfe der natürlichen Zuchtwahl nimmermehr einen solchen Zustand der Organismenwelt hätte schaffen können, wie er uns tatsächlich vorliegt.

Bisher haben wir nur Dichotomien von Engrammsukzessionen berücksichtigt, deren beide Äste insofern gleichwertig waren, als beide, der eine bei diesem, der andere bei jenem Vertreter der betreffenden Art, unter den gewöhnlichen Lebensverhältnissen dieser Art zur Ekphorie gelangten, und der Ausschlag nach der einen oder der andern Seite hin durch ein kleines Mehr- oder Mindergewicht, repräsentiert durch Hinzutreten oder Wegbleiben eines verhältnismäßig schwachen Originalreizes erzielt werden konnte.

Solche Dichotomien können wir als äquilibre bezeichnen. Ihnen stehen die nicht äquilibren als solche gegenüber, bei denen die beiden Äste nicht gleichwertig sind. Die Ekphorie bewegt sich bei diesen normalerweise nahezu ausschließlich in dem einen Sukzessionsast, während der andere nur noch von wenigen Vertretern der Art oder Rasse unter besonderen, in günstigen Fällen von uns kontrollierbaren Verhältnissen durchlaufen wird.

Ich erinnere an das Beispiel, an dem wir in einem früheren Kapitel (S. 208—210) die Dichotomie von Sukzessionen individuell erworbener Engramme erläutert haben, an das Beispiel eines in zwei Fassungen gelernten Gedichts. Wenn wir die eine Fassung nach der andern erlernen und aus irgendeinem Grunde bevorzugen und ausschließlich verwenden, so wird mit der Zeit die zweite Bahn zur Hauptbahn, in die die Ekphorie an der Gablungsstelle selbstverständlich einlenkt. Der andere Ast ist immer noch da, es bedarf aber ganz besonderer Umstände um die Ekphorie an der Gablungsstelle in seine Bahn zu drängen. Diesem alten und neuen Aste von Sukzessionen individuell erworbener Engramme entspricht, wenn es sich um ererbte Engramme handelt, ein Ast, der bei den entfernteren Vorfahren oder Atavi der gangbare gewesen ist, und ein jüngerer Ast, in dem sich die von den näheren und nächsten Vorfahren durchlaufenen Zustände engraphisch verewigt haben. Wir können diesen jüngeren frequentierten Engrammast als den rezenten von dem älteren obsolet gewordenen, aber immer noch vorhandenen als dem atavistischen unterscheiden.

Über den Begriff des Atavismus oder des Rückschlages im allgemeinen muß ich hier ein paar kurze Bemerkungen einschieben. Ich gebe ohne weiteres zu, daß es in vielen Fällen schwer, ja unmöglich sein kann, zu entscheiden, ob diese oder jene ontogenetische Abnormität — dies Wort ist im weitesten Sinne zu verstehen — als atavistische Erscheinung aufzufassen ist, oder nicht. Vor allem ist dies dann der Fall, wenn die Vorfahrenreihe der Form, um die es sich handelt, nur ungenügend oder gar nicht bekannt ist, im besonderen der Teil der Reihe, der die mutmaßlich atavistische Eigentümlichkeit als normales Charakteristikum besessen haben soll. Der Schluß: diese Abnormität dürfte wohl atavistischer Natur sein; folglich haben die unbekannten Vorfahren der die Abnormität aufweisenden Form diesen morphologischen Charakter besessen, ist nicht selten ein trügerischer und fast nie ein völlig beweisbarer. Eine Kritik, die hier ansetzt, hat ihre volle Berechtigung. Nur darf sie nicht über das Ziel hinausschießen, und nach einigen billigen Siegen über eine falsche oder nicht genügend begründete Anwendung des Begriffs diesen Begriff selbst als anfechtbaren, problematischen, als ein veraltetes Schlagwort hinstellen.

Das ist übertriebene und unfruchtbare Skepsis in allen den Fällen, in denen wir die Vorfahrenreihe einer Form in den Teilen, auf die es zur Beurteilung des betreffenden Atavismus ankommt, genau kennen.

Wenn beispielsweise bei hornlosen Rinderrassen, wie dem Galloway- oder Suffolk-Rind[1], die während der letzten 100—150 Jahre hornlos gewesen sind, die aber nachweislich von hörnertragenden Vorfahren abstammen, gelegentlich gehörnte Kälber geboren werden, deren Hörner oft nur lose anhangen, so fällt dieses Phänomen gewiß restlos unter den Begriff des Atavismus. Dasselbe gilt für den ähnlichen Fall bei der hornlosen Southdown-Schafrasse, bei welcher nicht selten männliche Lämmer mit kleinen Hörnern geboren werden. Solche Hörner wachsen entweder bis zur vollen Größe oder

[1] Die folgenden Beispiele sind sämtlich dem dreizehnten Kapitel von Ch. Darwins »Das Variieren der Tiere und Pflanzen im Zustande der Domestikation« entnommen. Eine interessante kritische Zusammenstellung von Atavismus bei Pflanzen, unter Ausscheidung von unsicheren oder fälschlich dazu gerechneten Fällen, findet man bei de Vries, Die Mutationstheorie, Leipzig 1901, Bd. I, S. 482, Bd. II, S. 374.

sind in merkwürdiger Weise nur der Haut angeheftet und hängen lose herab, oder fallen ganz ab.

Ferner hat Darwin durch seine ungemein sorgfältigen und umfassenden Untersuchungen den überzeugenden Beweis geliefert, daß alle unsere zahmen Taubenrassen von der einen Wildtaubenart Columba livia gezüchtet worden sind. Wenn wir nun sehen, daß in allen möglichen rein gezüchteten Taubenrassen, die keine Spur von Blau in ihrem Gefieder, keine Spur von Flügelbinden und den sonstigen der Columba livia eigentümlichen Zeichnungen besitzt, gelegentlich blaue Varietäten auftreten, welche alle die für Columba livia charakteristischen Zeichnungen tragen, so haben wir auch hier wieder einen unzweifelhaften Fall von Atavismus vor uns, der noch besonders interessant dadurch ist, daß wir jederzeit in der Lage sind, ihn experimentell hervorzurufen. Darauf komme ich später noch zurück.

Die mitgeteilten Beispiele von unzweifelhaftem Atavismus ließen sich beliebig vermehren. Um das Prädikat »unzweifelhaft« zu verdienen, ist es bei allen erstes Erfordernis, daß man die Vorfahren, deren Eigentümlichkeiten in der betreffenden atavistischen Abnormität wieder zum Vorschein kommen, wirklich kennt und nicht bloß hypothetisch konstruiert. In letzterem Falle muß auch der Atavismus mehr oder weniger hypothetisch bleiben, er kann aber natürlich durch vergleichend anatomische und entwicklungsgeschichtliche Argumente sehr wahrscheinlich gemacht werden.

Für unsere Zwecke genügen zunächst die mitgeteilten Beispiele, zumal sie auch das Auftreten des Atavismus bei zwei etwas verschiedenen Engrammmodalitäten demonstrieren.

In dem Falle des Wiederauftretens von Hörnern bei einer seit langem hornlos gewordenen Rinder- oder Schafrasse handelt es sich um das Wiedererscheinen eines in den jüngeren Generationen verloren gegangenen Charakters. Kann man nun in solchen Fällen auch von einer Dichotomie der Engrammsukzessionen sprechen? Daß dies korrekterweise geschehen darf, lehrt uns das folgende Schema. In demselben bezeichnen in der kritischen Periode, in der die Anlage von Hörnern eintritt oder unterbleibt, k, l, m, n die Engrammkomplexe als Inbegriffe sämtlicher während der betreffenden Phase vorhandener ererbter Engramme minus der auf die Hornentwicklung bezüglichen Engramme. Diese letzteren drücken wir durch die Engrammsukzession α, β, γ, δ aus. Wir erhalten dann folgendes Engrammschema:

(atavistischer Ast)

$$k \begin{array}{l} \nearrow (l+\alpha) - (m+\beta) - (n+\gamma) - (o+\delta) - \\ \searrow l \text{———} m \text{———} n \text{———} o \text{———} \end{array}$$

(rezenter Ast)

Wie wir sehen, besteht auch in diesen Fällen eine klar ausgeprägte Dichotomie der Engrammsukzessionen. Wenn dagegen, wie bei den von der Färbung der Columba livia abweichenden Kulturrassen der Taube nicht eine plastische oder motorische Errungenschaft einfach aufgegeben wird, sondern nur verändert, zu etwas neuem umgemodelt wird, nimmt das Schema folgende Gestalt an:

$$k \begin{array}{l} \nearrow (l+\alpha) - (m+\beta) - (n+\gamma) - (o+\delta) - \\ \searrow (l+\alpha^1) - (m+\beta^1) - (n+\gamma^1) - (o+\delta^1) - \end{array}$$

Eine Reihe besonderer Fälle kann man als ausgesprochenste Vertreter jener ersterwähnten Gruppe auffassen, bei der es sich um das Wiedererscheinen von Merkmalen handelt, die in den jüngeren Generationen für gewöhnlich nicht mehr zur Entwicklung gelangen. Es gibt Fälle, in denen ein solcher Entwicklungsstillstand nicht einige wenige Komponenten der Engrammkomplexe, sondern die große Mehrzahl der Komponenten dieser Komplexe betrifft, so daß auf einem gewissen Entwicklungsstadium ein nahezu vollkommener Entwicklungsstillstand eintritt. Auf diesem Stadium verharrt dann, von bloßer Volumensvergrößerung und unbedeutenden sonstigen Veränderungen abgesehen, der Organismus dauernd und wird auch in diesem Zustande geschlechtsreif. Man bezeichnet diese Erscheinung als Neotenie, und da wir gerade auf diesem Gebiet ein gut durchbeobachtetes und lehrreiches Beispiel von Atavismus und seiner experimentellen Hervorrufung besitzen, will ich hierbei etwas länger verweilen.

Wie bekannt, werden die weiblichen und männlichen Exemplare der amerikanischen Molchart Amblystoma (Siredon) tigrinum für gewöhnlich im Larvenzustande (als Axolotl) geschlechtsreif und verharren dann dauernd in diesem Zustande. Erst seit den Beobachtungen von Dumeril im Akklimatisationsgarten von Paris vom Jahre 1865 wissen wir, daß gelegentlich jüngere Exemplare ans Land gehen, die Verwandlung vom Kiemenmolch zum kiemenlosen Amblystoma durchmachen und sich in diesem Zustande fortpflanzen können. Vollkommen geklärt wurde der Gegenstand aber erst durch Marie von Chauvins[1] eingehende Experimentaluntersuchungen, auf Grund derer dann Weismann erkannt hat, daß es sich beim Geschlechtsreifwerden im Axolotlstadium um eine typische Neotenie handelt. Wollen wir diese Neotenie auf der Basis unserer bisherigen Untersuchungen als Engrammsukzession ausdrücken, so werden wir sagen: Bedeuten in der folgenden Reihe

[1] Marie von Chauvin. Zeitschr. f. wissenschaftl. Zoologie, 1875, 1876, 1885.

Phasen	1	2	3	4	5	6	7	8	9	10
Engramm-komplexe	a—	b—	c—	d—	e—	f—	g—	h—	i—	k—

Phasen	11	12	13	14	15	16	17	18	19	20
Engramm-komplexe	l—	m—	n—	o—	p—	q—	q^1—	q^2—	q^3—	q^4—

die Buchstaben das Totale der ontogenetischen Engrammkomplexe bis zum Abschluß der Verwandlung in die Landform in Phase 16, so sind mit dem Engrammkomplex q dieser Phase sukzedent nur noch die keine großen Veränderungen mehr in sich schließenden Engrammkomplexe $q^1 — q^2 — q^3 — q^4$ assoziiert. Damit diese ganze Engrammreihe aber ekphoriert werde und sich in den entsprechenden plastischen und motorischen Reaktionen manifestieren kann, bedarf es im Laufe der Phase 10 eines besonderen äußeren Anstoßes: Mangel an Sauerstoff[1] im Wasser, das die Larven bewohnen, so daß sie neben der Kiemen- auch die Lungenatmung zur Anwendung bringen müssen; wenn dies nicht genügt, direkter Zwang, zeitweilig außerhalb des Wassers im feuchten Moose oder Schlamm zu verweilen. Unterbleiben diese äußeren Anstöße, so tritt auf Phase 10 keine Ekphorie des Engrammkomplexes l ein, der im Engrammkomplex k versinnbildlichte Zustand wird zum permanenten oder annähernd permanenten, was wir durch die Bezeichnungen k^1, k^2, k^3 usw. des folgen-

[1] Es könnte scheinen, als ob ich hier meiner eigenen Reizdefinition (s. oben S. 8) untreu würde und die Abwesenheit des Sauerstoffs als ekphorischen Reiz betrachtete. Natürlich wirkt aber diese Abwesenheit nicht direkt als Reiz, sondern bloß indirekt dadurch, daß sie zu einer Anhäufung von Kohlensäure und andern giftigen Stoffwechselprodukten in Blut und Geweben führt. Von diesen geht der eigentliche ekphorische Reiz aus.

den Schemas ausdrücken wollen, die nur unbedeutende Veränderungen nach Ekphorie des Engrammkomplexes k andeuten sollen. Wir erhalten also folgendes dichotomische Engrammschema.

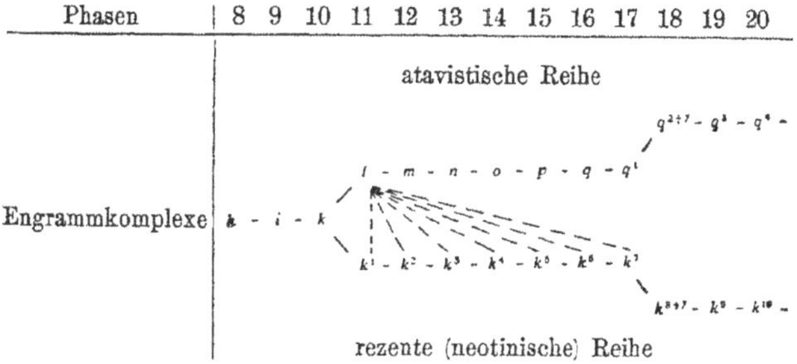

In Phase 10 befindet sich, wie schon hervorgehoben, die Dichotomie, die wir im Schema durch $k \genfrac{}{}{0pt}{}{\diagup l-}{\diagdown k^1-}$ ausgedrückt haben.

Nach den Untersuchungen Frl. v. Chauvins kann aber nach Entscheidung der eigentlichen Alternative bei Hinzutreten geeigneter Originalreize die Ekphorie auch noch während der folgenden Phasen (in unserem Schema 11—17) von der neotenischen zur atavistischen Reihe übergehen, was wir durch die Verbindungslinien zwischen l einerseits, k^1, k^2, k^3, k^4, k^5, k^6, k^7 andererseits ausgedrückt haben. Durch sie soll die Beobachtungstatsache zum Ausdruck gebracht werden, daß auch in diesen älteren Stadien noch die Entwicklung von der neotenischen in die atavistische Bahn einlenken kann, wenn auch mit proportional dem Alter fortschreitender Schwierigkeit. Unmöglich wird dieser Übergang erst bei Eintritt der Geschlechtsreife, die wir für beide Reihen in Phase 18 angenommen und durch den Vermerk $+ \gamma$ zum

Index des Engrammkomplexes ($q^{2+\gamma}$ der atavistischen, $k^{8+\gamma}$ der neotenischen Reihe) gekennzeichnet haben. Wir hätten nach den Chauvinschen Beobachtungen auch noch Engrammkomplex m mit $k^2 - k^7$, n mit $k^3 - k^7$, auch wohl noch o mit $k^4 - k^7$ durch ein ähnliches System verbinden können wie l mit $k^1 - k^7$; denn nachdem die Ekphorie in der atavistischen Reihe schon ziemlich weit fortgeschritten ist und sich durch eine Reihe von Reaktionen bereits manifestiert hat, ist gerade beim Amblystoma immer noch der Übergang in die neotenische Bahn möglich, wird aber allerdings immer schwieriger, je weiter die Ekphorie sich bereits vom Engrammkomplex l entfernt hat.

Die äußerst interessanten Beobachtungen Marie von Chauvins muß ich den Leser bitten im Original ihrer Arbeit von 1885 nachzulesen. In unser Schema habe ich im Interesse der Einfacheit und Klarheit des Drucks diese Komplikation nicht eingetragen und bitte, sie in Gedanken zu ergänzen. In der atavistischen Reihe denken wir uns auf Phase 16 nach Ekphorie des Engrammkomplexes q und Eintritt der zugehörigen Reaktionen die Verwandlung in die Landform beendigt. Diese Landform unterscheidet sich bekanntlich nicht nur durch die Abwesenheit der Kiemen und Kiemenspalten sowie die bedeutende Entwicklung der Lunge von der Wasserform, sondern auch durch die Abwesenheit des Kamms auf Rücken und Schwanz, die Umwandlung des Ruderschwanzes in einen gerundeten Schwanz, die Form des Kopfes und der Beine, die histologische Beschaffenheit und die Zeichnung der Haut. Nach Abschluß aller dieser Veränderungen ist eine Rückkehr in die neotenische Form nicht mehr möglich.

Sehr interessant ist auch der von Frl. v. Chauvin beobachtete Umstand, daß, solange man die Ekphorie der Engrammkomplexe zwischen der atavistischen und neotenischen Reihe sozusagen in der Schwebe hält, so daß auf der einen Seite weder die Engrammkomplexe q—q^1—q^2 noch auf der andern der Engrammkomplex k^3 ekphoriert wird, auch der Eintritt der Geschlechtsreife ausbleibt. Offenbar ist die Engrammkomponente, deren Ekphorie sich durch Eintritt der Geschlechtsreife manifestiert, mit diesen am Ende der beiden Sukzessionsäste befindlichen Engrammkomplexen assoziiert und kann erst mit letzteren ekphoriert werden; ihre Ekphorie wird also hintangehalten, wenn der Ablauf der Sukzession gehemmt wird.

Ich habe eben erwähnt, daß es Frl. v. Chauvin gelungen ist, nicht nur von Phase 11, sondern auch noch von den folgenden Phasen aus durch Zuhilfenahme äußerer Einwirkungen einen Übergang der Ekphorie von der atavistischen in die neotenische Bahn zu erzielen, also sagen wir einmal: von Engrammkomplex n zu k^3 (auf einer im Schema nicht eingetragenen Bahn).

Manifest wird für uns dieser Wechsel erstens dadurch, daß der Ablauf in der atavistischen Bahn alsdann zum Stillstand kommt, und zweitens dadurch, daß die bereits eingetretenen, den Engrammkomplexen l — m — n zugehörigen plastischen und motorischen Reaktionen wieder rückgängig gemacht werden. So wachsen nicht nur die bereits stummelförmig gewordenen Kiemen von neuem aus, sondern die Kämme, deren Schrumpfung bereits begonnen hat, richten sich wieder auf, der Ruderschwanz stellt sich wieder her und wird entsprechend gebraucht, was während des Ablaufs der atavistischen Reihe aufgehört hatte. Es werden eben nach Ekphorie des Engrammkomplexes k^3 die Inkongruenzen wieder beseitigt, die bei der Homophonie zwischen dem damit zur Herrschaft gelangten mnemischen Erregungskomplex k^3 und dem zunächst noch vorhandenen originalen Erregungskomplex n auftreten müssen. Die Beseitigung dieser Inkongruenzen bewirkt die Rückkehr auch des originalen Erregungskomplexes k^3.

Beim Amblystoma bedarf es meist einer relativ starken äußeren Einwirkung, um den Ablauf der Ekphorie von der neotenischen nach der atavistischen Seite zu wenden. Ohne solche Einwirkung erfolgt bei der Mehrzahl der Individuen, deren Eltern der neotenischen Reihe angehört haben, einfach der Ablauf in der neotenischen Reihe. Bei denjenigen Salamandrinen dagegen, bei welchen eine neotenische Engrammreihe überhaupt nicht ausgebildet ist, erfolgt der Ablauf in der gewöhnlichen Engrammsukzession und werden meist die Engrammkomplexe der Umwandlungsstadien (im Amblystomaschema l—q) ekphoriert, auch wenn die äußeren Reize ausbleiben, deren Wirkung als Originalreize bei den Vorfahren zur Ausbildung der Engramme der Umwandlungsphasen den Anstoß gegeben haben. So machen die Larven von Salamandra maculosa die Umwandlung, wenn auch verspätet, selbst dann durch, wenn man sie in äußerst sauerstoffreichem Wasser hält und durch ein Drahtnetz verhindert mit der atmosphärischen Luft überhaupt in Berührung zu kommen, und die umgewandelten Tiere würden ersticken, wenn man sie nicht aus dieser Situation befreite (vgl. Chauvin a. a. O. 1885, S. 385).

Die Macht der sukzedenten Assoziation ist hier stärker als die Gegenwart oder Abwesenheit von äußeren Reizen. Bei Tritonen dagegen kann durch besondere Umstände eine originale, nicht mnemische Neotenie hervorgerufen werden, so daß diese

Molche im kiementragenden Zustande zur Geschlechtsreife gelangen können. Würde man die Nachkommenschaft solcher Individuen weiterzüchten, so würde man wahrscheinlich imstande sein, die originale Neotenie mit der Zeit in eine mnemische umzuwandeln. Da dies bisher noch nicht ausgeführt ist, so handelt es sich vorläufig bloß um eine Vermutung. Keine Vermutung, sondern sichere Tatsache ist aber die Chauvinsche Beobachtung, daß die Abkömmlinge von Amblystomen, die in der atavistischen Reihe geschlechtsreif geworden sind, auf viel geringere äußere Beeinflussung hin in die atavistische Bahn einlenken und viel rascher die atavistische Sukzession durchlaufen als die Abkömmlinge von neotenischen Eltern. Das Auffrischen der atavistischen Engrammreihe bei den Eltern bewirkt also eine kräftigere Ausprägung bzw. leichtere Ekphorierbarkeit dieser Engrammsukzession auch bei der Nachkommenschaft.

Wir haben bei diesem Falle von Atavismus bei einer neotenischen Form schon verschiedene Einflüsse kennen gelernt, durch deren Heranziehung man willkürlich das Einlenken der Ekphorie in den atavistischen Ast der Engrammsukzession zu bewirken vermag. Es waren dies in diesem Falle die Einwirkung von Sauerstoffmangel im Wasser und von direkter Berührung der Körperoberfläche durch atmosphärische Luft, die in den entsprechenden Phasen, mit Ausdauer und Vorsicht angewandt, die Ekphorie mit Sicherheit in den atavistischen Ast der Engrammsukzession hinüberdrängen. Es genügt aber schon, diesen Erfolg bei den Eltern zu erzielen, um bei den Kindern die Disposition zum Einlenken in die atavistische Bahn so stark zu erhöhen, daß beispielsweise von 20 Larven, die derartig durch auf ihre Eltern angewandte Beeinflussungen präpariert waren, alle ohne

Ausnahme, sobald ihnen die Gelegenheit geboten war, freiwillig das Wasser verließen und sich in Amblystomen umwandelten, obwohl sie unter Bedingungen gehalten wurden, unter denen »bei einem von Axolotln erzeugten Tiere die Umwandlung unter keiner Bedingung erfolgt wäre«[1].

Wir haben hier wieder einen unzweifelhaften Fall von Vererbung individuell erworbener Engramme, der sich ebenbürtig an die mehrfach besprochenen Experimentalbeweise von Schübeler (S. 73) und E. Fischer (S. 80) anreiht. Ja, dieser Fall hat noch insofern ein besonderes Interesse, als hier von einer direkten Beeinflussung der Keimzellen durch einen sie unmittelbar treffenden Reiz keine Rede sein kann. In dieser Beziehung bildet also die vorliegende Beobachtung eine Ergänzung zu unseren Ausführungen auf Seite 166.

Ich würde schließlich noch gern den Polymorphismus der Vanessen heranziehen, weil sich in diesen Fällen der äußere Einfluß, der das Einlenken in die eine oder die andere Bahn bewirkt, sehr exakt bestimmen läßt und aus den neuesten Untersuchungen von Fischer[2] hervorgeht, daß es sich um keinerlei spezifische, sondern lediglich um ekphorische Wirkung dieser äußeren Reize handelt. Konnte er doch das Einlenken in eine bestimmte Entwicklungsbahn (*D*-Formen) sowohl durch die Einwirkung extremer Kälte als auch extremer Wärme erzielen, ferner dadurch, daß er Vanessenpuppen mittels Zentrifugalkraft einseitig beeinflußte, endlich auch dadurch, daß er Vanessenpuppen einer zwei- bis dreimaligen, je etwa 3 Stunden dauernden tiefen Äthernarkose aussetzte. Leider lassen sich aber die *D*-Formen nur vermutungsweise

[1] M. v. Chauvin a. a. O. 1885, S. 386.

[2] E. Fischer, Lepidopterologische Experimentalforschungen. Illustrierte Zeitschrift für Entomologie, Nr. 1 u. 2, 1904.

als atavistische bezeichnen. Ein strikter Beweis ist, wie so oft, wenn es sich um historische Fragen handelt, nicht möglich, und so herrschen denn auch unter den Autoren, die sich mit dem Gegenstande beschäftigt haben, die abweichendsten Ansichten über diesen Punkt. Da es nun, wie wir gesehen haben, eine ganze Reihe von Atavismen gibt, die sich sicher als solche beweisen lassen, so ist es ein Gebot der Klugheit, uns ganz vorwiegend auf diese zu stützen, und unsere Beweisführung nicht dadurch zu schwächen, daß wir durch Aufnahme strittiger Fälle eine Diskussion über Nebendinge herbeiführen, die für die uns beschäftigenden Hauptfragen ohne Bedeutung sind.

Ich gehe deshalb auch nicht ausführlicher auf die Experimente Przibrams[1] ein, aus denen hervorgeht, daß nach Amputation des 3. bzw. 2. Kieferfußes bei Dekapoden (Portunus, Porcellana, Galathea, Pilumnus, Carcinus, Dromia, Sicyonia) zunächst Bildungen regeneriert werden, die viel mehr gewöhnlichen Schreitbeinen als Kieferfüßen gleichen, oder in andern Fällen als Zwischenformen beider Bildungen zu bezeichnen sind. Nun wird wohl kein vergleichender Anatom dem geringsten Zweifel darüber Raum geben, daß die Kieferfüße in den Dienst der Nahrungsaufnahme getretene und dementsprechend umgewandelte Schreitfüße sind. Wird dies zugegeben, so liegt in diesen Fällen bei der Regeneration ein Einlenken in die atavistische Bahn der Extremitätenentwicklung, eventuell auch ein Schwanken zwischen atavistischer und rezenter Sukzession vor, mit dem Reaktionsresultat der Entstehung einer Zwischenform zwischen Kieferfuß und Schreitbein[2].

[1] H. Przibram, Experimentelle Studien über Regeneration. Archiv f. Entwicklungsmech. Bd. 11, 1901.

[2] Dagegen kann natürlich von einem Einlenken in eine atavistische

Das Einlenken in die atavistische Bahn bzw. das Schwanken zu ihr hinüber erfolgt hier unter der Einwirkung der durch den Eingriff bedingten Störung. Ist diese Störung erst überwunden, so gewinnt der normalerweise dominierende rezente Engrammast bei der Homophonie wieder die Oberhand, was sich dadurch manifestiert, daß durch jede folgende Häutung die Inkongruenz mehr und mehr ausgeglichen und das Regenerat einem Kieferfuß ähnlicher gemacht wird, bis es von einem solchen nicht mehr zu unterscheiden ist.

Obwohl ich persönlich diesen und ferner zum mindesten auch den von Barfurth hervorgehobenen häufigen Fall der Regeneration einer fünf- statt vierfingerigen Urodelenhand für fast unzweifelhafte atavistische Regenerationen halte, d. h. für ein Einlenken der Ekphorie in die atavistische Sukzession unter dem Einfluß der durch den Eingriff gesetzten Störung, so streife ich wie gesagt diese Fälle nur, weil ich bei der Lückenhaftigkeit unserer Kenntnis der betreffenden Vorfahrenreihen und der daraus hervorgehenden Unmöglichkeit, den atavistischen Charakter der abnormen Bildungen einwandfrei zu beweisen, nicht Streit über Nebendinge hervorrufen möchte.

In vielen der von Darwin untersuchten unzweifelhaften Fälle von Atavismus läßt sich, wie Darwin entdeckt hat, auf dem Wege der Züchtung die Entstehung von Nachkommen erzielen, bei denen die atavistischen Engrammreihen

Bahn keine Rede sein, wenn nach Herbst bei Crustaceen an Stelle eines mit Stumpf und Stiel, d. h. mitsamt dem zugehörigen Ganglion, exstirpierten Auges eine Antennulla regeneriert wird. Nie haben sich in der Vorfahrenreihe dort Antennulae befunden, wo jetzt die Augen sitzen. Näher auf dieses und auf verwandte Phänomene gedenke ich in einer späteren Arbeit einzugehen, die sich mit der Pathologie der Mneme beschäftigen soll.

über die rezenten ein entschiedenes Übergewicht besitzen. So fand Darwin, daß, wenn er Tauben kreuzte, die zwei distinkten reinen Rassen angehörten, von denen keine eine Spur von Blau in ihrem Gefieder oder eine Spur von Flügelbinden und die andern charakteristischen Zeichnungen der Vorfahrenform Columba livia besaß noch wahrscheinlich viele Generationen hindurch besessen hatte, sie sehr häufig Bastardnachkommen von blauer Färbung erzeugen, zuweilen gefeldert mit schwarzen Flügelbinden usw., oder wenn sie nicht blau waren, doch mit mehr oder weniger deutlich entwickelten, für Columba livia charakteristischen Zeichnungen[1]. Von den zahlreichen andern, ebenso überzeugenden Beispielen bei Tieren und Pflanzen, durch die Darwin den Einfluß der Kreuzung auf das Auftreten atavistischer Charaktere bei der Nachkommenschaft beweist, will ich nur noch eins anführen, weil es gleichzeitig eine hübsche Illustration einer atavistischen Engrammreihe darbietet, deren Reaktionen auf motorischem Gebiet liegen, sich also als Instinkt bezeichnen lassen, nicht auf plastischem. Darwin sagt darüber a.a.O., Bd. II, S. 50: »Es gibt einige Rassen von Hühnern, welche man ‚ewige Leger' nennt, weil sie den Instinkt des Brütens verloren haben, und es ist bei ihnen so selten, daß sie brüten, daß ich in Werken über Hühner geradezu speziell angeführt gefunden habe, wenn überhaupt Hühner solcher Rassen sich zum Sitzen entschlossen haben. Und doch war die ursprüngliche Spezies natürlich eine gut brütende; denn bei Vögeln im Naturzustand ist kaum ein Instinkt so stark wie dieser. Es sind nun so viele Fälle angeführt worden, wo die gekreuzten Nachkommen von zwei Rassen, welche beide Nichtbrüter

[1] Näheres vgl. bei Darwin, Variieren der Thiere und Pflanzen. Stuttgart 1873, Bd. I, S. 219, und Bd. II, S. 33.

sind, ausgezeichnete Brüter werden, daß das Wiederauftreten dieses Instinktes einem infolge der Kreuzung auftretenden Rückschlag zugeschrieben werden muß. Ein Schriftsteller[1] geht geradezu so weit, zu sagen, daß eine Kreuzung zwischen zwei nichtbrütenden Varietäten fast unabänderlich einen Mischling ergibt, welcher brütig wird und mit merkwürdiger Ausdauer sitzt.«

[1] Tegetmeier, The Poultry Book, 1866, S. 119, 163.

Dreizehntes Kapitel.

Über den Bau der ontogenetischen Engrammsukzessionen und seine verschiedenen Entstehungsweisen.

Die Entstehung der Engramme im allgemeinen haben wir bereits im vierten Kapitel behandelt. Wir wollen im folgenden die ererbten, und zwar besonders die ontogenetischen Engramme und Engrammsukzessionen in bezug auf einige speziellere Fragen untersuchen, indem wir die in den dazwischen liegenden Kapiteln gewonnenen Resultate verwerten.

Entstehung einer alternativen Dichotomie durch Reizwirkung. Nehmen wir an, bei einer sich parthenogenetisch fortpflanzenden Form verliefe die Entwicklung eines bestimmten Organs in 10 aufeinander folgenden Generationen in annähernd gleicher Weise, so resultiert daraus, wenn wir uns zunächst einmal, um einen Anfang zu gewinnen, nicht um die bereits mitgebrachten Engramme kümmern, eine Engrammsukzession, deren einzelne Komponenten aus je 10 Einzelengrammen bestehen, die bei der Ekphorie als 10 Einzelerregungen homophon, also ungemischt, nebeneinander auftreten.

Wir nehmen nun an, daß die Entwicklung der nächsten 10 Generationen unter wesentlich verschiedenen Bedingungen stattfindet, die eine wesentliche Änderung der dem betreffenden Ablauf zugehörigen plastischen (oder sonstigen) Reaktionen bedingt. Es verändern sich somit die den Engrammen

b (engr) — c (engr) — d (engr) zugehörigen Reaktionen, die in den ersten 10 Generationen zu den morphologischen Zuständen b (z) — c (z) — d (z) geführt haben, derart, daß sie zu den Zuständen β (z) — γ (z) — δ (z) führen. Diesen neuen morphologischen Zuständen entsprechen die originalen Erregungszustände β (or) — γ (or) — δ (or), und diese wiederum hinterlassen die neuen Engramme β (engr) — γ (engr) — δ (engr). Die Nachkommen der zwanzigsten Generation besitzen also jetzt, wenn wir von älteren homophonen Engrammen absehen, folgende Engrammdichotomie:

$$a^{[1-10]} \begin{matrix} \diagup b^{[1-10]} - c^{[1-10]} - d^{[1-10]} \\ \diagdown \beta^{[1-10]} - \gamma^{[1-10]} - \delta^{[1-10]} \end{matrix}$$

Natürlich sind die Engramme b^1—b^{10} einander nicht absolut gleich, aber sie sind doch so beschaffen, daß sie homophon ekphoriert werden und in ihrer Manifestation durch Reaktionen als ein zusammengehöriges Ganzes betrachtet werden können. Etwa ebenso, wie wir die Engrammsukzessionen einer bekannten Arie als etwas Zusammengehöriges, Ganzes in unserm Organismus bewahren, obwohl wir bei genauerer Prüfung sehr wohl die einzelnen homophonen Engrammsukzessionen unterscheiden und sogar gesondert ekphorieren können, wie die Arie bei der Wiedergabe einmal durch diesen, das andere Mal durch jenen Sänger geklungen hat. Wenn wir also ein Engramm, das durch zehnfache Wiederholung einer bestimmten Originalerregung entstanden ist, zusammenfassend als $b^{(1-10)}$ bezeichnen, müssen wir uns immer bewußt bleiben, daß, da die Originalerregung wohl nur ganz selten einmal in mehreren Fällen wirklich identisch war, auch Engramm b^1 zwar äußerst ähnlich, aber nicht identisch mit b^2, b^3, b^4 usw. ist.

Die Untersuchung der Frage, inwieweit es allgemein Regel ist, daß innerhalb einer Gruppe von homophon ekphorierten Engrammen wie $b^1 - b^{10}$ jedesmal eins oder einige wenige Komponenten der mnemischen Homophonie vorherrschen, und diese Prävalenz auch durch eine besondere Schattierung der zugehörigen Reaktion manifestieren, verschiebe ich auf eine spätere, besondere Untersuchung, um die vorliegende Arbeit nicht durch das Eingehen in allzu subtile und verwickelte Unterfragen übermäßig zu belasten.

In unserem vorliegenden Beispiel setzen wir die Engramme b^1, b^2, b^3 usw. einander bei der Ekphorie und bei der Manifestation durch Reaktion annähernd gleich, setzen aber b von β, c von γ usw. so weit verschieden, daß sie nicht homophon zusammen ekphoriert werden können und, wenn alternativ ekphoriert, sich durch wohl unterscheidbare Reaktionen manifestieren. Wir können also das Resultat des Daseins der Generationen 1—20 für die Generation 21 in bezug auf den speziell von uns ins Auge gefaßten Bruchteil der Entwicklung dahin zusammenfassen, daß hinter dem Engramm a eine alternative Dichotomie gebildet worden ist. Nach weiteren zehn oder zwanzig Generationen ist vielleicht durch neue energetische Kombinationen aus der alternativen Dichotomie eine Trichotomie geworden, oder weitere Dichotomien haben sich bei Engramm b oder c in ähnlicher Weise ausgebildet.

Natürlich will ich mit dem angeführten Beispiel nicht ausdrücken, daß immer eine etwa zehnmalige Wiederholung (in zehn Generationen) dazu gehört, um die Ausbildung einer deutlich manifestierbaren neuen Engrammsukzession auf ontogenetischem Gebiet zu bewirken. Bei den Versuchen E. Fischers an Arctia caja, die ich S. 80 ausführlicher mitgeteilt habe, genügte schon die Beeinflussung in einer Generation, um die durch äußere Einflüsse induzierte Veränderung des morphologischen Zustandes in erkennbarer Weise engraphisch zu fixieren. In andern Fällen wird vielleicht erst bei hundertfacher Wiederholung (in hundert Generationen) eine neue Engrammreihe so gut ausgeprägt sein, daß sie sich als alternative Dichotomie geltend macht.

Wirkung der Paarung auf den Bau der Engrammsukzessionen. Wir haben in dem soeben (S. 309) besprochenen Beispiel vorausgesetzt, es handle sich um die Entwicklung eines sich parthenogenetisch fortpflanzenden Organismus. In diesem Falle ändert sich der Bestand an Engrammen von Generation zu Generation nur durch die in jeder Generation durch neue Originalerregungen neu erworbenen Engramme. Ganz andere Vermehrungen im Bestand der Engramme finden von Generation zu Generation aber statt, wenn jedes Individuum aus einer Kombination zweier verschiedener Elternindividuen, also, falls keine Inzucht geherrscht hat, aus einer Kombination zweier verschiedener Generationsreihen hervorgeht. Denn bei der Paarung zweier Individuen im Stadium der Einzelligkeit (Konjugation der Protisten, sexuelle Fortpflanzung der Pflanzen und Tiere) findet eine vollkommene Vereinigung des Bestandes an ererbten Engrammen beider Paarlinge statt[1]. Diese Vereinigung besteht natürlich nicht in einer Verschmelzung — wir sahen ja bereits mehrfach, daß auch

[1] Bei Propfung erfolgt zuweilen auch eine Vereinigung des Bestandes an ererbten Engrammen der beiden vereinigten Individuen mit allen den von uns jetzt als Ergebnis der Paarung zu besprechenden Konsequenzen; Entstehung sogenannter Pfropfhybriden (vgl. Darwin, Das Variieren der Tiere und Pflanzen, Bd. I, Kap. 11. Betreffs Pfropfung bei Tieren vgl. die Zusammenstellung im 9. Kapitel von Th. H. Morgan, Regeneration. New York 1901).

bei Neuerwerb von Engrammen durch Originalreize in einem einzigen Individuum niemals eine Verschmelzung der gleichartigen Engramme, sondern nur eine Gesellung und bei Ekphorie ein homophones Nebeneinander entsteht —, sondern auch aus der Paarung resultiert bloß eine Gesellung der verwandten Engramme und bei der Ekphorie ein homophones Nebeneinander der neugesellten mnemischen Erregungen, soweit ein solches möglich ist, und sich nicht Alternativen ergeben haben. Daß sich dies so verhält, läßt sich ohne weiteres aus dem großen Erfahrungsmaterial ablesen, das uns über die Wirkung der sexuellen Fortpflanzung, der Bastardierung und der Pfropfung vorliegt.

So evident diese Beobachtungstatsachen an sich sind, so hoffnungslos ist es andererseits, sich von dem Vorgange der Vereinigung des Engrammmaterials der beiden Paarlinge eine morphologische Vorstellung machen zu wollen. Diese Hoffnungslosigkeit ist selbstverständlich, solange wir von dem morphologischen Charakter des Erregungsvorganges und des Engramms ebensowenig eine Vorstellung besitzen, wie der Physiker von den materiellen Veränderungen des Leitungsdrahts während eines telephonischen Gesprächs oder von den materiellen Veränderungen, die das Eisen dadurch erleidet, daß man es magnetisch macht. Solange wir, wie gesagt, von dem morphologischen Charakter der Veränderung keinerlei Vorstellung haben, die die organische Substanz während der Erregung und nach derselben durch Zurückbleiben des Engramms durchmacht, erscheint es mir sinnlos, sich von den Vorgängen bei der Vereinigung zweier verschiedener Engrammbestände bei der Paarung ein morphologisches Bild machen zu wollen. Ich betrachte es jedenfalls nicht als Aufgabe unserer vorliegenden Untersuchung.

Wir haben uns auf Grund einer großen Anzahl von Beobachtungstatsachen die Vorstellung gebildet, daß die verschiedenen ererbten Engramme nicht wie in einem Magazin in verschiedenen Teilen des Organismus verteilt und aufgespeichert liegen, nicht lokalisiert sind, sondern daß sie überall in Bezirken, die wir in ihrer Minimalausdehnung als mnemische Protomere bezeichnet haben, in ihrer Gesamtheit vorliegen, und daß sich auch für die individuell erworbenen Engramme keine exklusive, sondern nur eine graduelle Lokalisation konstatieren läßt. Wir können auf Grund dieser Vorstellungen die Vereinigung des Engrammbesitzes zweier Paarlinge bei der Paarung so ausdrücken, daß jedes Protomer des gepaarten Individuums in Besitz der sämtlichen ererbten Engramme sowohl des einen wie des andern Paarlings gelangt[1]. Ob dieses Resultat gleich oder doch sehr bald nach der Vereinigung eintritt, oder ob zu seinem Vollzug eine etwas längere Zeit erforderlich ist, ist eine andere Frage, deren Beantwortung wir der Zukunft überlassen wollen.

Es ist nun klar, daß durch den Umstand des Zusammenströmens des Engrammbestandes zweier Generationsreihen bei der Paarung sowohl die Zahl der Engramme, als auch in Abhängigkeit davon die Zahl der alternativen Dichotomien bei dem Paarungsprodukt größer sein wird als bei jedem einzelnen der Paarlinge, und zwar um so größer, je verschiedener der Engrammbestand der beiden Generationsreihen

[1] Dies gilt auch für die Fälle, in denen, zumal in der ersten Generation des Paarungsproduktes, der Einfluß bald des einen, bald des andern Paarlings zurücktritt. Die Mendelschen Spaltungsregeln beweisen deutlich das gleichzeitige Vorhandensein der Engramme auch des zunächst im Produkt nicht hervortretenden Paarlings. Wie wir weiter unten sehen werden, ist das zeitweilige Zurücktreten gewisser Engrammsukzessionen des einen Paarlings durch das Wesen der zahlreichen bei der Paarung entstehenden alternativen Dichotomien bedingt.

ist, denen die beiden Paarlinge angehören. Bei Inzucht wird die Zunahme der Engramme auf diesem Wege sehr gering sein und wird um so mehr steigen, je mehr die Paarung eine exogame ist. Bei Bastardierung, d. h. Paarung von Organismen, die Generationsreihen mit ausgesprochen verschiedenem Engrammbestand angehören, wird sie den höchsten Grad erreichen, und es gibt einen Grad der Verschiedenheit des Engrammbestandes von Generationsreihen, der bei der Vermischung eine solche Fülle von stark divergierenden alternativen Dichotomien bedingt, daß überhaupt keine geordnete Entwicklung des Paarungsproduktes mehr möglich ist. Dies äußert sich in dem Absterben von Bastarden zwischen sehr verschiedenen Formen während der Entwicklung, oder dadurch, daß, wenn der individuelle Paarling selbst noch lebensfähig ist, er doch nicht die Höhe der Entwicklung erreicht, die sich in der Erzeugung von lebensfähigen Keimprodukten dokumentiert (Unfruchtbarkeit der Bastarde).

Da aber, wo die Kombination zweier Generationsreihen durch Kreuzung lebenskräftige und fortpflanzungsfähige Nachkommen ergibt, sind bei der Vereinigung des Bestandes von Engrammen und Engrammsukzessionen folgende verschiedene Ergebnisse möglich, die sich in plastischen oder motorischen (Instinkts-)Reaktionen manifestieren können:

1. Alternativen; entweder die dem einen oder die dem andern Paarling zugehörigen Engrammsukzessionen werden in den zugehörigen Reaktionen manifest.

2. Mischreaktionen.

3. Atavistische Reaktionen.

4. Neureaktionen.

Von diesen vier Möglichkeiten finden wir die beiden ersten sehr häufig, die dritte nicht selten realisiert; alle drei Arten oft genug sogar gleichzeitig bei demselben Kreuzungsprodukt. Auf die Realisierung der vierten Möglichkeit werden wir am Schluß zurückkommen.

1. Entstehung von neuen alternativen Dichotomien durch Paarung, besonders durch Kreuzung.

Die Entstehung von alternativen Engrammdichotomien infolge einer Kreuzung wird uns dadurch manifest, daß bei den Nachkommen entweder die eine oder die andere (plastische oder motorische) Reaktionsreihe der zwei verschiedenen gepaarten Engrammsukzessionen auftritt, und daß sich diese Alternative der Reaktionen wenigstens bei einem Teile der späteren Nachkommen wiederholt. Die ersten genaueren Kenntnisse dieser Verhältnisse verdanken wir Gregor Mendel [1], dessen Untersuchungsresultate als Mendelsche Gesetze oder Regeln jetzt nach langer Verschollenheit allen Biologen bekannt geworden sind. Erst neuerdings sind die Mendelschen Forschungen durch Correns, Tschermak und besonders de Vries bei Pflanzen, durch Bateson, Saunders und Cuénot bei Tieren fortgesetzt, ergänzt und ausgedehnt worden. Mendel ging bei seinen Experimenten von Pisum sativum aus, und fand, daß, wenn er zwei Erbsenrassen paarte, die sich durch je ein gut ausgesprochenes Merkmal, wie etwa Gelbsamigkeit und Grünsamigkeit, voneinander unterscheiden, die Hybriden der Tochtergeneration sämtlich der einen Elterform gleichen, in diesem Falle z. B. nur gelbe Samen produzieren, während

[1] Gregor Mendel, »Versuche über Pflanzenhybriden« (1865) und »Über einige aus künstlicher Befruchtung gewonnene Hieraciumbastarde« (1869). Neuausgabe in Ostwalds Klassikern der exakten Wissenschaften Nr. 121, Leipzig 1901.

die Engrammsukzession, die zur Produktion von grünen Samen führt, in dieser Generation scheinbar verschwunden ist. Schon in der nächsten Generation sehen wir sie aber bei etwa einem Viertel der Nachkommen unter Latentwerden der andern Engrammreihe wieder auftreten und sich bei deren Nachkommen in eben dieser Weise konstant vererben. Bei den übrigen $^3/_4$ dieser Enkelgeneration dominiert zwar immer noch die Engrammreihe: Gelbsamigkeit; sie vererbt sich aber als konstant dominierende nur auf $^1/_4$ der Urenkelgeneration, während sich bei den übrigen $^2/_4$ das vorige Spiel wiederholt. Das heißt: von letzteren $^2/_4$ ist $^1/_8$ konstant vererbend grünsamig, $^1/_8$ konstant vererbend gelbsamig, $^2/_8$ nach der Mendelschen Spaltungsregel vererbend gelbsamig.

In diesem Fall ist also eine alternative Dichotomie nicht äquilibern Charakters entstanden. Die leichtere Ekphorierbarkeit des einen Engrammastes der Dichotomie ist aber in den späteren Generationen nur bei einer jedesmal verhältnismäßig kleinen Anzahl eine konstante. Stets tritt bei dem Rest ein gewisser Prozentsatz von Abkömmlingen auf, in denen der andere Engrammast leichter ekphorierbar ist, oder das von ihr abhängige morphologische Merkmal, um mit Mendel zu reden, »dominiert«.

Entstehen bei einer Kreuzung nicht eine, sondern mehrere neue alternative Dichotomien, so braucht nicht deshalb, weil bei der einen Dichotomie, die wir mit I bezeichnen wollen, der Engrammast des Paarlings *A* leichter ekphorierbar ist oder dominiert, dasselbe für die ebenfalls neu entstandene Dichotomie II zu gelten. Bei dieser kann der Engrammast des Paarlings *B* leichter ekphorierbar sein, und so kann es geschehen, daß bei einem Kreuzungsprodukt von 6 neuen alternativen Dichotomien die Hälfte im Sinne des einen und die andere Hälfte im Sinne des andern Paarlings ekphoriert wird, was sich mittels der zugehörigen Reaktionen durch eine mosaikartige Mischung der betreffenden väterlichen und mütterlichen Eigenschaften manifestieren kann. Hierbei ist mütterlich und väterlich nicht bloß im Sinne der mütterlichen und väterlichen Individualität zu nehmen, sondern im Sinne der beiden ganzen Generationsreihen, denen diese Individuen angehören.

2. Durch Paarung, besonders durch Kreuzung entstehende Engrammdichotomien, die sich durch Mischreaktionen manifestieren.

Wir haben schon oben bei Untersuchung der alternativen Dichotomie von individuell erworbenen Engrammen (S. 209) die Erfahrung gemacht, daß zuweilen statt eines konsequenten Verfolgens des einmal eingeschlagenen Weges ein Schwanken der Ekphorie zwischen den beiden Engrammästen stattfindet, das sich in dem Auftreten von Mischreaktionen manifestiert. Ich erinnere z. B. an die Vermischungen der beiden Fassungen des Goetheschen »Über allen Wipfeln«. Ausführlicher haben wir dann noch dieses Schwanken der Ekphorie bei Dichotomien auf ontogenetischem Gebiet (S. 286) behandelt. Daß es sich dabei in der Tat oftmals um ein Schwanken der Ekphorie handelt, geht besonders klar aus den Fällen hervor, in denen die den beiden verschiedenen Engrammästen zugehörigen Reaktionen durch längere Zeitintervalle getrennt auftreten. Gerade die durch Paarung entstandenen Dichotomien zeigen dieses Verhalten zuweilen sehr deutlich, so in den schon erwähnten Fällen, in denen aus Kreuzung zwischen verschieden gefärbten Eltern hervorgegangene Hühner, Tauben, Hunde zuerst die Färbung des einen Erzeugers, nach ein oder zwei Jahren aber die des andern annehmen. Für das Auftreten von simultanen Mischreaktionen ließen wir es unentschieden, ob sie ebenfalls ausschließlich als ein, natürlich in kurzen Intervallen auftretendes Schwanken der Ekphorie von einem Engrammast zum andern oder in einer Anzahl von Fällen als eine gleichzeitige Ekphorie der beiden divergierenden und in bezug auf die Reaktionen konkurrierenden Engrammäste aufzufassen seien. Doch handelt es sich in der Mehrzahl der Fälle wohl um ein Schwanken der Ekphorie von einem Engrammast zum andern oder, da die ontogenetischen Engrammsukzessionen ja meist zahlreiche, simultan ekphorierbare Verzweigungen besitzen (s. S. 234), um ein Schwanken der Ekphorie von einem Seitenzweig eines Engrammastes zum entsprechenden Seitenzweig des alternativen Engrammastes. Auf den Figuren S. 320 habe ich dies Verhältnis in der Weise schematisch dargestellt, daß ich in Figur *A* bei einer alternativen Engrammdichotomie den einen alternativen Engrammast (nebst seinen simultan ekphorierbaren Verzweigungen) durch eine Schlangenlinie, den andern alternativen Engrammast ebenso durch eine querschraffierte Linie dargestellt habe. In Figur *B* ist nun die Ekphorie dieser alternativen Dichotomie durch eine die betreffenden Engrammreihen begleitende schwarze Linie ausgedrückt und überall da, wo ein Schwanken von der einen zur andern Alternative an Hauptstamm oder Seitenzweigen erfolgt, eine punktierte Verbindungslinie gezogen.

Die auf diese Weise erfolgende Durcheinanderwürflung der mnemischen Erregungen und infolge davon der zugehörigen plastischen Reaktionen kann, wie man sieht, zu einem eigentümlichen Mosaik führen, das von jeher den Züchtern als Resultat mancher Kreuzungen aufgefallen ist. Bei der

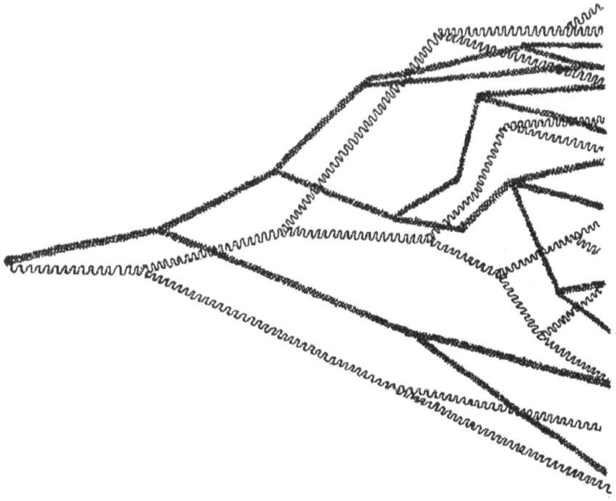

Fig. *A*. Engrammschema. (Alternativ ekphorierbare Dichotomie auf ontogenetischem Gebiet.)

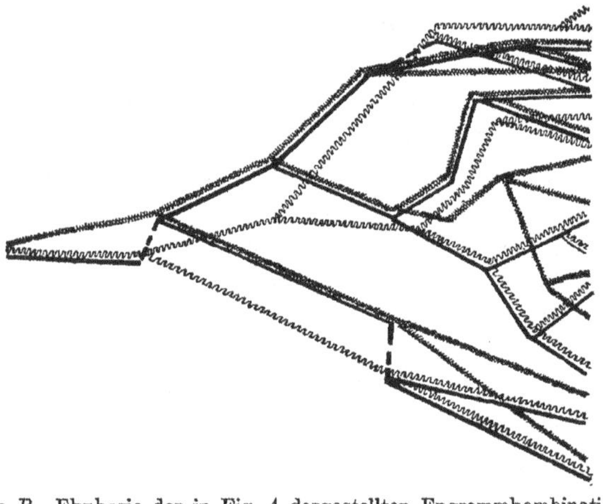

Fig. *B*. Ekphorie der in Fig. *A* dargestellten Engrammkombination. Schwanken der Ekphorie von der einen Alternative zur andern.

Kreuzung gewisser Formen sind Mischreaktionen häufiger als konsequent durchgeführte alternative Reaktionen. Mendel selbst, der seine berühmten, die letzteren betreffenden Regeln besonders durch Kreuzung von Varietäten von Pisum sativum ermittelt hatte, mußte sich von dem gesetzmäßigen Auftreten von Mischreaktionen bei Kreuzungsversuchen von Phaseolus und besonders Hieracium überzeugen. Bei der Kreuzung von Varietäten der Levkojen fand Correns[1], daß bei ihnen einige durch Kreuzung entstandene Dichotomien Mischreaktionen, andere konsequent durchgeführte alternative Reaktionen lieferten.

3. Auftreten von atavistischen Reaktionen unter den Reaktionen der Paarungsdichotomien.

Daß das Auftreten von atavistischen Charakteren eine bei Kreuzung und Bastardierung häufig zu beobachtende Erscheinung sei, war immer die Ansicht der Tier- und besonders der Pflanzenzüchter. De Vries[2] hat gezeigt, daß im Gartenbau vieles als Atavismus bezeichnet wird, was diesen Namen nicht verdient, sondern sich als direkte Folge der (zufälligen) Kreuzung einer Varietät mit der Stammart ergibt. Daß in solchen Kreuzungen dann die Charaktere der Stammart wieder auftreten, ist leicht zu verstehen und hat mit Atavismus nichts zu tun; de Vries bezeichnet es als »Vizinovariieren«.

Uns kümmert nur der echte Atavismus, und dieser ist, wie Darwin[3] entdeckt hat, nicht selten die Folge einer Kreuzung verschiedener Varietäten. So fand, wie bereits

[1] C. Correns, Über Levkojenbastarde. Bot. Zentralbl. Bd. 84, 1900.

[2] H. de Vries, Die Mutationstheorie. Leipzig 1903. Bd. II, S. 374.

[3] Ch. Darwin, Das Variieren der Thiere und Pflanzen im Zustande der Domestikation. Bd. II, 13. Kapitel.

erwähnt, Darwin, daß, wenn er zwei distinkten Rassen angehörige Tauben kreuzte, von denen keine eine Spur von Blau in ihrem Gefieder oder eine Spur von Flügelbinden und die andern charakteristischen Zeichnungen der Columba livia besaß, sie sehr häufig Bastardnachkommen von blauer Färbung erzeugten (s. oben S. 307). Und zwar tritt diese Erscheinung bei Kreuzung zweier verschiedener Varietäten sehr viel häufiger auf als bei Wahrung der Reinzucht innerhalb einer und derselben Rasse, bei der ja auch hier und da ein Rückschlag auftreten kann, und sie tritt auch auf bei Kreuzung von Varietäten, die so gut fixiert sind, daß bei ihnen, wenn sie rein gezüchtet wären, die Produktion einer ähnlich wie die wilde Columba livia gefärbten Taube, wie Darwin sagt, »fast ein ungeheures Wunder« gewesen wäre[1]. Ähnliche

[1] Dieser Ausspruch bezieht sich auf folgenden von Darwin beobachteten und a. a. O. S. 222 mitgeteilten Fall: »Der letzte Fall, den ich mitteilen will, ist der merkwürdigste. Ich paarte einen weiblichen Barb-Pfauenbastard mit einem männlichen Barb-Bläßtaubenbastard. Keiner von beiden hatte auch nur das geringte Blau an sich. Man muß sich erinnern, daß blaue Barben äußerst selten sind, daß Bläßtauben, wie bereits angeführt, schon im Jahre 1676 vollständig als solche charakterisiert waren und völlig rein züchten: und dies ist in gleicher Weise bei weißen Pfauentauben der Fall, und zwar so sehr, daß ich nie von weißen Pfauentauben gehört habe, die irgendeine andere Farbe hervorgebracht hätten; nichtsdestoweniger waren die Nachkommen der obigen beiden Bastarde von genau derselben blauen Färbung über den ganzen Rücken und die Flügel, wie die wilden Felstauben von den Shetlandsinseln. Die doppelten Flügelbinden waren in gleicher Weise deutlich, der Schwanz war in allen seinen Merkmalen genau jenem gleich, und das Hinterteil war reinweiß. Der Kopf indessen hatte eine leichte Schattierung von Rot, offenbar von der Bläßtaube her, und war blässer blau als bei der Felstaube, ebenso wie die Bauchgegend. Zwei schwarze Barben, eine rote Bläßtaube und eine weiße Pfauentaube, als die vier reingezüchteten Großeltern, erzeugten daher einen Vogel von derselben allgemeinen blauen Färbung in Verbindung mit allen charakteristischen Zeichnungen, wie die wilde Columba livia.«

Beobachtungen werden von Darwin und verschiedenen andern bei Kreuzung von Hühnerrassen, Enten und Finken in bezug auf die Färbung gemacht. Bei Pflanzen war de Vries (a. a. O. II, S. 206) imstande, durch Bastardierung Atavismus in bezug auf Blütenfärbung künstlich zu erzielen.

Auch ist wahrscheinlich die häufig bei Kreuzung verschiedener Rassen von Pferden auftretende Streifung an verschiedenen Teilen des Körpers, besonders an den Beinen, ebenfalls als Atavismus zu erklären. Da wir aber die Stammrasse des Pferdes nicht näher kennen, kommt diesem Falle nicht dieselbe Beweiskraft zu wie den vorher genannten. Übrigens betrifft natürlich das Auftreten von Rückschlägen bei Kreuzung nicht bloß die Färbung, sondern alle möglichen Charaktere einschließlich der sogenannten Instinkte. Ich erinnere bloß an die schon zitierte Angabe Tegetmeiers, daß eine Kreuzung zwischen zwei nicht brütenden Varietäten von Hühnern (sogenannte ewige Leger) fast unabänderlich einen gut brütenden Mischling ergibt.

Die Tatsache der Kreuzungsrückschläge scheint mir somit über jedem Zweifel zu stehen. Wir fragen aber jetzt, ob diese Tatsache durch die von uns entwickelten Prinzipien unserem Verständnis näher gerückt wird. Ich glaube, daß dies in ausgesprochener Weise der Fall ist. Wählen wir als Beispiel die Kreuzung einer roten Runttaube mit einer weißen Trommeltaube, durch die Darwin Nachkommen erzielte, die in verschiedenen Eigentümlichkeiten ihrer Färbung nicht ihren Eltern, sondern der Columba livia glichen. Bezeichnen wir die Engrammreihe, deren zugehörige plastische Reaktionen die Ausbildung der charakteristischen Zeichnung bei Columba livia sind, durch die Reihe $\varkappa — \lambda — \mu — \nu — \xi$. Sowohl die Runttauben als auch die Trommeltauben stammen von Columba livia ab. Bei beiden hat sich aber eine von Columba livia verschiedene Färbung ausgebildet, deren konstantes Auftreten in den reingezüchteten Generationen wir als Manifestation bei den Runttauben der Engrammreihe $\varkappa - \lambda^1 - \mu^1 - \nu^1 - \xi^1$, bei den Trommeltauben der Engrammreihe $\varkappa - \lambda^2 - \mu^2 - \nu^2 - \xi^2$ auffassen. Da bei beiden Rassen gelegentlich (wiewohl sehr selten) Rückschläge in die Färbung der Stammrasse Columba stattfinden, ist die Engrammreihe bei den beiden Varietäten eine alternativ dichotomische, d. h. der ursprüngliche Engrammast $\varkappa - \lambda - \mu - \nu - \xi$ der Stammrasse ist bei den aus ihr gezüchteten Varietäten noch nicht ganz erloschen. Freilich ist er weit schwerer ekphorierbar als die neue Bahn. Es besteht somit bei jeder der Varietäten eine nicht äquilibre alternative Dichotomie, und zwar für die Runttauben

$$\varkappa \begin{matrix} \diagup \lambda - \mu - \nu - \xi \\ \diagdown \underline{\lambda^1 - \mu^1 - \nu^1 - \xi^1} \end{matrix}$$

und für die Trommeltauben

$$\varkappa \begin{matrix} \diagup \lambda - \mu - \nu - \xi \\ \diagdown \underline{\lambda^2 - \mu^2 - \nu^2 - \xi^2} \end{matrix}$$

Durch Unterstreichen habe ich für beide Fälle den nicht atavistischen, leichter ekphorierbaren Ast vor dem atavistischen hervorgehoben.

Tritt nun eine Paarung zwischen Runttauben und Trommeltauben ein, so entsteht natürlich in bezug auf die Färbung eine äquilibre oder nahezu äquilibre alternative Dichotomie durch Vereinigung der Engrammreihen $\varkappa - \lambda^1 - \mu^1 - \nu^1 - \xi^1 -$ und $\varkappa - \lambda^2 - \mu^2 - \nu^2 - \xi^2 -$, unter gleichzeitigem Erhaltenbleiben des atavistischen Astes $\lambda - \mu$

$-\nu-\xi$, also in Wirklichkeit keine Dichotomie, sondern eine Trichotomie von folgender Zusammensetzung:

$$\varkappa \begin{cases} \underline{\lambda^1 - \mu^1 - \nu^1 - \xi^1} \\ \lambda - \mu - \nu - \xi \\ \underline{\lambda^2 - \mu^2 - \nu^2 - \xi^2} \end{cases}$$

Es ist leicht verständlich, daß bei dieser Kombination die an sich schwerer ekphorierbare atavistische Reihe $\lambda - \mu - \nu - \xi$ mehr Chance hat, gelegentlich gegenüber zwei stärkeren, sich aber gegenseitig die Wage haltenden Konkurrenten zur Geltung, d. h. in diesem Falle zur Ekphorie zu gelangen, als wenn sie in direkter und einziger Konkurrenz mit einem überlegenen Konkurrenten steht. Natürlich betrachte ich ein solches »verständlich sein« noch nicht als gleichbedeutend mit einem Durchschauen des ganzen Kausalzusammenhanges. Wohl aber glaube ich, daß das ganze Problem durch unsere Betrachtungsweise in ein helleres Licht gerückt und dadurch der Lösung näher gebracht wird.

Zum Schlusse dieser Ausführungen möchte ich noch daran erinnern, daß, wenn ich die Engrammreihe, die sich durch die plastischen Reaktionen der Ausbildung einer bestimmt gezeichneten und gefärbten Befiederung manifestiert, durch die Reihen $\varkappa - \lambda - \mu - \nu - \xi$ oder so ähnlich bezeichnet habe, diese Bezeichnung natürlich eine außerordentlich summarische und vereinfachende ist. Nicht nur die Zahl der sukzedierenden Engramme bzw. Erregungen ist eine unvergleichlich größere; auch die einzelnen Glieder der Reihe bestehen aus komplizierten Komplexen, die besonders bei ontogenetischen Sukzessionen sehr häufig simultan ekphorierbare Verzweigungen bilden.

Ich verweise auf unser dieses Verhalten illustrierendes Schema S. 320 und hebe im Anschluß an diese Figuren hervor, daß es sich auch beim Auftreten von Atavismus nach Kreuzung viel seltener um eine konsequente Durchführung der atavistischen Alternative als um ein Schwanken der Ekphorie nach Art des im Schema Fig. *B* dargestellten handelt, ein Schwanken, das bei derartigen Kreuzungen noch um so eigenartigere Resultate zeitigt, als es sich bei ihnen, wie wir S. 324 gesehen haben, nicht um eine Dichotomie, sondern um eine Trichotomie handelt.

4. Fragliches Auftreten von wirklichen Neureaktionen nach einer Kreuzung.

Es ist klar, daß plastische Mischreaktionen, die sich aus einem Schwanken der Ekphorie bei einer alternativen Dichotomie in der auf S. 319, 320 dargestellten Weise ableiten, so eigentümliche neue Kombinationen ergeben können, daß der Anschein entstehen kann, nicht nur neue Merkmalskombinationen, sondern neue elementare, den Vorfahren fehlende Merkmale seien bei dem Kreuzungsprodukt aufgetreten. Daß aber auch zuweilen durch Kreuzung das Auftreten wirklich neuer Merkmale hervorgerufen wird, ist oft behauptet und durch Beispiele belegt worden. Darwin bezeichnete allerdings die Richtigkeit dieser Annahme als zweifelhaft. Was die Resultate neuerer Forschungen anlangt, so führen Untersucher von so großer Erfahrung und Umsicht wie Correns und wie Tschermak dafür sprechende Beobachtungen an. De Vries (a. a. O. Bd. II S. 15) bestreitet dagegen auf das entschiedenste, daß das Auftreten wirklich neuer Merkmale etwas mit der Kreuzung zu tun habe. »Wirklich neue Eigenschaften treten an Bastarden höchst selten auf. Sie sind hier wohl ebenso spärlich wie bei nicht gekreuzten Arten. Und daß unter den zahllosen Bastarden der Gartenkultur einzelne Male neue Varietäten entstanden sind, kann nicht wundernehmen. Doch findet man sehr wenige gut beglaubigte Fälle«. Bei diesem Widerstreit der Meinungen tun wir gut, diese Frage als eine offene zu behandeln.

Wir dürfen übrigens dabei nie vergessen, daß das, was uns als ein neues Merkmal erscheint, fast in jedem Falle ein altes, und zwar dann ein sehr altes sein kann, das zwar den beiden elterlichen Arten oder Varietäten fehlt, wohl aber den entfernten Vorfahren eines dieser Eltern eigentümlich gewesen sein kann, und nun gelegentlich durch Ekphorie einer stark verblaßten atavistischen Engrammreihe wieder manifest wird. Wir werden nur in sehr seltenen Fällen in der glücklichen Lage sein, bei Auftreten einer scheinbar neuen plastischen Reaktion die Möglichkeit völlig auszuschließen, daß es sich um die durch irgendeinen besonderen Anstoß bewirkte Ekphorie einer älteren Engrammreihe handelt, die einem der vielen uns natürlich unbekannten Vorfahren der betreffenden Form eigentümlich war.

Ohne in der Frage des Auftretens neuer Merkmale infolge von Kreuzung ein endgültiges Urteil abzugeben, möchte ich schon im Anschluß an das Auftreten wirklich neuer Reaktionen im individuellen Leben für das Wahrscheinlichste halten, daß überhaupt, sowohl im individuellen Leben wie in der ganzen Generationsreihe, elementar neue Erregungen und im Anschluß an sie Reaktionen in der großen Mehrzahl der Fälle nur durch neue Originalreize hervorgerufen werden. Bei Untersuchung der individuell erworbenen Mneme finden wir, daß, so überraschend neue Produkte die kombinatorische Assoziation (vgl. S. 136) auch hervorzubringen vermag, dies eben nur neue Kombinationen sind, und die Mneme allein nie als Schöpferin elementarer Neureaktionen auftritt, sondern nur die durch Originalreize ausgelösten neuen Originalerregungen engraphisch zu fixieren vermag[1]. Ich halte es im höchsten Grade für wahrscheinlich, daß das der Fall ist, auch wenn wir nicht das einzelne Individuum, sondern die ganze zusammenhängende Generationsreihe ins Auge fassen. Ob nun die Fortpflanzung eine vegetative oder eine sexuelle ist, wirklich neue Erregungen und als ihre Produkte Reaktionen können wohl nur unter der Einwirkung neuer Originalreize entstehen.

Manchmal sind wir imstande, diesen Originalreiz zu erkennen und experimentell festzulegen, so bei der erblich

[1] Eine freischöpfende Fähigkeit der individuellen Mneme gibt es nicht, nur eine allerdings in weitesten Grenzen kombinatorisch wirkende. Dies wird sofort klar, wenn wir irgendeine sogenannte Schöpfung des menschlichen Geistes auf irgendeinem Gebiete untersuchen. Wählen wir zu solcher Prüfung das Gebiet, in dem die »Schöpferkraft« der Phantasie am freiesten zu walten, am wenigsten von der Realität abhängig zu sein scheint, das Gebiet der Kunst. In der bildenden Kunst und Poesie hat sich vom Altertum bis zu unsern Tagen die künstlerische Phantasie oft genug bemüht, eigene Geschöpfe, Fabelwesen eigenen Gepräges zu schaffen. Nie ist sie über das Rezept, nach dem die homerische Sage die Chimaera dichtete: »Vorn ein Löwe, hinten eine Schlange, in der Mitte eine Ziege«, hinausgekommen. Bloße neue Kombinationen sind auch Zentauren, Harpyien, Sphinxe, Faune Tritonen, und ein Künstler von so ungewöhnlicher Einbildungskraft, wie Arnold Böcklin, hat es eigentlich nirgends versucht, diesen schon von den Alten geschaffenen Kombinationen wesentlich neue hinzuzufügen, geschweige denn über das rein Kombinatorische hinauszugehen. Ebenso ist es nicht schwer, nachzuweisen, daß auch die scheinbar freieste poetische Erfindung nur in einer sehr freien, und wenn ganz neue Assoziationen gebildet werden, genialen Kombination von Erfahrenem und Erlebtem, also von bereits Vorhandenem, besteht. In dem Auffinden ganz neuer A s s o z i a t i o n e n besteht im Grunde das, was das Wesen des Genies ausmacht.

fixierbaren Mutation, die in den E. Fischerschen[1] Versuchen bei Arctia caja durch starke Abkühlung während der Verpuppung auftritt. Freilich ist es auch in diesem Falle nicht über jeden Zweifel hinaus sicher, daß es sich um eine wirkliche Neureaktion und nicht etwa um die bloße Ekphorie eines atavistischen Engrammastes handelt. (Dieser Zweifel berührt übrigens natürlich nicht den Nachweis der Übertragung einer engraphischen Reizwirkung von der einen Generation auf die andere. Dieser Nachweis ist über jeden Zweifel sicher erbracht.)

Wie es sich mit den Mutationen verhält, die wir gelegentlich ohne erkennbaren Grund unter normalen Zuchten und Aussaaten auftreten sehen, ist in der großen Mehrzahl der Fälle kaum zu bestimmen, und zwar aus dem Grunde, den de Vries (a. a. O. II, S. 352) für den Fall bei Oenothera Lamarckiana, den er in so mustergültiger Weise durchforscht hat, angibt: »Aber es scheint mir völlig klar, daß ich von jenen Mutationen weder diesen Anfang noch das Ende beobachtet habe. Ich habe offenbar nur einen Teil der ganzen Mutationsperiode verfolgen können.« Auch de Vries denkt sich übrigens die Veränderungen der organischen Substanz (über die er besondere Vorstellungen hat, auf die wir hier nicht eingehen wollen), die in den Mutationsreaktionen manifest werden, unter dem Einflusse äußerer Umstände entstanden, und nennt die unbekannte Periode ihrer Entstehung die Prämutationsperiode.

Da wir in diesem und andern derartigen Fällen die Prämutationsperiode nicht kennen, und ferner den Einfluß von etwaigen Kreuzungen, das Auftreten von Atavismen nur

[1] E. Fischer, Experimentelle Untersuchungen über die Vererbung erworbener Eigenschaften. Allg. Zeitschr. f. Entomologie, Bd. 6, 1901.

vermutungsweise, aber durchaus nicht mit hinreichender Sicherheit ausschließen können, so ist es besser, die Diskussion solcher Fälle in unseren Betrachtungen so lange zurückzustellen, bis über die Bedingungen des Auftretens dieser Mutationen ein etwas sicherer Boden gewonnen sein wird. Bei der großen Bedeutung, die ich den neuen Untersuchungen über die Mutation und ihrem Verhältnis zur fluktuierenden Variation und zur Bastardierung beimesse — im de Vriesschen Werke über die Mutation scheint mir ein mächtiger Anstoß gegeben, auf der von Darwin geschaffenen Bahn fortzuschreiten —, möchte ich nicht den Eindruck aufkommen lassen, als hielte ich ein näheres Eingehen auf das Gebiet jener bereits fertigen, nicht wie im Fall von Arctia caja experimentell erzeugbaren Mutationen für überflüssig.

Nur in der vorliegenden Arbeit, die so viele Fragen berührt und so weite Gebiete umfaßt, möchte ich so wenig wie möglich mit Fällen arbeiten, die in ihren Voraussetzungen noch dunkel und deshalb in ihrer Beurteilung so vieldeutig sind, wie jene Mutationen.

Vierzehntes Kapitel.

Die proportionale Veränderbarkeit der mnemischen Erregungen.

In dem Kapitel über die mnemische Homophonie haben wir ausgeführt, daß der mnemische Erregungszustand eine Wiederholung des originalen in allen seinen Wertverhältnissen sei. Aber, so wollen wir jetzt betonen, nur in seinen Wert-Verhältnissen, nicht in seinen absoluten Werten. Je nach dem energetischen Zustand, der zur Zeit der Wiederholung herrscht, kann die Intensität der mnemischen Erregung oder Sukzession von Erregungen eine schwächere oder auch eine stärkere sein als diejenige ihrer originalen Schöpferin war. Und ferner kann aus demselben Grunde oder unter dem Einfluß neuer Originalreize der Ablauf einer Sukzession von mnemischen Erregungen in einem absolut rascheren oder langsameren Tempo erfolgen, als ehemals der Ablauf der Originalerregungen erfolgte. Nur wird immer das Verhältnis der Zeitfolge, kurz gesagt der Originalrhythmus, in der mnemischen Wiederholung erhalten bleiben.

Findet durch Änderung der inneren oder äußeren energetischen Situation zur Zeit der Reproduktion eine proportionale Veränderung der mnemischen Erregung statt, so kann diese Veränderung alle Werte betreffen, die sich in quantitativ (sowohl intensiv als auch extensiv) verschiedenen Reaktionen ausdrücken können.

Gehen wir von Bewußtseinsreaktionen aus, so weiß jeder, daß er die räumliche Projektion seiner mnemischen Erregungen in jeden beliebigen Rahmen einspannen kann. Das Engramm jedes räumlichen Gebildes kann, um ein Vielfaches vergrößert oder verkleinert, ekphoriert werden, je nach der Natur des ekphorischen Einflusses oder einer eventuellen homophonen Originalerregung oder endlich je nach dem Mitwirken begleitender Assoziationen. Ein künstlerisch Veranlagter kann dies auch in jedem beliebigen Falle durch objektive Reaktionen einem Dritten manifestieren, indem er das proportional veränderte Erinnerungsbild wie einen originalen Anblick in den veränderten Dimensionen, aber mit vollkommener Treue der Proportionen zeichnerisch oder plastisch reproduziert. Aber auch bei Nichtkünstlern gelingt dieser objektive Nachweis. Zwischen engeren Linien schreiben die meisten Menschen ganz unbewußt kleiner als zwischen weiten, überhaupt kleiner, als sie es für gewöhnlich tun, wobei jeder Buchstabe das korrekt in allen seinen Proportionen verkleinerte Abbild des für den betreffenden Menschen normalen Schriftzeichens ist. Proportionale Verkleinerung oder Vergrößerung der Handschrift kann auch als vorwiegend motorische Reaktion bei Schreiben mit geschlossenen Augen erfolgen.

Ebenso vermag man eine Sukzession von mnemischen Erregungen in viel langsamerem oder in viel rascherem Tempo ablaufen zu lassen, als bei früheren Gelegenheiten die Folge der Originalerregungen ablief, wobei aber die ursprüngliche Proportion in der Aufeinanderfolge der Erregungen gewahrt bleibt. Man denke an ein Musikstück, das man unter dem Einfluß eines den Takt Schlagenden oder eines Mitsängers oder der Klavierbegleitung oder der durch Alkoholgenuß gesteigerten Stimmung — noch vieles andere ließe sich herbeiziehen[1] — bewußt oder unbewußt in einem viel lebhafteren Tempo singt, als man es je zuvor getan hat.

Die letzten beiden Fälle sind besonders auch dafür charakteristisch, daß die proportionalen Veränderungen der mnemischen Prozesse von Bewußtseinsreaktionen begleitet sein können, es aber durchaus nicht brauchen. Ebenso ist es durchaus nicht eine Eigentümlichkeit des im individuellen Leben erworbenen Engramms, daß seine mnemische Erregung durch die energetische Situation zur Zeit der Ekphorie proportional verändert werden kann, bzw. in einer proportional veränderten Weise wirkt. Wir begegnen vielmehr derselben Eigentümlichkeit auch da, wo es sich um ererbte Engramme handelt, und zwar in besonders eklatanter Weise.

Wie das Tempo eines Musikstücks durch die oben aufgezählten Einflüsse vermag man das Tempo der ontogenetischen Abläufe unter Wahrung des oft äußerst komplizierten Rhythmus, also proportional, durch Herabsetzung oder Steigerung der Temperatur zu retardieren und akzelerieren. Ist doch das Tempo der morphogenetischen Abläufe z. B. beim Froschei ein mehr als viermal so rasches, wenn der Ablauf bei 24° C und nicht bei 10° C vor sich geht. Und doch ist in beiden Fällen der Rhythmus der Abläufe ganz derselbe. Oder vermindert man bei einem sich entwickelnden Organismus die Menge des für die plastischen Prozesse stehenden Materials oder hemmt die Produktion von neuem Material, so findet der ganze plastische Aufbau in proportional verminderten Dimensionen statt, und es resultiert ein gegen die Norm in durchaus richtigen Dimensionen verkleinerter Organismus;

[1] Im Fieberzustand träumen wir leicht von riesenhaft vergrößerten Gesichtern.

vermehrt man umgekehrt die Menge des vorrätigen Materials oder steigert die Produktion von neuem Material über die Norm, so erfolgt alles in proportional vergrößerten Dimensionen, und es resultiert ein gegen die Norm in durchaus richtigen Proportionen vergrößerter Organismus.

Die Materialverminderung ist experimentell leicht zu erzielen durch Zerschneiden der Furchungsstadien bei vielen Tieren (z. B. Medusen, Echinodermen, Acraniern usw.) oder dadurch, daß man Pflanzen und manche Tiere während ihrer Entwicklung dürftig ernährt oder sonst in ungünstige Lebensverhältnisse versetzt.

Die Materialvermehrung läßt sich umgekehrt dadurch erreichen, daß man zwei korrespondierende Furchungs- bzw. Blastulastadien zur Verschmelzung zu einem Organismus bringt, was Metschnikoff bei Medusen, Driesch bei Echinodermen geglückt ist[1], oder auch durch Kultur von Pflanzen (und manchen Tieren) unter besonders günstigen Lebensbedingungen, wodurch man proportionale Vergrößerung des ganzen Organismus oder einzelner Teile (z. B. der Blätter oder Blüten) um ein beträchtliches der normalen Dimensionen erzielen kann.

Daß es sich bei dieser Erscheinung also um eine allgemein jedem mnemischen Erregungskomplex sowie jeder Sukzession solcher Komplexe zukommende Eigentümlichkeit handelt, dürfte durch die angeführten Beispiele, die sich ohne jede Schwierigkeit verhundertfachen und auf alle Gebiete mnemischen Geschehens ausdehnen ließen, bewiesen sein.

Bei Organismen mit begrenztem Wachstum, bei denen

[1] Ein ähnlicher Vorgang liegt wohl als Ergebnis eines Naturexperiments bei den von zur Strassen untersuchten Rieseneiern von Ascaris megalocephala vor.

alle Proportionen der Teile engraphisch genau bestimmt sind, also bei den meisten Tieren im Gegensatz zu den meisten Pflanzen, wirkt in ihrer Morphogenese zwar nicht Veränderung der absoluten Werte, wohl aber Störung der Proportionen als Inkongruenz der mnemischen Homophonie und hat Reaktionen zur Folge, die diese Inkongruenz beseitigen. Wenn z. B., um an einen bekannten, von Th. H. Morgan näher studierten Fall anzuknüpfen, von einer Planarie ein so kleiner Ausschnitt gemacht wird, daß dieser Ausschnitt nur das Material zum Aufbau eines um das Fünffache kleineren Tieres enthält, als der ursprüngliche Wurm es war, so werden Organe des letzteren, wie der Pharynx, wenn sie unverletzt vom Ganzen in den Ausschnitt hinübergelangen, sobald dort die Regenerationsprozesse beginnen, nicht gelassen wie sie sind, sondern sozusagen eingeschmolzen und entsprechend den veränderten Proportionen des Ganzen neu aufgebaut. Es ist klar, daß in dem proportional verkleinerten Ganzen die Originalerregung, die die Anwesenheit des unverkleinerten alten Pharynx hervorruft bei der Homophonie mit der dem verkleinerten Ganzen entsprechenden mnemischen Erregung eine starke Inkongruenz ergeben muß, eine Inkongruenz, die durch die Reaktionen des Abbaus des alten und Aufbaus eines neuen Pharynx beseitigt wird. Auch dieses wunderbare Phänomen ordnet sich bei Kenntnis der proportionalen Veränderbarkeit der mnemischen Erregungen ein in die große Gruppe der Reaktionen, die eine Inkongruenz bei der mnemischen Homophonie beseitigen.

Zusammenfassend können wir sagen: Das Engramm, dessen Charakter als Erregungsdisposition wir hier allein ins Auge fassen, bedingt nicht die absolute Größe der aus seiner Ekphorie resultierenden mnemischen Erregung, sondern nur ihre

Qualität und ihr Größenverhältnis zu andern simultan oder antezedent assoziierten mnemischen Erregungen.

Die absoluten Werte für die mnemische Erregung und die aus ihr resultierenden Reaktionen werden bestimmt durch zur Zeit der Ekphorie wirksame originale Einflüsse, d. h. den dann vorhandenen Zustand der energetischen Situation im allgemeinen, und von deren unzähligen Komponenten, am intensivsten durch Originalerregungen, die mit der betreffenden mnemischen homophon sind. Die Homophonie wirkt also auch in diesem Falle meist als der bestimmende, immer aber beim Auftreten stärkerer Inkongruenzen als der regulierende Faktor.

Vierter Teil

Schlußbetrachtungen

Fünfzehntes Kapitel.

Inwieweit fördert uns der von uns eingeschlagene Weg in der allgemeinen Erkenntnis der Lebensvorgänge?

Es läge nahe, hier am Schlusse eine ausführliche Rekapitulation des Gedankenganges, den wir in den vorhergehenden Teilen verfolgt haben, zu geben. Ich bin mir aber wohl bewußt, im vorstehenden bloß das Gerüst eines Neubaus geliefert zu haben, nicht ein ausgeführtes, schwer übersehbares Bauwerk. Ich glaube nicht, daß ein aufmerksamer Leser der vorhergehenden Teile die Übersicht über das Ganze verloren hat, und bezweifle, daß die gewonnenen Resultate, als kurze Thesen zusammengefaßt und von ihrer eingehenden Begründung losgelöst, ein besseres Gesamtbild gewähren würden, als sich aus der zusammenhängenden Darstellung des vorangehenden Textes ergibt.

Ich will auch nicht versuchen diesen oder jenen Einwand, den man im einzelnen gegen meine Ausführungen erheben könnte, im voraus zu entkräften; nur mit einem Haupteinwurf möchte ich mich noch beschäftigen, mit dem man höchstwahrscheinlich glauben wird, meinem ganzen Versuch die Daseinsberechtigung zu rauben. Dieser Einwurf lautet: Die Richtigkeit aller der vorausgehenden Auseinandersetzungen zugegeben, was ist das Ganze anderes als eine neue Umschreibung alter Rätsel?

Um mich gegen diesen Einwand zu verteidigen, den ich mir oft genug selbst gemacht habe, möchte ich so verfahren, daß ich ihn durch den Gegner weiter ausführen lasse und im Kreuzverhör auf die aufsteigenden Zweifel Rede und Antwort stehe.

Bei der näheren Begründung wird der Gegner sein erstes Bedenken gegen die Aufstellung der Begriffe »engraphische Reizwirkung« und »Engramm« richten und behaupten, hier beginne bereits die sich als Erklärung gebärdende Umschreibung. Denn ich hätte nicht das eigentliche Wesen der engraphischen Reizwirkung und des Engramms erklärt.

Darauf habe ich zu erwidern, daß das Verlangen, das »eigentliche Wesen« irgendeines Naturgeschehens zu erklären, eine Aufgabe ist, die — von der Möglichkeit ihrer Lösung ganz abgesehen — jedenfalls bisher noch in keinem einzigen Fall von Naturwissenschaft oder Philosophie gelöst worden ist. Ich behaupte aber, daß es uns gelungen ist, einige Seiten der engraphischen Reizwirkung in ihrer gesetzmäßigen Wiederkehr zu erkennen und auf ein Minimum einfacher Grundsätze zurückzuführen, und zwar, soweit es sich nicht um historisch gegebene, d. h. nicht mehr wiederholbare Engramme handelt, unter gänzlichem Verzicht auf alle Hypothesen und durchaus auf dem Boden realer, jeden Augenblick nachzuprüfender Beobachtungen.

Dadurch ist das Wesen der engraphischen Reizwirkung zwar nicht erklärt, aber seine Erklärung in naturwissenschaftlichem Sinne[1] angebahnt, trotzdem wir von dem Versuche durchaus Abstand genommen haben, die engraphische Ver-

[1] D. h. im Sinne Robert Mayers: »Ist einmal eine Tatsache nach allen ihren Seiten bekannt, so ist sie eben damit erklärt und die Aufgabe der Wissenschaft beendet«. J. R. Mayer, Bemerkungen über das mechanische Äquivalent der Wärme. 1850.

änderung auf hypothetische Umlagerungen hypothetischer Moleküle der organischen Substanz zurückzuführen. Wir nehmen hier nur dasselbe Recht für uns in Anspruch, das der Physiker ausübt, wenn er die Erscheinungen der Gravitation oder des Magnetismus, der Physiologe, wenn er die Erscheinungen der synchronen Reizwirkungen erforscht, d. h. die Gesetze ihrer Manifestationen feststellt, ohne diese Forschertätigkeit von einer angeblichen oder wirklichen Kenntnis des sogenannten Wesens der Gravitation, des Magnetismus oder der Erregung abhängig zu machen.

Unsere Schlüsse auf das Wesen der Dinge können wir nur aus den Erscheinungen machen, durch die sie sich uns manifestieren. Das Studium der Manifestationen ist deshalb überall der erste Schritt zum Eindringen in das Wesen der Dinge, und diesen Weg sind wir auch bei unserem Studium der engraphischen Reizwirkung gegangen, und haben also das Unbekannte etwas weniger unbekannt gemacht, es keineswegs bloß mit neuen Ausdrücken umschrieben.

Für eine falsche, wenn auch bei Biologen weitverbreitete Anschauung halte ich es, das erste Erfordernis bei der Erforschung aller Eigenschaften eines Organismus — und die Engramme sind ja solche Eigenschaften — zu erblicken in der Zurückführung dieser Eigenschaften auf die morphologische Beschaffenheit des Organismus. Ebenso wie es vollkommen berechtigt, ja unerläßlich ist, alle Eigenschaften der organischen Körper mit ihrer sichtbaren morphologischen Beschaffenheit, soweit dies ohne Zwang und ohne willkürliche Hypothesen geht, in Beziehung zu bringen, ebenso unfruchtbar und verfrüht ist es, wenn wir die Ergründung dieser Beziehungen bis in eine unsichtbare, nur indirekt und auf höcht unsicherer Basis erschlossene Struktur ausdehnen.

Aber selbst zugegeben, unsere Kenntnis der engraphischen Reizwirkung sei trotz unserer Bemühungen noch eine so lückenhafte geblieben, daß wir mit dieser Größe wie mit einer Unbekannten zu rechnen hätten: ist es nicht schon ein großer Vorteil, eine ganze Anzahl von Unbekannten, wie Gedächtnis in engerem Sinne, Vererbungsfähigkeit, Regulationsvermögen, aus den biologischen Problemen auszuschalten, und durch die Funktionen einer einzigen Unbekannten: »mnemische Erregung« zu ersetzen, die um so mehr ihren Charakter als Unbekannte verliert, je genauer man ihre unendlich vielseitigen Manifestationen studiert?

Und indem wir bei diesem näheren Studium gefunden haben, daß sich alle diese scheinbar so ganz heterogenen Manifestationen auf einige wenige Grundsätze zurückführen lassen, die sich ihrerseits als bloße Konsequenzen der synchronen Reizwirkung ergeben: Assoziationsgesetze und Gesetze der mnemischen Homophonie, haben wir meiner Ansicht nach durch diese Vereinfachung unserer Anschauungen auch einen Schritt in der wirklichen Erkenntnis vorwärts getan.

Aber, so wird unser Gegner nun einwenden, wenn in unseren Ausführungen die Regulationen und verwandte Erscheinungen als »Reaktionen zur Beseitigung der Inkongruenz einer mnemischen Homophonie« bezeichnet worden sind, so ist jedenfalls dieses Problem dadurch nicht erklärt, sondern in eklatanter Weise nur umschrieben worden. Die Art und Weise, wie die Beseitigung dieser Inkongruenz stattfindet, ist ja gerade das Wesentliche, was erklärt werden sollte, und mit der Aussage; es tritt eine Reaktion ein, die die Inkongruenz beseitigt, beschreiben wir den schönsten Zirkelschluß der Welt.

Dem gegenüber habe ich zu betonen, daß ich mir durchaus bewußt bin, die Regulationsvorgänge keineswegs in allen ihren wesentlichen Zusammenhängen aufgeklärt zu haben. Wohl aber scheint mir ihre Erklärung durch ein neues Erkenntnismoment auf eine völlig neue Stufe gerückt; dieses Moment beruht auf der Einführung des Begriffs der Homophonie.

Die in diesem Begriffe enthaltene Erkenntnis lehrt uns das Vorhandensein zweier real vorhandener Erregungen in dem regulierenden Organismus: einer Originalerregung als Reizprodukt des gegenwärtigen (anormalen) Zustandes und einer mnemischen Erregung, die dem zugehörigen normalen Zustande des Organismus bzw. seiner Aszendenten entspricht. Wie sich unter der gemeinschaftlichen Wirkung dieser beiden Erregungen die regulierenden Reaktionen einstellen und ablaufen, ist allerdings vorderhand noch nicht aufgeklärt, und wird es wohl auch so lange nicht werden, bis nicht der Zusammenhang zwischen Erregung und Reaktion im allgemeinen viel genauer studiert und besser durchschaut sein wird, als dies beim jetzigen Stande unserer physiologischen Kenntnisse möglich ist.

Aber das Problem ist durch den Nachweis, daß es sich bei der Regulation um Wirkung und Gegenwirkung zweier real vorhandenen Erregungen handelt, einer naturwissenschaftlichen Behandlung erst zugänglich geworden. Es war ein metaphysisches, solange man von Regulation auf etwas Zukünftiges hin, oder Regulation auf ein gedachtes verkleinertes oder vergrößertes Ganzes sprechen mußte. Die Beseitigung solcher außerhalb der Dinge selbst liegender Begriffe, wie es ihr zukünftiger oder ihr sonstwie »gedachter« Zustand ist, und ihr Ersatz durch das Produkt der Homophonie zweier, zwar von Phase zu Phase wechselnder, aber stets real vorhandener Größen beweist, daß auch in diesem Falle die Einführung des mnemischen Prinzips keine Umschreibung bedeutet, sondern das Problem erst zu einem lösbaren macht.

Wenn also, wie ich glaube, an der Bedeutung unserer Einführung des mnemischen Prinzips in so viele biologische Probleme im Sinne einer Vereinfachung und Zurückführung scheinbar heterogener Erscheinungen auf eine gemeinsame Grundlage, also im Sinne wahrer naturwissenschaftlicher Erkenntnis, nicht gezweifelt werden kann, so bleibt schließlich noch der Einwand zu widerlegen, den O. Hertwig[1] schon gegen den 34 Jahre zurückliegenden Heringschen Versuch erhoben hat, Vererbungs- und Gedächtnisphänomene zu identifizieren. Hertwig hebt (S. 251) hervor, »wie zwischen den wunderbaren Eigenschaften der Erbmasse und den nicht minder wunderbaren Eigenschaften der Hirnsubstanz eine ‚entfernte Analogie' besteht. Daß diese Analogie keine Identität ist, braucht für den Einsichtigen kaum bemerkt zu werden; denn wie die materiellen Grundlagen der Hirnsubstanz und der Erbmasse grundverschiedene sind, so sind auch die in beiden ablaufenden Prozesse verschiedener Natur.«

Der erste Satz, mit dem Hertwig seine Ablehnung einer Identität begründet, beruht auf der Vorstellung, durch die an sich so glänzenden Erfolge der Zellen- und Gewebelehre sei uns die »materielle Grundlage« sowohl der Hirnsubstanz als auch der »Erbmasse« bekannt geworden, was natürlich Vorbedingung wäre, bevor von einer Grundverschiedenheit beider geredet werden kann. Die einzige materielle Grundlage, auf der diese Behauptung beruhen könnte, ist die Tatsache, daß eine Eizelle oder eine Blastulazelle in ihrem Bau

[1] O. Hertwig, Die Zelle und die Gewebe. Zweites Buch, Jena 1898.

nicht identisch ist mit einer Ganglienzelle. Hierauf aber wird Hertwig selbst wohl kaum entscheidenden Wert legen, erstens weil ja auch der Bau der Eizellen verschiedener Arten unter sich ein grundverschiedener ist. Ferner aber vertritt gerade O. Hertwig bestimmter als viele andere Biologen die Ansicht, die sogenannte »Erbmasse« sei lediglich in der Kernsubstanz lokalisiert. Gibt es denn aber, um uns einmal auf diesen Hertwigschen Standpunkt zu stellen, durchgreifende und scharf definierbare Unterschiede zwischen der Kernsubstanz der Nervenzellen und der Kernsubstanz der befruchteten Eizellen und ihrer nächsten Abkömmlinge? Der erste Satz der Hertwigschen Behauptung entbehrt somit der Begründung.

Aber ich glaube, dieser erste Satz ist bloß so mituntergelaufen, und ein schärfer greifbares Gegenargument hat nur in dem zweiten vorgeschwebt, in dem die verschiedene Natur der ablaufenden Prozesse bei Gedächtnistätigkeit und Vererbung behauptet wird. Was Hertwig mit diesen Abläufen gemeint hat, ist zunächst auch nicht ohne weiteres klar. Ich glaube aber, ich interpretiere richtig, wenn ich annehme, daß unter Verschiedenheit der Abläufe folgendes verstanden werden soll: Bei den Vererbungsphänomenen besteht der wesentliche Teil des Ablaufs in Vorgängen der Kern- und Zellteilung; die Tätigkeit des höheren Gedächtnisses läuft dagegen ohne jede Mitbeteiligung des Kern- und Zellteilungsmechanismus ab.

Der so geschaffene Gegensatz resultiert indessen lediglich aus dem Mißgriff, daß hier bei der Vergleichung nicht die Art und Weise der gesamten Abläufe, sondern nur die Ausdrucksform ihrer Manifestationen einander gegenübergestellt worden sind. Kein Mensch wird leugnen, daß motorische Reaktionen grundverschieden sind von sekretorischen und beide verschieden von plastischen. Aber ebensowenig wie es für den Charakter einer synchronen Erregung einen Unterschied macht, ob sie sich durch eine motorische oder eine sekretorische oder eine plastische Reaktion manifestiert, und ob die letztere mit oder ohne Kernteilungsvorgänge vor sich geht, ebensowenig ist dies für den Charakter einer Erregung als einer mnemischen von prinzipieller Bedeutung.

Das Kriterium des Mnemischen liegt nicht in der Beschaffenheit der Reaktion an sich. Auch nicht darin, daß es sich in allen Fällen um Wiederholungen handelt. Wiederholungen unter der Voraussetzung einer vollkommenen Wiederkehr der früheren Bedingungen treten beim anorganischen Geschehen ebenso unweigerlich ein wie beim organischen, und sind die Grundlage aller unserer Erfahrungen. Das Kriterium des Mnemischen liegt vielmehr in der Eigentümlichkeit, daß die Wiederholungen eintreten auch bei einer nicht vollkommenen Wiederkehr der früheren Bedingungen. Dabei ist aber die mnemische Wiederholung durchaus gesetzmäßig bestimmt durch die Mittel, durch die sie herbeigeführt werden kann (ekphorische Einflüsse), ferner dadurch, wie sie sich mit andern ähnlichen d. h. ebenfalls mnemischen Wiederholungen verbunden zeigt (Assoziationen), und endlich wie sie im Wechselspiel mit neu auftretenden, »originalen« Reizwirkungen reguliert wird (Homophonie).

Die Aufgabe des vorliegenden Buches hat darin bestanden, nachzuweisen, daß es sich bei den Erscheinungen der Vererbung, des höheren Gedächtnisses, vieler Fälle der sogenannten »Lichtstimmung«, endlich bei den meisten periodischen Erscheinungen in Tier- und Pflanzenreich um diese besondere Art von Wiederholungen oder Reproduktionen handelt, daß für alle dieselben Gesetze der Ekphorie, der Assoziation, des Baues der Engrammkomplexe und der Engrammsukzessionen gelten, daß es sich um dieselbe Wirksamkeit der Homophonie handelt, daß mithin eine Identität und keine bloße Analogie vorliegt. Im Versuch, den eigentlich identischen Kern aus der Fülle der so verschiedengestaltig auftretenden Manifestationen herauszuschälen, und alle sich aus dieser Gleichung ergebenden Konsequenzen zu ziehen, liegt im wesentlichen das, was meine Arbeit von voraufgegangenen Bestrebungen ähnlicher Richtung unterscheidet. Nur wenn dieser Versuch geglückt ist und wenn als bewiesen anzusehen ist, daß keine Anologie, sondern eine Identität vorliegt, würde ich die Aufgabe des vorliegenden Werkes als gelöst betrachten.

Sechzehntes Kapitel.

Die Mneme als erhaltendes Prinzip im Wechsel des organischen Geschehens.

Anknüpfend an den Schlußsatz des vorigen Kapitels will ich jetzt von der Annahme ausgehen, es sei mir geglückt, auf dem langen und verschlungenen Wege, den ich den Leser geführt habe, den Identitätsbeweis zu erbringen, den ich als das Ziel des vorliegenden Buches bezeichnet habe. Ergibt sich uns damit ein allgemeiner Gesichtspunkt für die Auffassung der gewordenen und unablässig werdenden Gestaltung der uns umgebenden organischen Welt?

Die Einflüsse der Außenwelt wirken in zwiefacher Weise verändernd auf den Organismus ein. Erstens im Sinne einer synchronen, vorübergehenden Veränderung; zweitens durch diese hindurch engraphisch verändernd, also dauernd umbildend. Die auf unserem Planeten stets wechselnde, niemals sich absolut genau wiederholende äußere energetische Situation wirkt also als Umgestalterin; die Fähigkeit der organischen Substanz, von jeder Erregung nicht nur synchron, sondern auch engraphisch beeinflußt zu werden, wirkt als Erhalterin dieser Umgestaltung in der Flucht der Erscheinungen.

Genügen aber diese beiden Prinzipien, um uns den Zustand der organischen Welt, wie er uns bei unseren Forschungen entgegentritt, verständlich zu machen? Keineswegs!

Wir finden die Organismen in einem eigentümlichen Verhältnis der Harmonie zu der umgebenden Außenwelt, das man treffend als Anpassung oder als Angepaßtsein an die Lebensbedingungen bezeichnet hat. Für die Anpassung läßt sich weder die direkte Wirkung der umgestaltenden Außenwelt, noch auch das rein aufbewahrende mnemische Vermögen der organischen Substanz verantwortlich machen. Es bedarf dazu des Hinzutretens eines weiteren Prinzips.

Die Frage nach dem Wesen dieses weiteren Prinzips ist von den Forschern bisher in zweierlei Weise beantwortet worden. Erstens im Sinne der bloßen Umschreibung, indem man es auf andere undefinierte und undefinierbare Größen wie: »innere Ursachen«, »Trieb« oder »Bedürfnis, sich dieser oder jener äußeren Bedingung anzupassen, sich in dieser oder jener Richtung zu entwickeln«, zurückführte, und damit von vornherein auf jeden, auch den kleinsten wirklichen Einblick verzichtete. Als die hervorragendsten Vertreter dieses resignierten und jedenfalls gänzlich unfruchtbaren Standpunkts kann man Lamarck[1] und Nägeli bezeichnen.

Der einzige Versuch, die Frage nach jenem Prinzip wirklich zu lösen, ist von Darwin und von Wallace unternommen worden, und bedeutet, indem er meiner Überzeugung nach mit vollständigem Gelingen endete, eine der glänzendsten Taten des menschlichen Geistes. Das Rätsel wurde gelöst

[1] Es braucht wohl nicht besonders hervorgehoben zu werden, daß Lamarck den umbildenden Einfluß der Außenwelt, die Bedeutung der funktionellen Reize und der Übung ganz richtig erkannt hat. Da dieses Prinzip aber, wie oben im Text ausgeführt, nicht ausreicht, um die ganze Fülle der Anpassungserscheinungen zu erklären, und Lamarck das Selektionsprinzip nicht kannte, so half er sich mit Einführung solcher umschreibender Ausdrücke wie Bedürfnis usw. Am klarsten tritt dies da hervor, wo er die Entstehung neuer Organe zu erklären versucht.

durch den Nachweis einer logisch notwendigen und tatsächlich vorhandenen auslesenden Wirkung der Außenwelt, die durch unablässige Beseitigung von allem weniger gut Angepaßten nur dem Passenden die Gelegenheit einer dauernden, d. h. durch Generationen hindurch dauernden Erhaltung gibt.

Wir leben gegenwärtig in einer Periode der Darwin-Unterschätzung. Vielleicht ist das eine natürliche Reaktion gegen eine Überschätzung des Selektionsprinzips, in dem enthusiastische Nachfolger Darwins den Stein der Weisen zu besitzen glaubten, und das sie geradezu für allmächtig erklärten. Darwin selbst hat sich stets von einer so einseitigen Auffassung der natürlichen Zuchtwahl freigehalten und hat den direkten Einfluß der Außenwelt nie geleugnet, wenn er auch in der Abmessung des gegenseitigen Wertverhältnisses beider Faktoren zeitweise geschwankt hat.

Ob die Kurve der Wertschätzung des Selektionsprinzips heute hoch oder niedrig steht, erscheint von geringer Bedeutung. Mag man immerhin das Prinzip ein rein negatives nennen, das nur zu eliminieren und nicht neu zu schaffen vermag. Damit tut man ihm keinen Abbruch. Die Neuschaffung besorgen ja die Reize der stets wechselnden Außenwelt. Darwin selbst hat auch nie etwas anderes als eine solche negative, eliminierende Tätigkeit der Zuchtwahl behauptet. Er hat aber in einer wunderbar einleuchtenden und zwingenden Weise bewiesen, wie eine derartige Auslese schließlich einen so harmonischen Zustand der Organismen im Verhältnis zu der sie beeinflussenden Außenwelt herbeiführen muß, wie wir ihn tatsächlich vorfinden. Wenn also Driesch[1], einer der grimmsten Gegner Darwins, neuerdings sagt, die

[1] H. Driesch, Kritisches und Polemisches. II. Zur »Mutationstheorie« Biol. Zentralblatt, Bd. 22, 1902.

»durchaus negative Selektion ist das einzige, was von dem Darwinschen Theoriengebäude übriggeblieben ist«, so gibt er damit meiner Ansicht nach das Allerwesentlichste des ungeheuern, von Darwin angebahnten Fortschritts zu.

Die Selektion ist in der Tat nur die Entfernerin alles Existenzunfähigen. Aber da sie unausgesetzt an der Arbeit ist, dürfen wir uns nicht wundern, überall nur Existenzfähiges, d. h. an die gewöhnlichen Außenbedingungen Angepaßtes, vorzufinden. Dabei ist durchaus nicht alles, was wir in unserer so leicht generalisierenden Auffassung und Benennung der natürlichen Verhältnisse als »zweckmäßig« bezeichnen, ausschließlich auf Selektion zurückzuführen. Gerade die erstaunlichen Leistungen der Regulation und Regeneration, auf die sich vielfach die Widersacher des Selektionsprinzips stützen, erklären sich, wie wir im dritten Teil dieses Buches gesehen haben, wesentlich aus den konservierenden mnemischen Prinzipien; sie sind nicht, wie z. B. Weismann für die Regeneration behauptet hat, Kinder der von ihm für allmächtig gehaltenen Zuchtwahl.

Ebensowenig wie in der Zuchtwahl erblicken wir in der Mneme ein allmächtiges Universalprinzip, das uns für sich allein schon den Schlüssel liefert zum Verständnis des organischen Geschehens. Wir erblicken aber in ihr das für die organische Entwicklung unumgänglich notwendige erhaltende Prinzip, das die Umbildungen bewahrt, welche die Außenwelt fort und fort schafft. Ihre erhaltende Tätigkeit wird durch einen indirekten Faktor der Außenwelt, die Auslese, insofern modifiziert, daß auf die Dauer nur die Erhaltung des Passenden resultiert.

Der Einblick in die Wirksamkeit der Mneme bei der Ontogenese liefert uns auch den Schlüssel zum vollen

Verständnis des biologischen Grundgesetzes, durch dessen Formulierung und Begründung Haeckel die Grundlagen der vergleichenden Morphologie in ungeahnter Weise vertieft und erweitert hat. Daß der von den Vorfahren eingeschlagene Weg der Entwicklung von jedem Nachkommen immer wieder in annähernd gleicher Weise gewandelt werden muß (Palingenese), ist eine selbstverständliche Konsequenz der Wirksamkeit des von uns näher definierten mnemischen Faktors bei der Ontogenese. Daß mit der Zeit dieser Weg, besonders in seinen ältesten und deshalb am häufigsten zurückgelegten Anfangsstrecken, hier und da abgekürzt und verändert wird (Caenogenese), ist ebenso selbstverständlich, wenn wir bedenken, daß während jeder neuen Ontogenese neue Originalreize auf den Organismus einwirken und ihre engraphischen Wirkungen zu dem alten mnemischen Bestand hinzufügen.

Das Studium der Mneme ist aber nicht nur für die Fragen des organischen Werdens von größter Bedeutung, sondern auch für die des organischen Seins, nicht nur für genetische Probleme, sondern ebenso für eine richtige Beurteilung der Funktionen der gegenwärtig vorliegenden Organismen.

Eine Beschränkung auf das Studium der synchronen Reizwirkung allein führt zu einer ganz einseitigen Auffassung der reizphysiologischen Erscheinungen, vor allem auch zu einer völligen Verkennung der sogenannten »formativen Reize«. Bei der Mehrzahl der letzteren handelt es sich um nichts anderes als um ekphorische Wirkung gewisser Reize auf ererbte Engramme. Weiter führt dann die Unmöglichkeit, die reizphysiologischen Erscheinungen allein auf Grund der synchronen Reizwirkungen zu verstehen, und die damit verbundene Enttäuschung so manchen zu einer Rückkehr in die Bahnen des Vitalismus. Diese Enttäuschung und dieser Rückschritt sind zu vermeiden, wenn die engraphischen Reizwirkungen als solche gebührend berücksichtigt werden, wenn erkannt wird, daß die Ekphorie von ererbten und individuell erworbenen Engrammen in jedes physiologische Geschehen hineinspielt, und wenn man davon Abstand nimmt, die Physiologie des Organismus losgelöst von seinen und seiner Voreltern früheren Schicksalen ergründen zu wollen.

Auch die Reizphysiologie, wenn anders sie danach strebt, sich mit den von ihr zu untersuchenden Erscheinungen nach allen ihren Seiten bekannt zu machen, also wenn sie nach wahrer naturwissenschaftlicher Erkenntnis im Sinne Robert Mayers hinzielt, muß dem Studium der rein historischen Engramme dieselbe Berücksichtigung zuteil werden lassen, wie irgendeiner Erscheinung, die sich in allen ihren Phasen im gegenwärtigen Augenblick wiederholen läßt. Auch die Physiologie, als die Wissenschaft vom Lebenden, in der Gegenwart vor uns Ablaufenden, kann die Berücksichtigung des Gewesenen nicht entbehren. Sie genügt dieser Anforderung durch Erforschen der Mneme, die Vergangenheit und Gegenwart im Organismus lebendig verknüpft.

Druck von Breitkopf & Härtel in Leipzig.

Druck von Breitkopf & Härtel in Leipzig.

Made in the USA
Monee, IL
04 November 2026

67387309R10213